高等职业教育新形态一体化教材

配电线路工程

主 编 ○ 黄 平　杨重伟　向文彬

- 国家级"双高"专业建设课程配套教材
- 精品在线开放课程配套教材
- 配套课件、微课、教学视频、动画、习题及答案等教学资源

西南交通大学出版社
·成 都·

内容提要

本书为普通高等职业教育规划教材。

全书内容包括：配电网络概述、架空配电线路认知、配电线路设计、架空配电线路施工、电力电缆线路认知及操作、配电线路运行管理、配电线路检修、配电线路带电作业。

本书可作为高等职业院校输配电工程技术、供用电技术等相关专业的教材，也可作为从事输配电线路设计、施工、运行、检修维护的工程技术人员的参考书籍。

图书在版编目（CIP）数据

配电线路工程 / 黄平，杨重伟，向文彬主编. —成都：西南交通大学出版社，2021.12（2024.1 重印）
ISBN 978-7-5643-8398-5

Ⅰ.①配… Ⅱ.①黄… ②杨… ③向… Ⅲ.①输配电线路–电力工程–高等职业教育–教材 Ⅳ.①TM726

中国版本图书馆 CIP 数据核字（2021）第 238131 号

Peidian Xianlu Gongcheng

配 电 线 路 工 程

主编　黄平　杨重伟　向文彬

责任编辑	张华敏
特邀编辑	唐建明　杨开春　陈正余
封面设计	何东琳设计工作室
出版发行	西南交通大学出版社 （四川省成都市金牛区二环路北一段 111 号 西南交通大学创新大厦 21 楼）
邮政编码	610031
营销部电话	028-87600564　028-87600533
官网	http://www.xnjdcbs.com
印刷	四川煤田地质制图印务有限责任公司
成品尺寸	185 mm×260 mm
印张	19.5
字数	487 千
版次	2021 年 12 月第 1 版
印次	2024 年 1 月第 2 次
定价	59.00 元
书号	ISBN 978-7-5643-8398-5

课件咨询电话：028-81435775
图书如有印装质量问题　本社负责退换
版权所有　盗版必究　举报电话：028-87600562

前　言

本书根据高等职业教育人才培养目标和电力行业人才需求，依据本专业相关国家标准、行业标准和职业规范编写而成。

全书内容分为项目背景和7大学习项目，共计36个子任务，具体包括：项目背景（配电网络概述）、项目一（架空配电线路认知）、项目二（配电线路设计）、项目三（架空配电线路施工）、项目四（电力电缆线路认知及操作）、项目五（配电线路运行管理）、项目六（配电线路检修）、项目七（配电线路带电作业）。

本书系统性强，注重实践环节与能力培养。全书采用图文相结合的方式，可激发学员的学习兴趣，方便记忆，易于掌握。

● 本书为新形态一体化教材，是"配电线路工程"在线开放课程配套教材，配有电子教学资源库，包括电子课件（PPT）、微课、教学视频、动画、习题及答案等。

● "配电线路工程"在线开放课程是国家级"双高"专业建设课程。在智慧职教平台（https://www.icve.com.cn/）搜索本书对应课程"配电线路工程"，即可进入课程进行在线学习或资源调用。

本书由重庆电力高等专科学校黄平、杨重伟、向文彬担任主编。具体编写分工如下：项目背景、项目一、项目七由黄平编写，项目二、项目四由杨重伟编写，项目三、项目五、项目六由黄平、杨重伟、向文彬及重庆市送变电工程有限公司李玖中共同编写。全书由黄平负责整理、统稿、审核。

在本书编写过程中，参考了大量国家颁布的有关法律法规文件和相关书籍等资料，在此向这些书籍和文献的原作者及主编单位表示感谢。

由于编者水平所限，书中不足之处在所难免，恳请广大读者批评指正。

编　者
2021年10月

视频："配电线路工程"课程介绍

智媒体数字资源目录

序号	项目名称	章节	视频、动画名称	类型	页码
1	课程介绍		"配电线路工程"课程介绍	视频	前言
2	项目背景 配电网络概述	电力系统与电力网	电力系统、电力网及配电网	微课-视频	1
3			电力系统的组成	三维动画	1
4		配电网	架空线路的接线形式	微课-视频	8
5			电缆线路接线方式	微课-视频	10
6	项目1 架空配电线路认知	架空配电线路概述	架空配电线路的基本组成	微课-视频	13
7			架空配电线路的特征参数	微课-视频	15
8		导线、避雷线认知及选用	导线的种类和型号	微课-视频	19
9		杆塔认知及应用	杆塔的分类和特点	微课-视频	25
10			线路的一个耐张段	三维动画	26
11		线路绝缘子认知及应用	绝缘子的种类及用途	微课-视频	32
12		金具识别及应用	金具的种类及作用	微课-视频	37
13		拉线认知及应用	拉线的结构及类别	微课-视频	42
14		杆塔基础及接地装置认知	杆塔基础的形式及特点	微课-视频	45
15			电杆装配式基础	三维动画	46
16		配电线路电气设备认知及应用	配电线路常用电气设备	微课-视频	47
17	项目2 配电线路设计	配电线路路径的选择	配电线路路径选择	微课-视频	61
18		配电线路施工识图	配电线路路径图的识读	微课-视频	65
19		导线与杆塔的选型	导线截面的选择	微课-视频	72
20			电杆型号的选择	微课-视频	74
21	项目3 架空配电线路施工	架空配电线路施工概述	安全帽的使用	视频	83
22			安全带的使用	视频	83
23			登高板登杆操作	视频	84
24			脚扣登杆操作	视频	86
25			绳扣打结的操作方法	微课-视频	86
26			配电现场作业的一般要求	微课-视频	95
27			《安规》线路部分：总则、附录	三维动画	95
28			《安规》线路部分：线路施工	三维动画	95
29			架空配电线路施工作业安全	微课-视频	97
			线路施工案例	微课-视频	97
30		线路复测分坑	线路复测	微课-视频	102
31			直线杆塔桩位复测	三维动画	102
32			转角杆塔桩位复测	三维动画	103
33			基础分坑	微课-视频	106
34		杆塔基础施工	电杆基础施工	微课-视频	109
35			电杆基础回填	三维动画	115
36			杆塔基础施工常见缺陷	微课-视频	116
37			接地装置安装常见缺陷	微课-视频	116
38		杆塔组立	10 kV 单回架空线路典型设计介绍	视频	117
39			10 kV 同杆多回架空线路典型设计介绍	视频	120
40			电杆组立	微课-视频	122
41			杆塔组立常见缺陷	微课-视频	127

续表

序号	项目名称	章节	视频、动画名称	类型	页码
42	项目3 架空配电线路施工	金具、绝缘子安装	横担安装	微课-视频	127
43			金具、绝缘子安装常见缺陷	微课-视频	132
44		拉线安装	拉线制作及安装	微课-视频	132
45			拉线安装常见缺陷	微课-视频	136
46		导线架设	导线架设	微课-视频	137
47			导线架设常见缺陷	微课-视频	137
48			单十字顶绑法	三维动画	151
49			单十字侧绑法	三维动画	152
50		配电设备安装	柱上配电变压器安装	视频	159
51			柱上设备安装	视频	163
52			杆上电气设备安装常见缺陷	微课-视频	166
53		接户线安装	接户线施工	视频	168
54			接户线安装常见缺陷	微课-视频	171
55		标示安装	标示安装	视频	171
56			标识安装常见缺陷	微课-视频	171
57	项目4 电力电缆线路认知及操作	电力电缆认知	电缆输电	三维动画	172
58			电力电缆的结构和种类	微课-视频	172
59		电力电缆敷设	电力电缆的敷设方式	微课-视频	181
60			电缆直埋敷设	视频	181
61			电缆排管敷设	视频	186
62			电缆敷设常见缺陷	微课-视频	189
63		电缆附件及制作	电力电缆中间接头制作	视频	196
64			电力电缆终端接头制作	视频	201
65	项目5 配电线路运行管理	配电线路的巡视	10 kV架空配电线路的巡视	视频	209
66		配电线路的防护	架空线路的防护	微课-视频	217
67		配电线路检测与试验	配电线路检测与试验	微课-视频	228
68	项目6 配电线路检修	架空配电线路检修周期与安全措施	《安规》线路部分：保证安全的措施	三维动画	248
			保证安全的措施、案例	微课-视频	248
			10 kV停电线路验电、挂接地线	视频	255
69			多层线路验电顺序	三维动画	255
70			电杆临时接地体要求	三维动画	256
71			配电线路检修作业安全	微课-视频	258
			《安规》线路部分：线路运行和维护	三维动画	259
			线路检修案例	微课-视频	259
72		其他设施的检修	10 kV架空线路停电更换耐张绝缘子	视频	275
73		电力电缆故障检修技术	电力电缆故障寻测	微课-视频	279
74	项目7 配电线路带电作业	配电线路带电作业概述	配电线路带电作业方法	微课-视频	289
75			配电线路带电作业安全	微课-视频	292
76			配电线路带电作业工器具	微课-视频	293
77		10 kV配电线路带电作业	10 kV带电更换直线杆	微课-视频	301
78			10 kV单回带电更换边相耐张绝缘子	微课-视频	301
79			10 kV单回直线杆带电更换边相绝缘子	微课-视频	301
80			10 kV单回直线杆带电更换横担	微课-视频	301
81			10 kV带电修补导线	微课-视频	301
82			10 kV带电拆引线	微课-视频	301
83			10 kV带电更换杆上边相跌落式熔断器	微课-视频	301

目 录

项目背景　配电网络概述 ········· 1
　　任务 0.1　电力系统与电力网 ········· 1
　　任务 0.2　配电网 ········· 5

项目 1　架空配电线路认知 ········· 13
　　任务 1.1　架空配电线路概述 ········· 13
　　任务 1.2　导线、避雷线认知及选用 ········· 19
　　任务 1.3　杆塔认知及应用 ········· 25
　　任务 1.4　线路绝缘子认知及应用 ········· 32
　　任务 1.5　金具识别及应用 ········· 37
　　任务 1.6　拉线认知及应用 ········· 42
　　任务 1.7　杆塔基础及接地装置认知 ········· 45
　　任务 1.8　配电线路电气设备认知及应用 ········· 47

项目 2　配电线路设计 ········· 61
　　任务 2.1　配电线路路径的选择 ········· 61
　　任务 2.2　配电线路施工识图 ········· 62
　　任务 2.3　导线与杆塔的选型 ········· 72

项目 3　架空配电线路施工 ········· 82
　　任务 3.1　架空配电线路施工概述 ········· 82
　　任务 3.2　线路复测分坑 ········· 99
　　任务 3.3　杆塔基础施工 ········· 109
　　任务 3.4　杆塔组立 ········· 116
　　任务 3.5　金具、绝缘子安装 ········· 127
　　任务 3.6　拉线安装 ········· 132
　　任务 3.7　导线架设 ········· 137
　　任务 3.8　配电设备安装 ········· 155
　　任务 3.9　接户线安装 ········· 167

项目 4　电力电缆线路认知及操作 ········· 172
　　任务 4.1　电力电缆认知 ········· 172
　　任务 4.2　电力电缆敷设 ········· 181

  任务 4.3 电缆附件及制作 ………………………………………………………… 190

项目 5 配电线路运行管理 ……………………………………………………… 208
  任务 5.1 配电线路的巡视 ………………………………………………………… 208
  任务 5.2 配电线路的防护 ………………………………………………………… 217
  任务 5.3 配电线路检测与试验 …………………………………………………… 228
  任务 5.4 配电线路的缺陷管理 …………………………………………………… 238

项目 6 配电线路检修 …………………………………………………………… 246
  任务 6.1 架空配电线路检修周期与安全措施 …………………………………… 246
  任务 6.2 杆塔的检修 ……………………………………………………………… 262
  任务 6.3 导线的检修 ……………………………………………………………… 268
  任务 6.4 其他设施的检修 ………………………………………………………… 274
  任务 6.5 电力电缆故障检修技术 ………………………………………………… 278

项目 7 配电线路带电作业 ……………………………………………………… 289
  任务 7.1 配电线路带电作业概述 ………………………………………………… 289
  任务 7.2 10 kV 配电线路带电作业 ……………………………………………… 299

参考文献 ……………………………………………………………………………… 304

项目背景　配电网络概述

任务 0.1　电力系统与电力网

0.1.1　动力系统

电力系统和动力部分的总和称为动力系统，它包括发电机、变压器、电力线路、与用电设备连在一起的电力系统和锅炉、汽轮机、热力网和用热设备、水库、水轮机以及原子能电厂的反应堆等组成的动力部分，如图 0-1 所示。

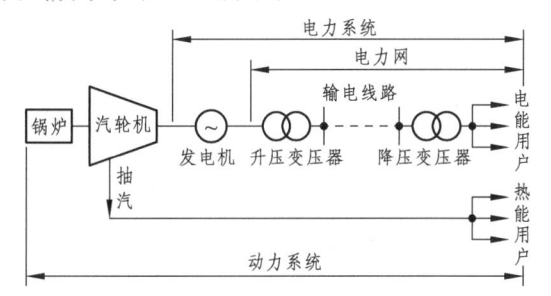

图 0-1　动力系统与电力系统、电力网的关系示意图

微课：电力系统、电力网及配电网

0.1.2　电力系统

电力系统将发电厂发出的电能通过输电线路、配电线路和变电站配送给用户，从而实现发电厂与用电设备的电气连接，形成一个有机的整体，如图 0-2 所示。

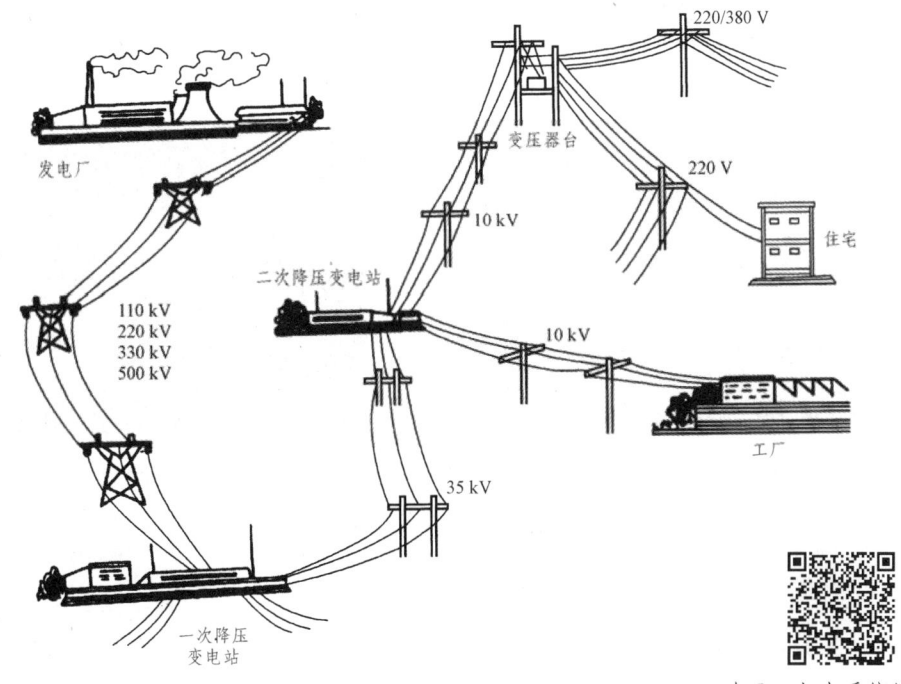

图 0-2　电力系统的组成示意图

动画：电力系统的组成

电力系统由以下几个部分组成：

1. 发电厂

发电厂的基本任务是将自然界中蕴藏的各种一次能源转化为电能。按所用一次能源的性质，发电厂可分为水力发电厂、火力发电厂、核能发电厂以及太阳能、风力、地热等发电厂，如图 0-3 所示。

（a）水力发电厂

（b）火力发电厂

（c）核能发电厂

（d）太阳能发电

（e）风力发电

（f）地热发电

图 0-3　发电厂的类型

2. 变电站

变电站起着变换电压和分配电能的作用。从发电厂送出的电能经过升压远距离输送，再经过多次降压后才供给用户使用。

变电站按性质可分为升压变电站和降压变电站；按功能可分为枢纽变电站、中间变电站、地区变电站、终端变电站等，如图 0-4 所示。

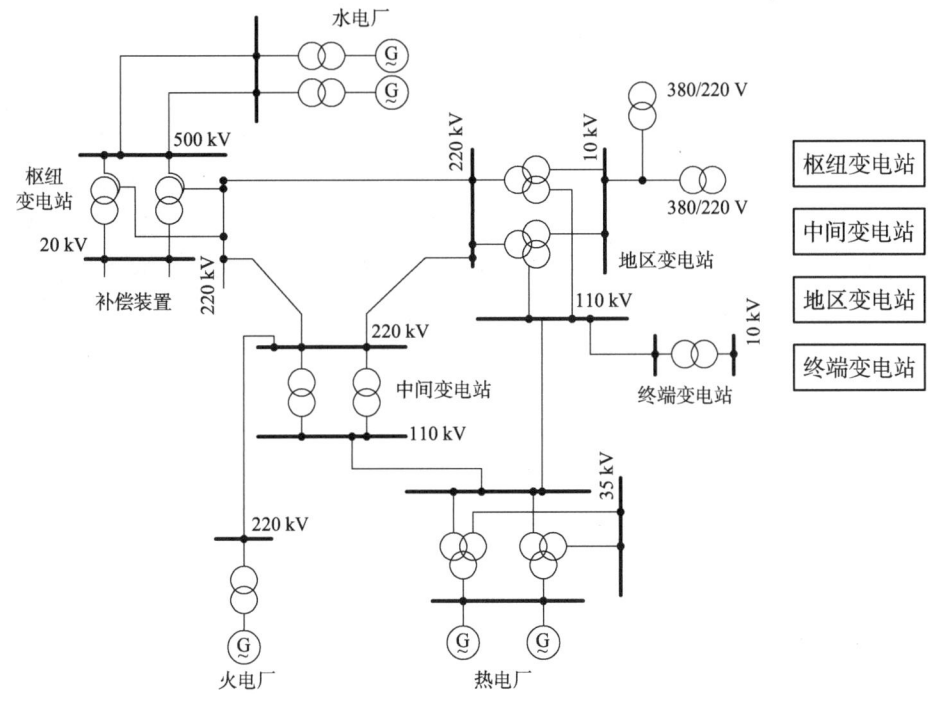

图 0-4 变电站接线示意图

在图 0-4 中，枢纽变电站的电压等级一般为 330~500 kV，其位于电力系统的枢纽点，汇集着多条输电线路，连接着多个电源点或变电站。枢纽变电站在电力系统中的地位非常重要，若发生全站停电事故，将引起电力系统解列，甚至系统崩溃的灾难局面。

中间变电站的电压等级多为 220~330 kV，其中低压侧一般是 110~220 kV，供给所在地的多个地区用电并接入一些中小型电厂，其高压侧与枢纽变电站连接，以穿越功率为主，在电力系统中起交换功率的作用，或使高压长距离输电线路分段。当全站停电时，将引起区域电网解列，影响面也比较大。

地区变电站的电压等级一般为 110~220 kV，其主要任务是给地区的用户供电，它是一个地区或城市的主要变电站。若发生全站停电事故，只造成本地区或城市停电。

终端变电站的高压侧电压多为 110 kV 或更低（如 35 kV），经过变压器降压为 6~10 kV 电压后直接向用户供电，其位于线路的末端，靠近负荷点。若发生全站停电事故，只是所供电的用户停电，影响面较小。

3. 电力线路

电力线路是输送、分配电能的主要通道和工具。

电力线路按传输电能的形式可分为架空线路和电缆线路，如图 0-5 所示。

电力线路按送电电压等级的高低，可分为输电线路和配电线路。输电线路是将发电厂发出的电能升压后送到邻近负荷中心的枢纽变电站，由枢纽变电站将电能再送到地区变电站，或连接相邻的枢纽变电站的线路,电压等级一般在 220 kV 及以上。配电线路则是将电能从地区变电站经降压后输送到电能用户的线路,其电压等级一般为 110 kV 及以下。

(a)架空线路　　　　　　　　　　　(b)电缆线路

图 0-5　电力线路分类

4. 用户

用户是指从电力系统中获取并使用电能的集体和个人,即在供电部门管辖范围分界点以下的工矿企业、机关事业单位、市政工程、居民住宅区、农村用户等。

0.1.3　电力网

在电力系统中,各类升、降压变电站,各种电压等级的输、配电线路构成的网络称为电力网。电力网按其用途和功能有以下几种分类。

1. 按电压等级和供电范围分类（见图 0-6）

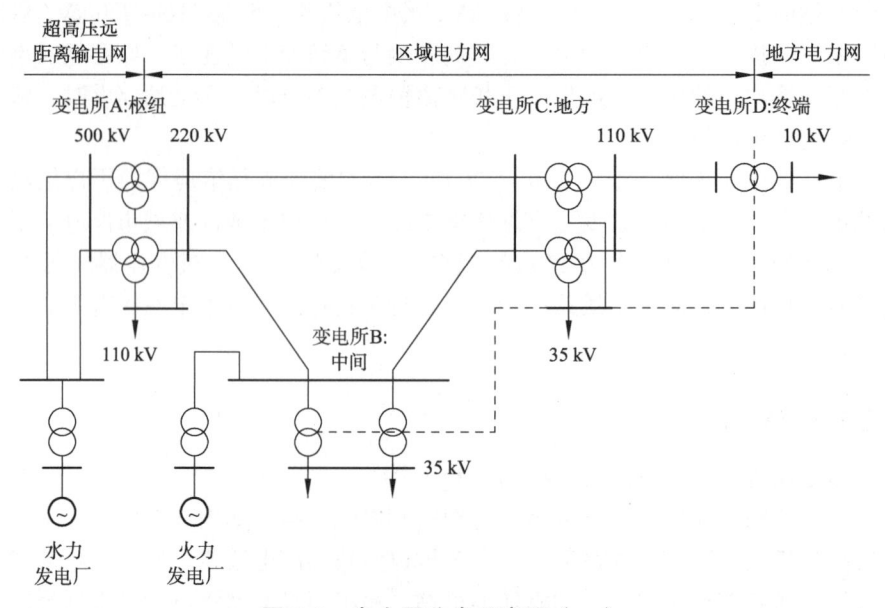

图 0-6　电力网分类示意图（一）

(1) 超高压远输电网

它主要由电压等级为 330 kV 和 500 kV 及以上远距离输电线路组成，担负着将远距离、大容量发电厂的电能送往负荷中心的任务，同时往往还联系几个区域电力网以形成跨省（区），甚至国与国之间的联合电力系统。

(2) 区域电力网

它主要由电压等级为 110～220 kV 的输电线路组成，它把范围较广地区的发电厂联系在一起，通过较长的输电线路向较大范围内的各种用户输送电能。目前，我国各省（区）电压为 110～220 kV 级的高压电力网都属于这种类型。

(3) 地方电力网

它主要是指电压等级不超过 110 kV、输送距离在几十千米内的电力网，一般城市、工矿区、农村配电网络就属于这类网络。

2. 按功能分类（见图 0-7）

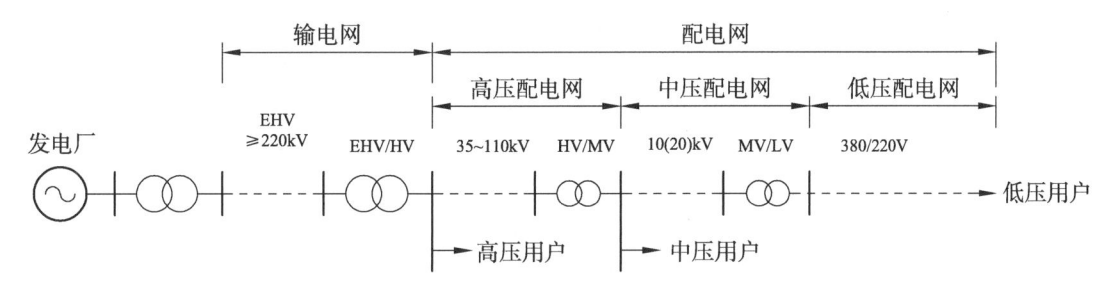

图 0-7　电力网分类示意图（二）

(1) 输电网

输电网是以高电压（超高电压）、远距离线路，将系统中的区域发电厂（经升压站）和枢纽变电所通过输电网络相互连接的送电网络，所以又称为电力网中的主网架。

(2) 配电网

配电网电压为 110 kV（有些负荷密度较大的大城市也采用 220 kV）以下，是从输电网或地区发电厂接收电能，就地或逐级转换、分配给各类用户的末端电网。

任务 0.2　配电网

配电网是指从输电网或地区发电厂接收电能，通过配电设施就地分配或按电压逐级分配给各类用户的电力网，如图 0-8 所示。它由架空线路、电缆、杆塔、配电变压器、隔离开关、无功补偿器及一些附属设施等组成，在电力网中起着分配电能的作用。

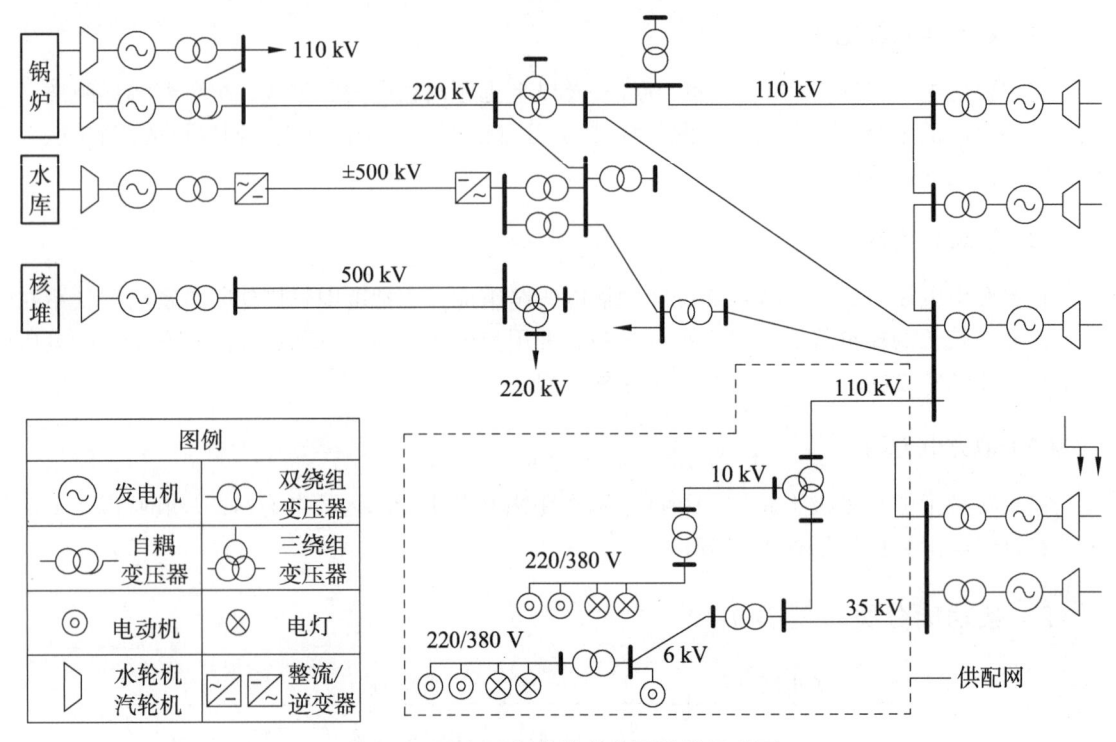

图 0-8　配电网和各类电力网接线示意图

0.2.1　配电网的分类

配电网按其电压等级不同，可分为高压配电网（110～35 kV）、中压配电网（10(20)～3 kV）、低压配电网（380 V、220 V）；按其配电线路不同，可分为架空配电网、电缆配电网及架空电缆混合配电网；按其供电区域特点或服务对象不同，可分为城市配电网和农村配电网。

1. 按电压等级分类

（1）高压配电网

高压配电网是指由高压配电线路和相应等级的配电变电站组成的、向用户提供电能的配电网。其功能是从上一级电源接收电能后，直接向高压用户供电，或通过变压器为下一级中压配电网提供电源。

城市配电网一般采用 110 kV 作为高压配电电压。高压配电网具有容量大、负荷重、负荷节点少、供电可靠性要求高等特点。

（2）中压配电网

中压配电网是由中压配电线路和配电变电站组成的、向用户提供电能的配电网。

中压配电网具有供电面广、容量大、配电点多等特点。目前我国绝大多数地区的中压配电网的电压等级是 10 kV。有些新开发的工业园区的中压配电网采用 20 kV 供电，也有一些大型工业企业的中压配电网采用 6.3 kV 电压供电。

（3）低压配电网

低压配电网是指低压配电线路及其附属电气设备组成的、向用户提供电能的配电网。

低压配电网的电压等级为 380 V、220 V，以中压配电网的配电变压器为电源，将电能通过低压配电线路直接送给用户。

低压配电网的供电距离较近，低压电源较多，一台配电变压器就可以作为一个低压配电网的电源。低压配电线路的供电容量不大，但分布面广，除了给一些集中用电的用户供电外，大量是供给城乡居民生活用电及分散的街道照明用电等。

低压配电网主要采用三相四线制、单相和三相混合系统。单相以 220 V、三相以 380 V 为额定电压。

2. 按配电线路形式分类

（1）架空配电网

架空配电网主要由架空配电线路、柱上开关、配电变压器以及防雷保护、接地装置等构成。其配电线路是用电杆（铁塔）将导线悬空架设、直接向用户供电。

架空配电网的设备材料简单、成本低，容易发现故障，维修方便，目前在郊区等使用最为广泛。架空配电网易受到外界因素的影响，供电可靠性较差，需要占用地表面积，影响市容。

（2）电缆配电网

电缆配电网是指以地下配电电缆和配电变电站组成的、向用户供电的配电网。

电缆配电线路一般直接埋设在地面下，也有架空敷设、沿墙敷设或水下敷设，主要由电缆本体、电缆中间接头、电缆终端头等组成，还包括相应的土建设施，如电缆沟、排管、隧道等。

电缆配电线路与架空配电网相比，其受外界的因素影响较小，但建设投资费用大，运行成本高，故障地点较难确定，有时造成用户较长时间停电。随着城市化的发展，原来采用架空配电网的城市，随着负荷密度的增高，会逐步增加电缆线路的比重，倾向将架空线入地，成为电缆配电网。

（3）架空电缆混合配电网

架空电缆混合配电网是指架空线路与电缆线路混合的方式，在线路出口处或线路中间有一段或几段使用电缆线路，其余以架空线路为主。

以下情况多采用混合配电网：

① 城市中受街道、树林、建筑限制，使架空线路无法架设，而城市周边的线路仍然以架空线路为主。

② 变电站容量的增加，出线增多，如果全部采用架空形式将无法出线时。

3. 按供电区域特点或服务对象不同分类

（1）城市配电网

城市配电网负荷相对集中，密度大，供电能力增长快；供电范围分区明确，配电网结构复杂，对电能质量、供电可靠性及调度管理自动化程度要求高。随着供区范围的扩展和高压配电网的电压升级（我国京、津、沪等大城市，220 kV 或 330 kV 已成为市区高压配电网电压）、电缆线路的增多、配电设施的投资增大以及设计施工、技术管理与服务功能的不断提升，城市供配电网已成为特点鲜明的电网分支。

（2）农村配电网

农村用电负荷小而分散，供电线路长，分支多，分布广，电能的输送和分配过程中电能损耗率较大，功率因数较低；农村用电负荷季节性强，设备利用率不高，负荷峰谷差显著。随着新农村建设和城乡统筹发展的改革步伐，农村配电网将会不断完善和优化，逐步形成符合中国国情的农村配电网。

0.2.2 配电网的结构

1. 架空线路的接线形式

配电网的结构形式基本上分为放射式和网式两大类型。在放射式结构中，电能只能通过单一路径从电源点送至用电点；在网式结构中，电能可以通过两个及以上路径从电源点送至用电点。网式结构又可分为多回线式、环式和网络式等。

（1）放射式配电网

放射式配电网是指一路配电线路自配电变电所引出，按照负荷的分布情况，呈放射式延伸出去，线路没有其他可连接的电源，所有用电点的电能只能通过单一的路径供给，如图 0-9 所示。放射式配电网的优点是设施简单，运行维护方便，设备费用低，适用于低负荷密度地区和一般的照明、动力负荷供电；缺点是供电可靠性低。

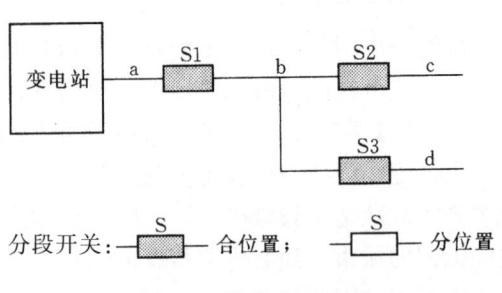

图 0-9 放射式配电网

（2）双电源环网接线方式

图 0-10 所示为环网供电加放射式供电方式。实现该方式较为简便，将配电线路现状稍加变动即可实现，该方式为目前最为常用的方式。图中 S1~S4、L1 构成环网供电形式，接线及运行方式较放射式复杂。其特点是两个电源点（变电站 A、B）之间由两条放射形线路通过联络开关（L1）连接，可实现整条线路互带或部分线路互带。在正常运行方式时一般联络开关处于断开位置，开环运行。

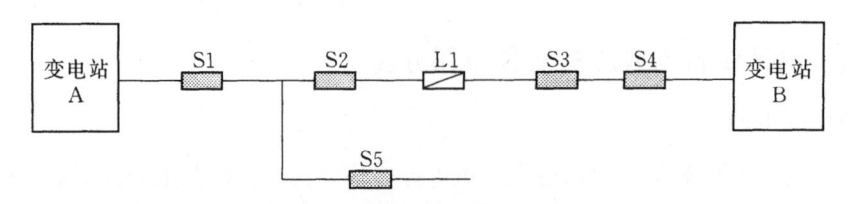

图 0-10 双电源环网接线方式

(3) 三电源环网接线方式

图 0-11 所示为三电源点环网接线方式，该方式较双电源环网接线方式更为复杂。图中变电站 A 和变电站 B 之间由 S1~S4、L1 构成环网供电方式；变电站 B 和变电站 C 之间由 S4~S6、L3 构成环网供电方式；变电站 A 和变电站 C 之间由 S1、L2、S7、S6 构成环网供电方式。其特点是三个电源点（变电站 A、B、C）之间每两个变电站由两条放射形线路通过联络开关（L1、L2、L3）相连接，构成三个环网，形成互相支援的格局。

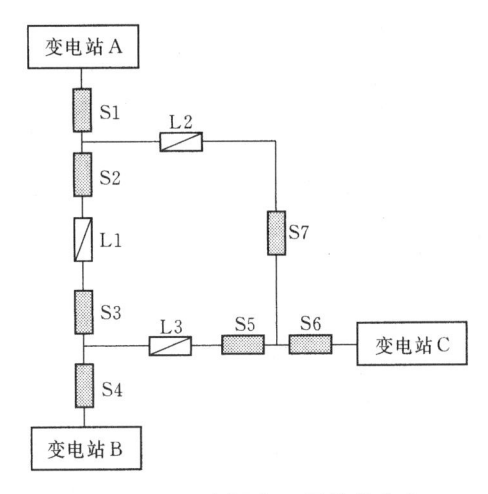

图 0-11 三电源点环网接线方式

(4) 四电源环网接线方式

图 0-12 所示为四电源点环网接线方式。该接线方式是两个双电源环网之间通过两个联络开关（L3、L4）分别相连，使四个变电站所带的每一条线路除本站所在电源外，均可通过联络开关与另外几个电源点相连，即每条线路均有几条转带路径。该接线方式在线路发生故障时，故障隔离与转带方法与三电源点环网接线相似。

值得一提的是，上述四电源环网接线为不平衡环连接方式，即 A、B 两站和 C、D 两站构成的环网中，每条线路均由两台分段开关分为三段，可视为主干环。而其余环则情况各异，主要是作为后备支持用，可视为后备环。后备环可不带支路分段开关，也可带支路分段开关。具体如何选择，应视该区域的负荷分布情况、线路的路径、用户的重要性、转带/恢复的灵活性等方面综合考虑。

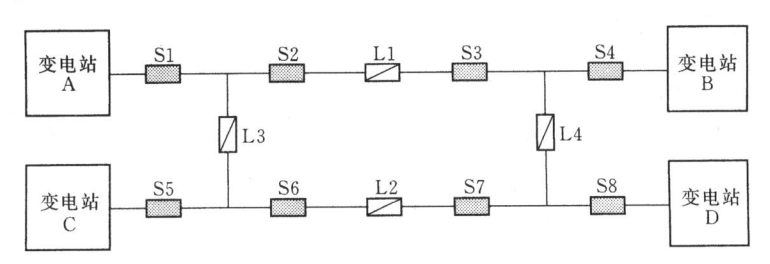

图 0-12 四电源点环网接线方式

(5) 3 分 4 连接方式

图 0-13 所示为 3 分 4 连线方式，也称为网格式接线方式。日本的 6kV 配电系统均采用该接线方式。该接线方式的构成形式是：由一座变电站出 3 条主干馈线，每条馈线由两台分段开关分为 3 段，每条线路可与 4 个电源点连接，每段与相邻馈线段之间用连接线通过联络开关相连，主干线通过联络开关与其他变电所的主干线相连。

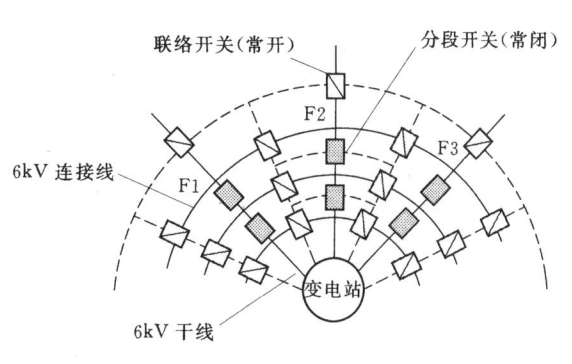

图 0-13 3 分 4 连线方式

该方式的特点是：任意一段线路的负荷均可通过联络开关转移到其他线路，而且每条主干线路只需预留 25% 的富余容量（与双电源环网接线方式相比降低了一倍），即可转带任意一段线路的负荷。通过增加联络开关数量，增强网络连接结构，可降低主干线容量冗余，节省主干线路的投资，提高系统运行效率，增加系统转带的灵活性，充分保证系统的可靠性。

2. 电缆线路的接线方式

电缆网络主要有单放射式、单环网式、双放射式、双环网式等网络构成形式。

微课：电缆线路接线方式

（1）放射式接线

单放射式的典型接线如图 0-14 所示，由一个电源点放射状串联连接多个用户。其中电源点可以是变电所 10 kV 母线、开闭所母线或其他形式的电源，用户可以是配电室、开闭所、环网柜、箱式变电站等，开关则根据需要可选择断路器或负荷开关，如果选用断路器，则应考虑保护的配合问题。

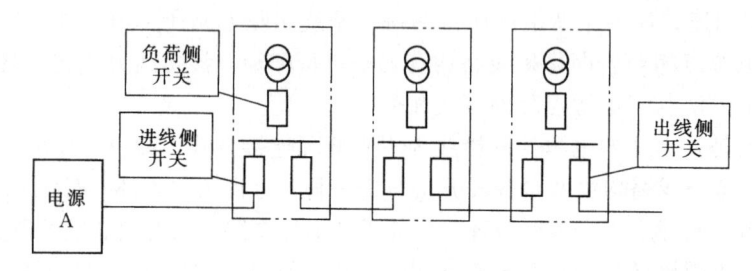

图 0-14　单放射式接线

（2）单环网式接线方式

单环网式接线方式的典型接线如图 0-15 所示，其形式与架空线路的双电源环网接线方式类似，两个电源点形成环网供电，开环运行。其中两个电源点可以是同一变电所、开闭所 10 kV 的不同段母线，或不同变电所、开闭所 10 kV 母线以及其他形式的电源。

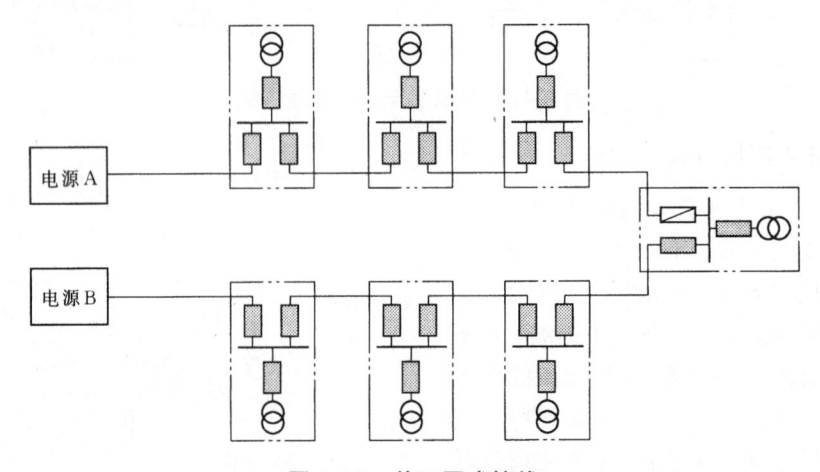

图 0-15　单环网式接线

（3）双放射式接线方式

双放射式接线方式是自一个变电所或开闭所的 10 kV 不同母线引出双回线路，相当于在单放射式接线的基础上又增加了一套设备。与单放射式相比，该方式通过增加系统设备和不同电源来加强网架结构，从而提高供电可靠性。该方式的故障处理方法与单放射式相似，其典型接线如图 0-16 所示。

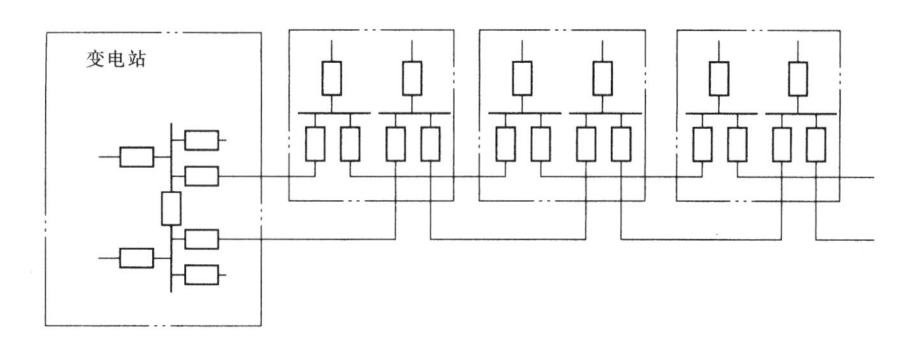

图 0-16　双放射式接线方式

（4）双环网接线方式

双环网接线方式的典型接线如图 0-17 所示。该方式将两个不同变电站的双放射线路连接起来，开环运行。对于这种接线方式的用电户来说，其供电可靠性得到了充分的保证。

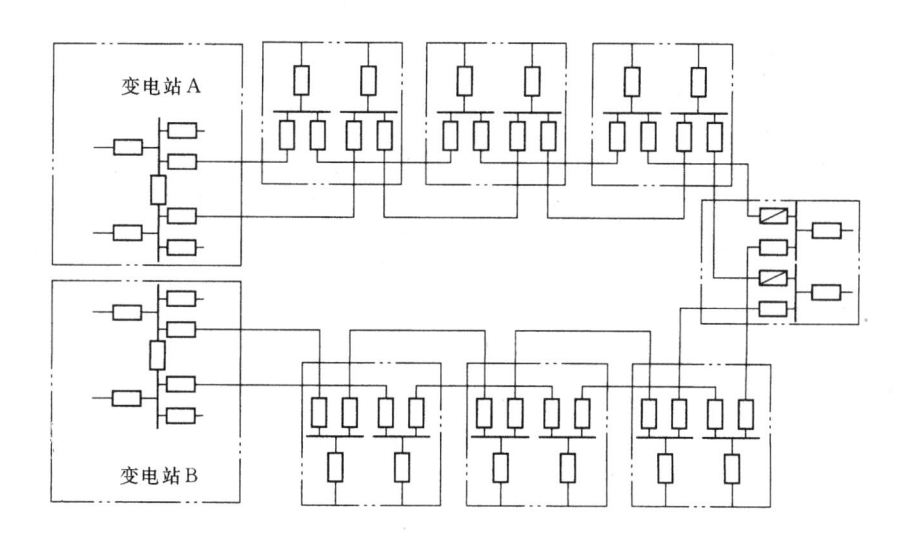

图 0-17　双环网接线方式

（5）混合式接线方式

图 0-18 所示为混合线路的常见接线方式。目前多采用这种不规则的接线方式，是因为城市中受街道、树林、建筑限制，使架空线无法架设。随着变电站容量的增加，出线增多，如果全部采用架空形式将无法出线，因而产生了混合式接线方式。这也是实际常用的接线方式之一。

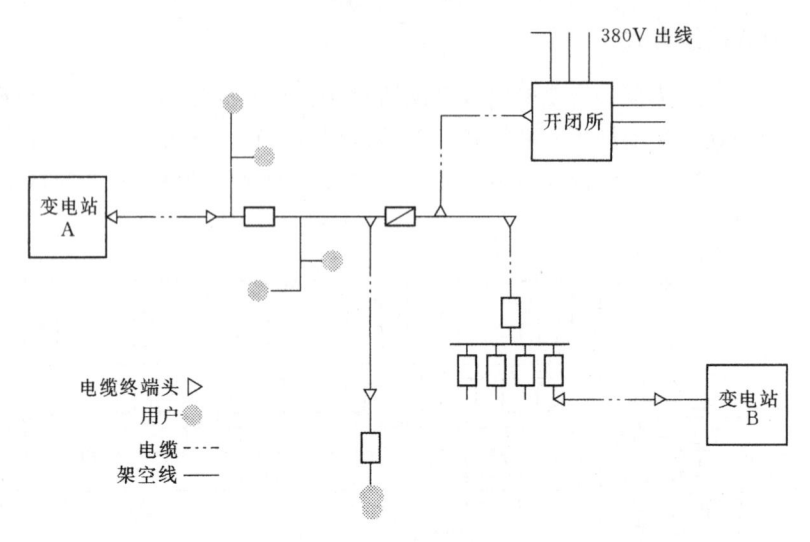

图 0-18　混合式接线

0.2.3　配电网的中性点接地方式

1. 中性点接地方式的类型

配电网中性点接地方式分为直接接地和非直接接地两大类。

（1）直接接地

直接接地分为中性点直接接地和中性点经低恒阻抗接地两种。这种接地方式的接地电流较大，也称为大接地电流系统。

（2）非直接接地

非直接接地分为中性点经消弧线圈接地（又称调谐接地）、高阻抗接地和中性点不接地三种。这种接地方式的接地电流较小或在控制范围内，也称为小接地电流系统。

2. 中性点接地方式的选择

我国对配电网中性点接地方式做了如下的具体规定：

① 110 kV 配电网绝大多数采用直接接地方式，也有少数采用电阻接地或经消弧线圈接地。

② 35(63) kV 配电网一般采用不接地方式；当单相接地故障电流大于 10 A 时，可采用消弧线圈接地方式；在电缆送电为主的配电网中，有时一相接地故障电流达到近百安，也可采用经电阻接地方式，与保护配合有选择性地切除故障。

③ 10(6) kV 配电网一般采用不接地方式；在架空线与电缆线混合送电的中压配电网中，为提高供电的可靠性，也可以采用经消弧线圈接地方式；在城市配电网或大型企业配电网中，以低压电缆送电为主，也可以采用经低值电阻接地方式；对于以架空线为主中压配电网，除了采用中性点经消弧线圈接地方式外，也可以考虑采用高阻抗接地方式（一相接地时不跳子闸，可以运行较长时间），以降低设备投资，简化运行工作，维持适当的供电可靠性。

④ 在 220 V、380 V 的低压配电网中，采用中性点直接接地方式。

项目 1　架空配电线路认知

任务 1.1　架空配电线路概述

1.1.1　架空配电线路的结构

1. 架空配电线路的主要构件

架空配电线路主要由导线、避雷线、杆塔、绝缘子、金具、拉线、基础及接地装置、杆上配电设备等部件组成，如图 1-1 所示。

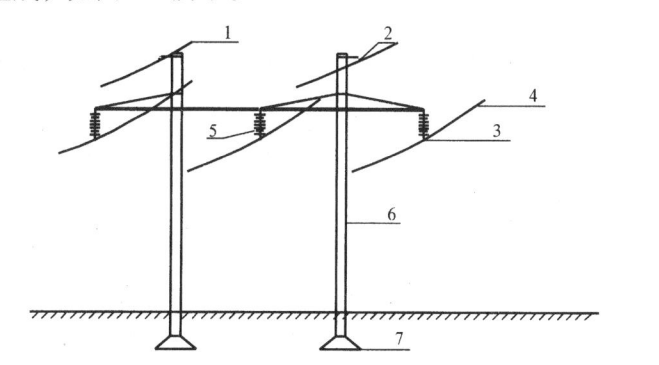

1—避雷线；2—防振锤；3—线夹；4—导线；5—绝缘子；6—杆塔；7—基础。

图 1-1　架空配电线路的构成示意图

微课：架空配电线路的基本组成

2. 架空配电线路主要构件的作用（见表 1-1）

表 1-1　架空配电线路主要构件的作用

序号	主要构件	构件的作用	备注
1	导线	传导电流，输送电能	
2	避雷线	也称地线，防止导线遭受直接雷击	

续表

序号	主要构件	构件的作用	备注
3	杆塔	支持导线、避雷线和其他附件。使导线之间、导线与避雷线、导线与地面及交叉跨越物之间保持一定的安全距离	
4	绝缘子	用来固定导线,并使导线与导线、导线与横担、导线与电杆间保持绝缘	
5	金具	将杆塔、导线、避雷线和绝缘子连接、组合、固定并起防护作用的所有金属附件的统称	
6	拉线	用于平衡导线的不平衡张力,减少杆塔的受力强度,使承力杆塔受力均匀	普通拉线
7	基础	起着支承杆塔全部荷载的作用,并保证其杆塔在运行中不发生下沉、上拔、倒塌或在外力作用时不发生倾覆或变形	

续表

序号	主要构件	构件的作用	备注
8	接地装置	连接地线与大地,把雷电流引入地下	
9	杆上配电设备	主要包括杆上变压器、跌落式熔断器、柱上隔离开关、避雷器等	

1.1.2 架空配电线路的特点

架空配电线路有以下特点：
① 结构简单，分支容易，施工周期短，建设速度快。
② 工程建设投资少，经济效益好。
③ 输送容量大，组成元件加工制造容易。
④ 查找故障容易，维护检修方便。
⑤ 受风雪、风振、雷击等自然因素影响大，事故率较多。

微课：架空配电线路的特征参数

1.1.3 架空配电线路的特征参数

1. 档距

相邻两基杆之间的水平直线距离或相邻两杆塔导线悬挂点之间的水平距离或相邻两杆塔中心桩之间的水平距离，称为档距，如图 1-2 所示。

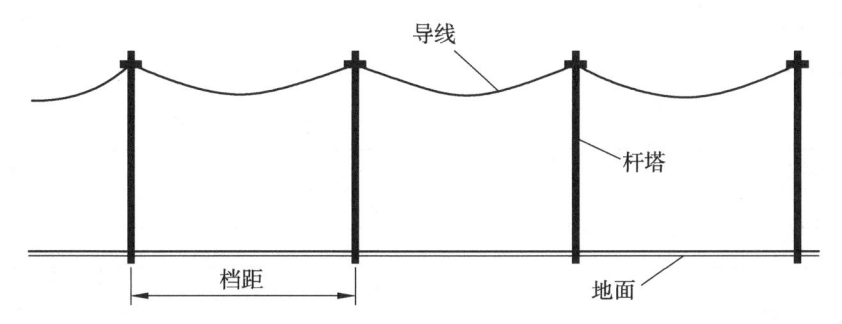

图 1-2 架空配电线路档距示意图

线路档距的大小，取决于线路的电压等级、路径条件、安全距离、综合造价等诸多因素。根据《架空绝缘配电线路设计标准》(GB 51302—2018)，配电线路的档距可以参照表1-2所列数值。

表1-2 架空配电线路的档距

区域	电压	档距
城镇	1～10 kV	40～50 m
	1 kV及以下	40～50 m
空旷地区	1～10 kV	50～80 m
	1 kV及以下	40～60 m

注：采用架空平行集束绝缘导线的1 kV及以下线路档距不宜大于50 m。

2. 安全距离

安全距离是指导线与地面、建筑物、树木、铁路、道路、河流、管道、索道及各种架空线路之间，必须保证的最小距离，如图1-3所示。

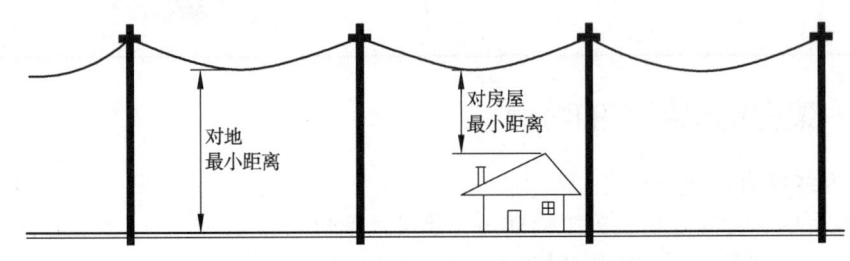

图1-3 架空配电线路安全距离示意图

根据《架空绝缘配电线路设计标准》(GB 51302—2018)，线路必须满足的各种安全距离可参照表1-3～表1-6所列数值。

表1-3 最大计算弧垂情况下导线与地面的最小距离

线路经过地区	线路电压	最小距离
人口密集地区	1～10 kV	6.5 m
	1 kV及以下	6.0 m
人口稀少地区	1～10 kV	5.5 m
	1 kV及以下	5.0 m
交通困难地区	1～10 kV	4.5 m
	1 kV及以下	4.0 m

表1-4 最大计算风偏情况下导线与山坡、峭壁、岩石的最小距离

线路经过地区	线路电压	最小距离
步行可以到达的山坡	1～10 kV	4.5 m
	1 kV及以下	3.0 m
步行不能到达的山坡、峭壁、岩石	1～10 kV	1.5 m
	1 kV及以下	1.0 m

表 1-5　最大计算风偏情况下导线与建筑物的最小距离

线路电压	1～10 kV	1 kV 及以下
最小距离	1.5 m	1.0 m

注：在无风偏的情况下，不应小于表中规定数值的 50%。

表 1-6　导线与街道行道树之间的最小距离

线路电压	1～10 kV	1 kV 及以下
最大计算弧垂情况下的垂直距离	1.5 m	1.0 m
最大计算风偏情况下的最大水平距离	2.0 m	1.0 m

架空绝缘配电线路不应跨越屋顶为易燃材料做成的建筑，对非易燃屋顶的建筑，如需跨越，在最大计算弧垂情况下，导线与该建筑物、构筑物的垂直距离不应小于 3 m。

3. 弧垂

在档距中，导线自然下垂的最低点与连接两悬挂点的水平线之间的垂直距离，称为导线的弧垂，如图 1-4 所示。

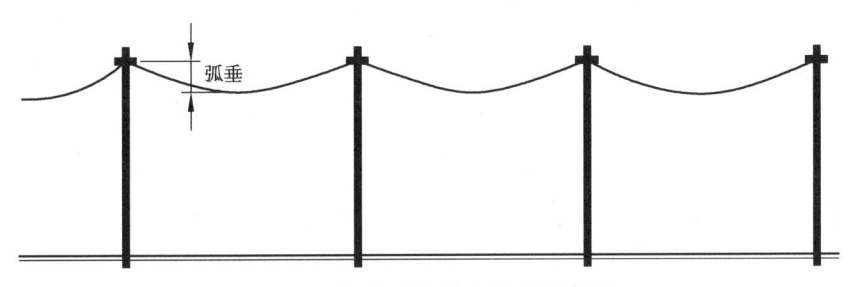

图 1-4　架空配电线路弧垂示意图

如果导线在相邻两电杆上的悬挂点高度不相同，此时，在一个档距内将出现两个弧垂，即导线的两个悬挂点至导线最低点有两个垂直距离，称为最大弧垂和最小弧垂，如图 1-5 所示。

导线弧垂的大小取决于档距的大小、导线的型号、导线的张力和气象条件（温度、风向、风速、覆冰情况等）诸多因素。若弧垂过小，说明导线承受了过大的张力，降低了安全系数，如遇气温降低时，可能因导线过紧而发生断线或倒杆事故；若弧垂过大，造成导线对地安全距离不够，在风振条件下，导线之间摆动极易引起碰线故障。

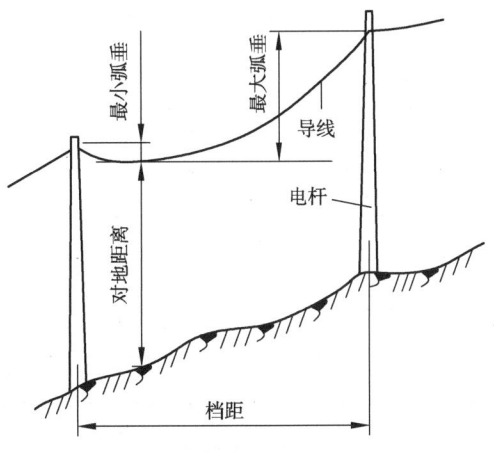

图 1-5　架空配电线路最大弧垂和最小弧垂示意图

4. 线间距

线间距是指各相导线之间，导线与地线、杆塔之间保持一定的线间间隔距离，如图 1-6 所示。线间距离与线路电压和档距的大小有关。

配电线路导线的最小线间距可结合地区经验确定。如无可靠运行资料时，根据《架空绝缘配电线路设计标准》（GB 51302—2018），可参照表 1-7、表 1-8 所列数值。

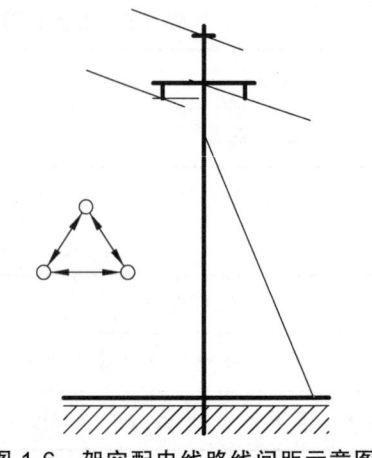

图 1-6 架空配电线路线间距示意图

表 1-7 架空配电线路线间的最小距离

档距	电压	最小距离
40 及以下	1~10 kV	0.40 m
	1 kV 及以下	0.30 m
50	1~10 kV	0.50 m
	1 kV 及以下	0.40 m
60	1~10 kV	0.60 m
	1 kV 及以下	0.45 m
70	1~10 kV	0.65 m
	1 kV 及以下	—
80	1~10 kV	0.75 m
	1 kV 及以下	—
90	1~10 kV	0.80 m
	1 kV 及以下	—
100	1~10 kV	0.90 m
	1 kV 及以下	—

表 1-8 多回路杆塔、横担间的最小垂直距离

组合方式	杆型	最小距离
1~10 kV 与 1~10 kV	直线杆	0.8 m
	转角或分支杆	0.45 m / 0.6 m
1~10 kV 与 1 kV 及以下	直线杆	1.2 m
	转角或分支杆	1.0 m
1 kV 及以下与 1 kV 及以下	直线杆	0.6 m
	转角或分支杆	0.3 m

注：表中 0.45 m / 0.6 m 指距上面的横担 0.45 m，距下面的横担 0.6 m。

任务 1.2　导线、避雷线认知及选用

导线是线路的主要组成部分，主要是用于传导电流、输送电能。架空线路的导线不仅要有良好的导电性能，还应具有机械强度高、耐磨耐折、抗腐蚀性强及质轻价廉等特点。

1.2.1　导线的材料

常用的导线材料有铜、铝、钢、铝合金等。各种导线材料的物理性能见表 1-9。

表 1-9　导线材料的物理性能

材料	20 ℃ 时电阻率（10^{-6} Ω·m）	比重（N/cm²）	抗拉强度（N/mm²）	抗化学腐蚀能力及其他
铜	0.0182	0.089	300	表面易形成氧化膜，抗腐蚀能力强
铝	0.027	0.027	160	表面氧化膜可防止继续氧化，但易受酸碱盐的腐蚀
钢	0.103	0.0785	1200	在空气中易锈蚀，须镀锌
铝合金	0.0339	0.027	300	抗化学腐蚀性能好，受震动时易损坏

架空线路的导线应采用导电性能良好的铜线、铝线、钢芯铝线作传导电能用，而导电性能差但机械强度高的钢绞线用作架空避雷线及作为平衡导线张力的拉线。

1.2.2　导线的种类及特点

架空配电线路常用的导线分为裸导线和绝缘导线。

微课：导线的种类和型号

1. 裸导线

（1）裸铝绞线

铝的性能稍差于铜，但资源较多，造价较低。由于铝的机械强度较低，铝线的耐腐蚀能力差，所以，裸铝线不宜架设在化工区和沿海地区，一般用在中、低压配电线路中，而且档距一般不超过 100 m。如图 1-7 所示。

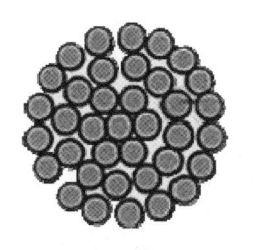

（2）裸铜绞线

铜导线有很高的导电性能和足够的机械强度，但铜的资源少、价格贵。架空线路一般不采用，只用于电流密度较大或化学腐蚀较严重地区的配电线路。

（a）断面结构　　（b）实物图

图 1-7　裸铝导线

(3) 钢芯铝绞线

钢芯铝绞线以 3 股、7 股或 19 股的钢绞线为芯线,外面绞以 6 股、28 股或更多股数的铝线制作而成,如图 1-8 所示。由于交流电的趋肤效应,钢芯铝绞线既利用了铝线的良好导电性能,又利用了钢绞线较高的机械强度,使其具有良好的电气性能和力学性能,柔性好,且耐振能力强,使之成为架空线路首选的导线形式,广泛应用于输电线路或大跨越档距配电线路中。

(a) 断面结构　　　　(b) 实物图

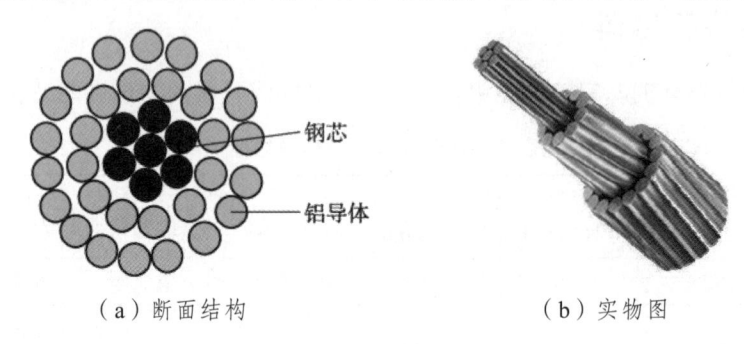

图 1-8　钢芯铝绞线

(4) 铝合金绞线

铝合金含有 98% 的铝和少量的镁、硅、铁、锌等元素,其质量与铝相等,电导率与铝相近,机械强度与铜相近,在电气、机械性能方面兼有铝和铜的优点,也是一种理想的导线材料。但铝合金绞线的耐振性能较差,不宜在大档距的架空线路上使用。

(5) 钢芯铝合金绞线

钢芯铝合金绞线是将多股铝合金线绕着内层钢芯绞制而成。其抗拉强度较普通钢芯铝绞线大幅提高,因而常用于大跨越线路。

(6) 铝包钢绞线

铝包钢绞线是以单股钢线为线芯,外面包着铝层,做成单股或多股的绞线,如图 1-9 所示。其价格较高,电导率较差,适合用于大跨越线路及架空地线高频通信。

(a) 断面结构　　　　(b) 实物图

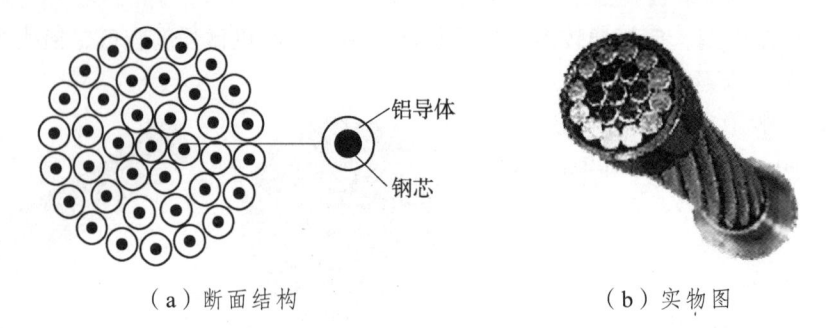

图 1-9　铝包钢绞线

(7) 镀锌钢绞线

镀锌钢绞线机械强度高,但是导线性能及抗腐蚀性能差,不宜用作电力线路导线。常用于作避雷线、拉线以及低压集束绝缘导线和架空电缆的承力索。

2. 绝缘导线

架空绝缘导线是在导线外围均匀而密封地包裹一层不导电的材料，如：树脂、塑料、硅橡胶、PVC 等，形成绝缘层，如图 1-10 所示。

图 1-10　架空绝缘导线

架空绝缘导线一般用于 35 kV 及以下线路，适用于城市人口密集地区，线路走廊窄、架设裸导线线路与建筑物的间距不能满足安全要求的地区，以及风景绿化区、林带区和污秽严重的地区等。

（1）架空绝缘导线的特点

① 绝缘导线有绝缘外层，可大大降低线路故障率，有利于带电作业，提高线路安全运行水平。

② 绝缘性能优于裸导线，同时重量轻，价格又比电缆便宜，施工强度减少。

③ 绝缘导线的耐压水平较高，安装距离比裸导线可缩小 1/3～1/2，可减小线间距离，线路走廊较小，有利于实现同杆双回架设，合理利用土地和空间资源。

④ 绝缘导线的绝缘电阻很高，可以减少漏电损失，提高线路经济运行水平。

⑤ 绝缘导线因为有绝缘保护层，散热较差，外径比同型截面钢芯铝绞线大一个型号。

⑥ 绝缘导线耐雷击水平较低，应在适当位置加装金属氧化物避雷器等防雷设施。

（2）常用架空绝缘导线

架空绝缘导线按电压等级可分为中压绝缘导线、低压绝缘导线；按架设方式可分为分相架设式绝缘导线、集束架设型绝缘导线。

1) 分相式绝缘导线

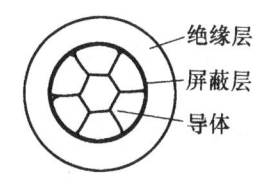

分相式绝缘导线是采用单芯绝缘导线分相架设在架空配电线路上，它的架设方法与裸导线的架设方法基本相同。低压分相式绝缘导线的结构是在线芯上直接挤包绝缘层；高压分相式绝缘导线的结构是在线芯上挤包一层半导体屏蔽层，半导体屏蔽层外再挤包一层绝缘层，如图 1-11 所示。

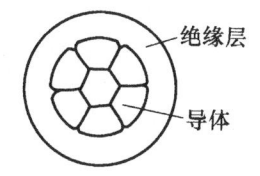

（a）低压分相式绝缘导线　　　　（b）高压分相式绝缘导线

图 1-11　分相式绝缘导线结构示意图

分相式绝缘导线的线芯一般采用经过紧压的圆形硬铜线（TY）、圆形硬铝线（LY8 或 LY9）或圆形铝合金线（LHA 或 LHB）。

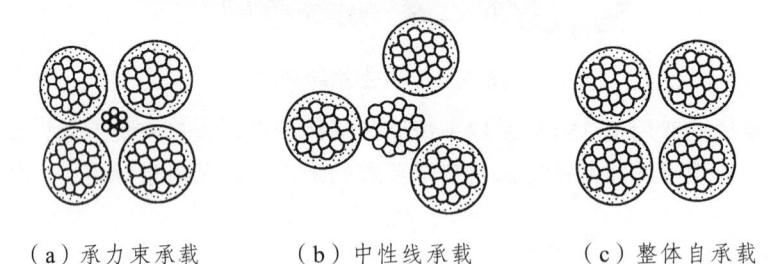

2) 低压集束型绝缘导线

低压集束型绝缘导线（LV-ABC 型）又叫低压绝缘互绞线，它可以分为承力束承载、中性线承载和整体自承载三种，如图 1-12 所示。承力束承载或中性线承载的低压集束型绝缘导线，相线可以采用未经紧压的软铜芯做线芯。中性线可以分为绝缘或非绝缘两种。整体自承载的低压集束型绝缘导线的线芯应采用经过紧压的硬铜、硬铝或铝合金线。

（a）承力束承载　　（b）中性线承载　　（c）整体自承载

图 1-12　低压集束型绝缘导线结构示意图

3) 高压集束型绝缘导线

高压集束型绝缘导线（HV-ABC 型）又叫高压绝缘互绞线，主要用于 10 kV、35 kV 架空线路。它可以分为半导体屏蔽和金属屏蔽绝缘导线两种类型。

高压集束型半导体屏蔽绝缘导线又叫非金属屏蔽绝缘互绞线。它可以分为承力束承载和自承载两种类型，如图 1-13 所示。

高压集束型金属屏蔽绝缘导线又叫金属屏蔽绝缘互绞线，一般带承力束，如图 1-14 所示。

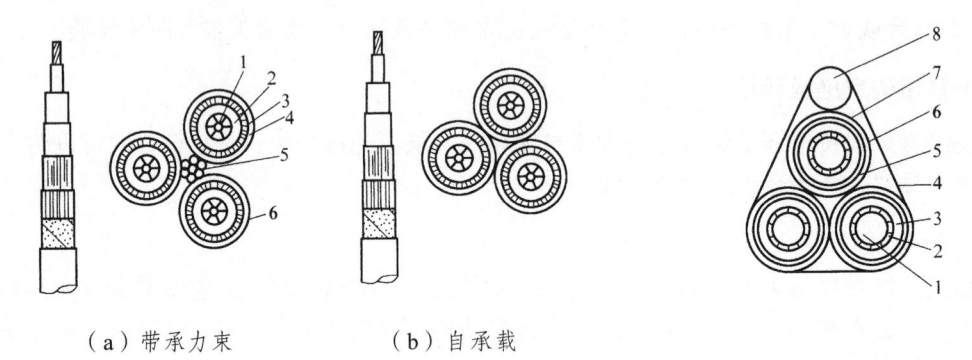

（a）带承力束　　（b）自承载

1—导体；2—半导体绝缘内屏蔽；3—绝缘体；
4—半导体绝缘外屏蔽；5—承力束；6—外护套。

图 1-13　高压集束型半导体屏蔽绝缘导线

1—导体；2—半导体绝缘内屏蔽；3—绝缘体；
4—绕扎线；5—半导体绝缘外屏蔽；6—集束屏蔽；7—外护套；8—承力束。

图 1-14　高压集束型金属屏蔽绝缘导线

1.2.3　导线的规格型号

1. 裸导线

裸导线的型号表示方法如图 1-15 所示。

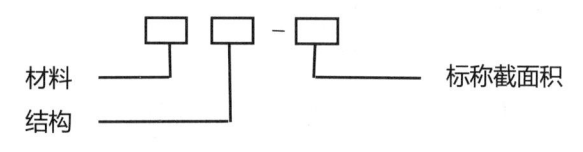

图 1-15 裸导线的型号标识

导线的材料（用字母表示）：T—铜导线；L—铝导线；G—钢导线；J—绞线；H—合金型；F—防腐型；X—含稀土合金。

导线的结构（用字母表示）：J—多股绞线（不加字母表示单股导线）；J—加强型；Q—轻型；F—防腐型。

导线的标称截面积：用数字表示，单位是 mm²。

例如：LGJ-35/6，表示钢芯铝绞线，铝线部分标称截面积为 35 mm²，钢线部分标称截面积为 6 mm²；LJ-95，表示铝绞线，标称截面积为 95 mm²。

35 kV 及以上的线路，导线最小截面积不得小于 25 mm²；1～10 kV 线路导线最小截面积不得小于 16 mm²。

2. 绝缘导线

架空绝缘导线的型号表示方法如图 1-16 所示。

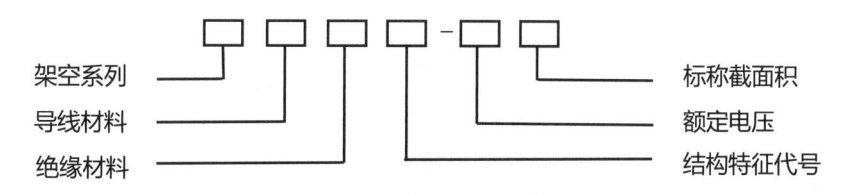

图 1-16 架空绝缘导线的型号标识

导线材料（用字母表示）：TR—软铜导体；L—铝导体；LH—铝合金导体。

绝缘导线的材料和结构特征代号：V—聚氯乙烯绝缘；Y—聚乙烯绝缘；GY—高密聚氯乙烯绝缘；YJ—交联聚氯乙烯绝缘；/B—本色绝缘；/0—轻型薄绝缘结构（普通绝缘结构省略）。

导线的标称截面积用数字表示，单位是 mm²；额定电压用数字表示。

例如：JKLYJ/B-10 3×240+95（A），表示铝芯、交联聚氯乙烯绝缘（本色）、额定电压 10kV、4 芯，其中导线 3 芯，标称截面积为 240 mm²，承力线为钢绞线（用 A 表示），截面积为 95 mm² 的架空绝缘导线。

1.2.4 导线的排列

1. 排列方式

导线在杆塔上的布置方式如图 1-17 所示，有水平排列、三角形排列、上字形排列和伞形排列等多种形式。

选择导线的排列方式时，主要考虑线路运行的可靠性和维护检修方便。导线水平排列适

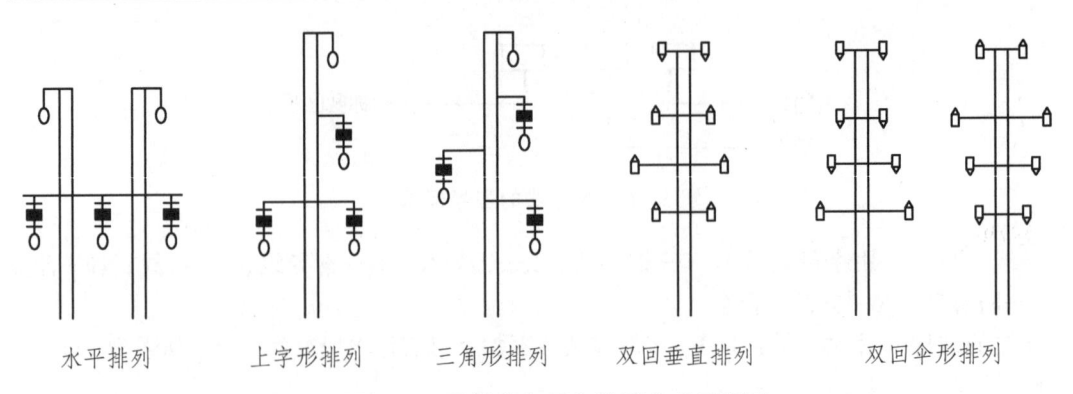

水平排列　　　上字形排列　　　三角形排列　　　双回垂直排列　　　双回伞形排列

图 1-17　导线在电杆上排列方式示意图

用于重冰区、多雷区线路。三角形排列主要适合单回导线的线路。垂直和伞形排列主要适合多回导线的线路，因杆塔高度较高，在重冰区、多雷区线路受到一定限制。

架空配电线路通常采用三角形和水平排列，多回线同杆架设时一般采用三角形、水平混合排列或垂直排列。

2. 相序排列

架空配电线路的相序标识一般采用黄、绿、红分别表示 A、B、C 相，如图 1-18 所示。

图 1-18　10 kV 架空配电线路的相序安装图

（1）高压架空配电线路导线的排列顺序

城镇：从靠建筑物一侧向马路侧依次为 A、(A′)、B、C 相。

野外：一般面向负荷侧从左向右依次排列为 A、B、C 相。

（2）低压架空配电线路导线的排列顺序

城镇：若采用二线供电方式，其零线则要安装在靠近建筑物一侧；若采用三相四线制供电方式，则从靠近建筑物一侧向马路侧依次排列为 A、0、B、C 相。

野外：面向负荷侧从左向右依次排列为 A、0、B、C 相。零线不应高于相线，同一地区零线的位置应统一。

1.2.5 避雷线

避雷线（架空地线）直接架设在杆塔顶部，通过钢筋混凝土电杆的主钢筋（铁塔的主材或辅材）作接地引下线或专门接地引下线（如预应力钢筋混凝土电杆）与接地装置连接，将雷电流排入大地。避雷线与杆塔接地装置相配合是供配电线路最基本的防雷设施之一，如图1-19所示。

图 1-19 避雷线实物图

1. 避雷线的主要作用

① 防止大气过电压雷电直击导线和杆塔。
② 分流雷击电流，减少流入杆塔的雷电流，使塔顶电位降低。
③ 与导线的耦合作用，可降低线路绝缘所承受的雷击电压。
④ 对导线有屏蔽作用，可降低雷击时导线上的感应过电压。
⑤ 可作为电力通信线。

2. 避雷线的材料和架设原则

（1）材料

避雷线应具有较高的机械强度和抗疲劳强度以及良好的耐腐蚀性能，一般架空线路多采用镀锌钢绞线作避雷线。个别线路或线段由于特殊要求，有时采用铝包钢绞线、钢芯铝绞线或铝镁合金绞线等良导体。

（2）架设原则

根据供电线路的电压等级和分布来确定避雷线的架设：
① 常规架设是将避雷线直接固定在杆塔顶部。
② 110 kV 及以上线路一般全线架设避雷线。在雷电活动特殊或强烈地区，宜架设双避雷线。
③ 35 kV 线路可只在发电厂（变电所）进出线两端架设 1~2 km 的避雷线，以防护导线和变电站设备免遭直接雷击。
④ 10 kV 及以下线路一般不架设避雷线。

任务1.3 杆塔认知及应用

杆塔主要用来支撑导线、避雷线和其他附件。使导线之间、导线与避雷线、导线与地面及交叉跨越物之间保持一定的安全距离。

在架空配电线路中，根据用途和使用材料不同，杆塔可以分成不同的类型。

微课：杆塔的分类和特点

1.3.1 杆塔根据用途分类

杆塔按其在配电线路中的用途可分为直线杆、耐张杆、转角杆、终端杆、分支杆、跨越杆等。

1. 直线杆

直线杆塔（如图 1-20 所示）主要用于线路直线段中，在平坦地区可占到全线杆塔总数的 80% 左右。在正常运行情况下，直线杆塔一般不承受顺线路方向的张力，而是承受垂直荷载，即导线、绝缘子、金具、覆冰的重力以及水平荷载（即风力）等。只有在电杆两侧档距相差悬殊或一侧发生断线时，直线杆才承受相邻两档导线的不平衡张力。

2. 耐张杆

耐张杆塔又称承力杆塔，如图 1-21 所示，主要用于线路分段处。在正常情况下，耐张杆除了承受与直线杆塔相同的荷载外，还承受导线的不平衡张力。在断线情况下，耐张杆还要承受断线张力，并能将线路断线、倒杆事故控制在一个耐张段（两耐张杆塔之间的距离）内，便于施工和检修。

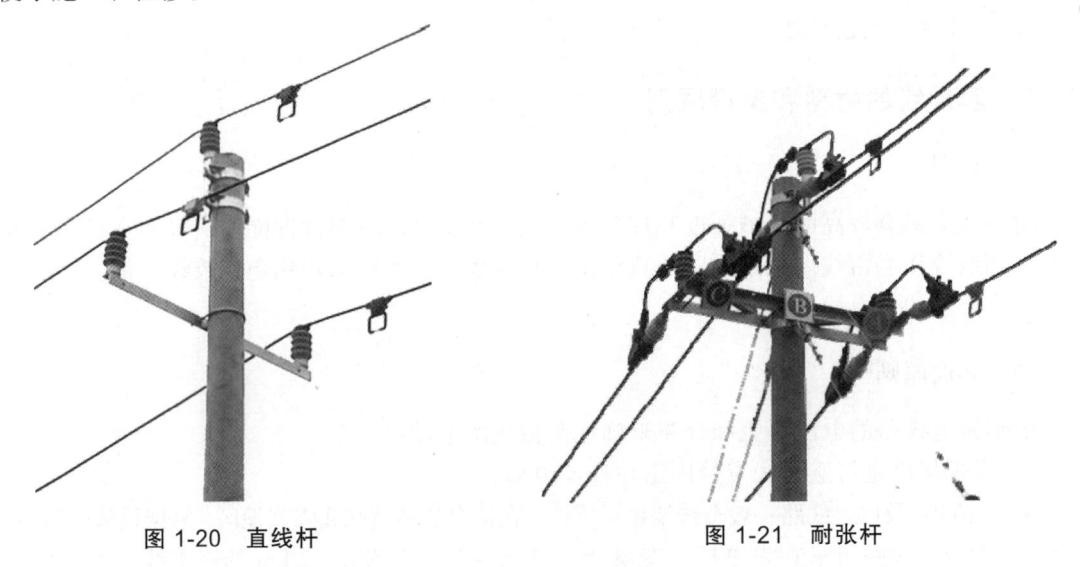

图 1-20 直线杆

图 1-21 耐张杆

线路的一个耐张段如图 1-22 所示。耐张杆将一条线路分解为若干个线段，是根据线路走向及地形情况而定的，如在转角、跨越江河、公路、山坡等处常要设耐张杆。35 kV 和 66 kV 架空电力线路耐张段的长度不宜大于 5 km；10 kV 及以下架空电力线路耐张段的长度不宜大于 2 km。

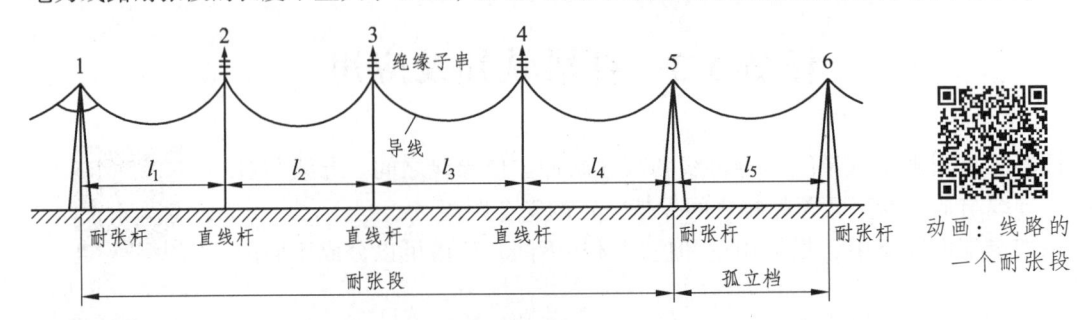

图 1-22 耐张段示意图

3. 转角杆

转角杆塔主要用于线路转角处，如图 1-23 所示，线路转向内角的补角称为线路转角。转角杆塔除承受导线等的垂直荷载和风力外，还要承受导线转角的合力，合力的大小取决于转角的大小和导线的张力。由于转角杆塔两侧导线拉力不在一条直线上，一般用拉线来平衡转角杆的不平衡张力。

转角杆分为直线型和耐张型两种。6～10 kV 线路，30°以下的转角杆用直线型，30°及以上的转角杆用耐张型；35 kV 及以上线路，转角为 5°以下时用直线型，5°以上用耐张型。

4. 终端杆

终端杆塔（如图 1-24 所示）位于线路首、末端，即发电厂或变电站进线、出线的第一基杆塔，它是一种承受单侧导线张力的耐张杆塔。

图 1-23 转角杆

图 1-24 终端杆

5. 分支杆

分支杆位于分支线路与干线相连接处，如图 1-25 所示。在主干线上多为直线型和耐张型，尽量避免在转角杆上分支；在分支线路上，分支杆相当于终端杆，能承受分支线路导线的全部拉力。

6. 跨越杆

跨越杆安装在跨越公路、铁路、河流、山谷、电力线、通信线等场所。为保证导线具有必要的悬挂高度，一般此类电杆要加高；为加强线路安全，保证其有足够的强度，通常都加装有拉线。

图 1-25 分支杆

各处杆型在架空线路上的应用如图 1-26 所示。

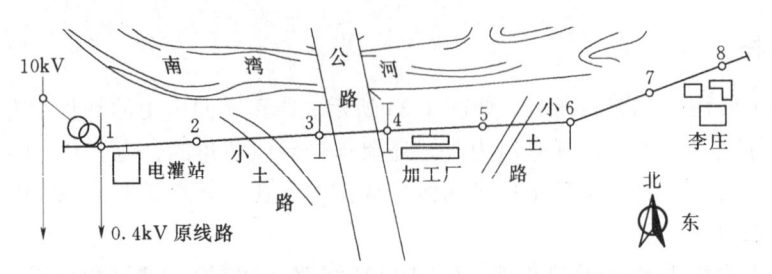

1—分支杆；2、5、7—直线杆；3、4—直线跨越杆；6—转角杆；8—终端杆。

图 1-26　各种杆型在架空线路上的应用示意图

1.3.2　杆塔根据使用材料分类

杆塔按其使用材料可分为木杆、钢筋混凝土杆、钢管杆、铁塔四种。

1. 木杆

木制电杆质量轻，便于运输和施工，投资少，耐雷电水平高，但其强度低、易腐蚀、寿命短，加上木材资源的限制，已很少使用。

2. 钢筋混凝土杆

钢筋混凝土电杆使用年限长，一般寿命不少于 30 年，维护工作量小，节约钢材，投资少，但质量较大，施工和运输不方便。因此对较高的水泥杆均采用分段制造，现场进行组装。

（1）钢筋混凝土电杆的分类

1) 按结构应力分

钢筋混凝土电杆按结构应力可分为普通混凝土电杆和预应力混凝土电杆两类。

① 普通混凝土电杆：就是采用传统的设计方法设计制造的电杆，不施加预应力，设计比较保守，加工多采用热轧钢筋生产，因为钢筋强度低，所以用钢量很大。

② 预应力混凝土电杆：就是在荷载前就给它加上一部分反力荷载，这样加荷之后就可以抵消一部分荷载，预应力构件大多采用高强钢筋加工，因而可以大大节省钢材用量，还可以防止构件过早开裂。

预应力混凝土电杆的抗裂度高于普通混凝土电杆，但其耐腐蚀、耐久性要差于普通混凝土电杆。预应力混凝土电杆主要用于 35 kV 以上架空线路，多用于直线杆塔；普通混凝土电杆多用于荷载较大和较重要的杆塔，如转角杆、终端杆、跨越杆塔等。

2) 按截面形式分

钢筋混凝土电杆按截面形式可分为等径环形杆、锥型环形杆（又称拔梢杆）和方形杆。如图 1-27 所示。

等径环形杆　　　　锥型环形杆　　　　方形杆

图 1-27　钢筋混凝土电杆不同截面形式实物图

等径电杆的外径相等。常用的有 300 mm、400 mm 两种（200 mm 的仅用做横担），壁厚 40～50 mm。分段长度有 3 m、4.5 m、6 m、9 m 等多种。接头方式主要有焊接、法兰盘接头及插入式接头。等径电杆主要用于变电站，作为变电站里面的线路支柱以及架设 35 kV 及以上的架空线路。

锥形杆的两头直径不等，杆身的圆锥度为 1/75，一般使用杆梢直径为 190 mm 或 230 mm 的重型杆，单根电杆长度在 15 m 及以下，18 m 的电杆可由两节锥形杆连接使用。锥形杆多用于 10 kV 及以下配电线路中。

（2）钢筋混凝土电杆的型号表示方法

钢筋混凝土电杆（耐张杆）的型号表示方法如图 1-28 所示。

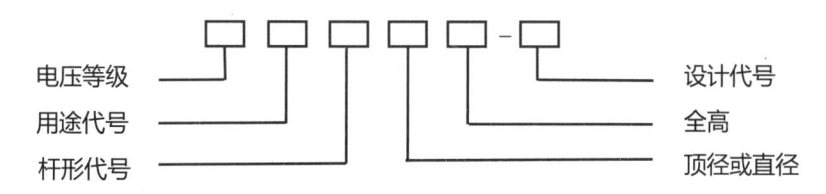

图 1-28 钢筋混凝土电杆的型号标识

杆形代号：S—上字形，M—门形，A—A 形，G—鼓形。
横担形式：B—不带避雷线变形横担，G—不带避雷线固定横担，Bb—带避雷线变形横担，Gb—带避雷线固定横担。
转角度数：30° 表示 0°～30° 转角；60° 表示 30°～60° 转角；90° 表示 60°～90° 转角。
设计代号（荷重级别）：① 门形直线电杆：1—适用于 LGJ-150 型；2—适用于 LGJ-70 型。② 其他杆型：1—适用于 LGJ-70、LGJ-95 型；2—适用于 LGJ-120、LGJ-150 型。
例如：60NA3018-30°-1，表示 60 kV、耐张 A 型电杆，顶径为 30 cm，转角为 0°～30°，全高 18 m，适用于 LGJ-70、LGJ-95 型导线。

3. 钢管电杆(塔)

钢管电杆（如图 1-29 所示）由于其具有杆形美观、能承受较大应力等优点，特别适用于在狭窄道路、城市景观道路和无法安装拉线的地方架设。

图 1-29 钢管电杆外形图

钢管电杆按结构形式分为等径杆和锥形杆；按截面形式分为圆形、多边形（棱形）；按材料分为纯钢管电杆和薄壁离心钢管混凝土电杆。钢管电杆多为插接式，一般通过法兰盘、地脚螺栓与基础连接。

4. 铁塔

（1）铁塔的结构及形式

铁塔本体分为塔头、塔身和塔腿三部分，用角钢焊接或螺栓连接成型，如图 1-30 所示。塔头是铁塔下部横担下平面以上或瓶口以上结构的统称。塔身指铁塔中段的部分，由主材、斜材、横隔斜材、横隔材和辅助材组成。塔腿位于铁塔最下部，塔腿上端与塔身连接，下端与基础连接，塔腿有高低腿和等高腿两种。

铁塔的形式见表 1-10，实物如图 1-31 所示。

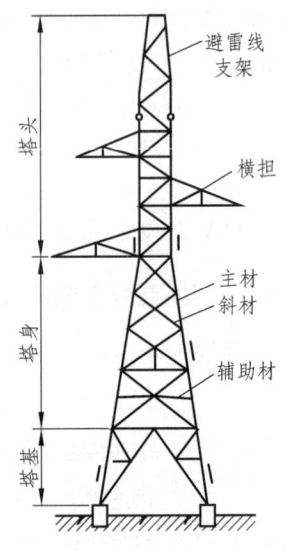

图 1-30 铁塔结构示意图

表 1-10 铁塔的形式示意图

图号	1	2	3	4	5
图形					
名称	上字形	叉骨形	猫头形	鱼叉形	V 字形
代号	S	C	M	Yu	V
备注	直线型绝缘子串				
图号	6	7	8	9	10	11
图形						
名称	三角形	干字形	羊角形	桥形	酒杯形	门形
代号	J	G	Y	Q	B	Me
备注	耐张型绝缘子串				直线型或耐张型绝缘子串	
图号	12	13	14	15	16
图形					
	单避雷线或双避雷线				
名称	鼓形	正伞形	倒伞形	田字形	王字形
代号	Gu	Sz	SD	T	W
备注	直线型或耐张型绝缘子串				

酒杯形	猫头形	干字形
羊角形	双回路伞形	上字形

图 1-31 铁塔实物图

铁塔的优点是机械强度大，使用年限长，运输和施工方便；缺点是钢材消耗量大，造价高，施工工艺复杂，维护工作量大。因此，铁塔多用于交通不便和地形复杂的山区，或一般地区的特大荷载的终端、耐张、大转角、大跨越等情况。

（2）铁塔的型号表示方法

铁塔的型号表示方法如图 1-32 所示。

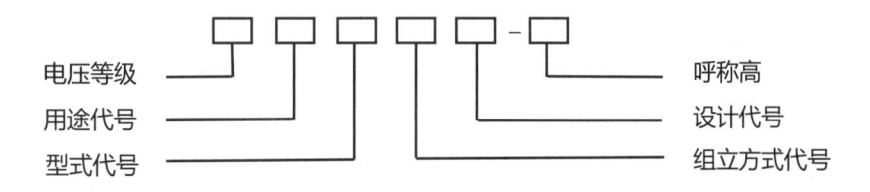

图 1-32 铁塔的型号标识

杆塔的塔材和结构代号：T—自立式铁塔，X—拉线式铁塔。

杆塔组立方式代号：L—拉线式；自立式无符号表示。

设计代号（荷重级别）：同一种塔形要按荷重进行分级，其分级代号用脚注数字 1、2、3…表示。表示同型号的铁塔设计为第 1 级荷重、第 2 级荷重、第 3 级荷重……

若有度数值则 30° 表示 0°～30° 转角，60° 表示 30°～60° 转角，90° 表示 60°～90° 转角。

杆塔高度代号：杆塔高度是杆塔最下层导线绝缘子串悬挂点到地面的垂直距离，即呼称高，用数字表示。

例如：220ZBT1-33，表示 220 kV 直线酒杯形铁塔，杆塔荷重第 1 级，呼称高 33 m。

任务 1.4　线路绝缘子认知及应用

线路绝缘子的作用是使导线和杆塔绝缘，并固定或悬挂导线，承受导线及各种杆塔附件的机械荷重。绝缘子在运行中要受到各种大气环境的影响，并承受工作电压、内部过电压和大气过电压的作用。因此绝缘子应具有良好的电气性能、足够的机械强度、较强的绝缘性能和必要的防污闪能力。

1.4.1　线路绝缘子的类型

1. 绝缘子按照材质分类

线路绝缘子按照材质可分为瓷绝缘子、玻璃绝缘子和合成绝缘子，如图 1-33 所示。

瓷绝缘子　　　　　玻璃绝缘子　　　　　合成绝缘子

图 1-33　不同材料的线路绝缘子实物图

瓷绝缘子具有良好的绝缘性能以及抗气候变化、耐热、组装灵活和因最早使用而运行经验丰富等优点，广泛应用于各种电压等级的线路中。

玻璃绝缘子用钢化玻璃制成，具有尺寸小、重量轻、机械强度高、电容大、抗老化寿命长、"零值自碎"性能和维护方便等优点，普遍应用于中、高压线路。

合成绝缘子采用环氧玻璃纤维棒做棒芯，高分子聚合物（聚四氯乙烯或硅橡胶）制成盘体，具有抗污闪性强、机械强度高、重量轻、抗老化、尺寸小和维护方便等优点，普遍应用于中、高压线路。

2. 架空配电线路常用的绝缘子

架空配电线路常用的绝缘子有针式绝缘子、柱式绝缘子、悬式绝缘子、蝶式绝缘子、棒式绝缘子、瓷横担绝缘子、拉线绝缘子等。

（1）针式绝缘子

针式绝缘子多用于电压等级 35 kV 及以下、导线张力不太大的直线杆或小转角杆上，分为高压、低压两种，如图 1-34 所示。导线则用金属线绑扎在绝缘子顶部的槽中使之固定。其优点是制造简易、价廉；缺点是耐雷电水平不高，容易闪络，且不能承受较大的张力。

针式绝缘子的型号含义：P—针式绝缘子；D—低压绝缘子；Q—加强型；T—铁担直脚；W—弯脚；M—木担直脚。

P-20T 型　　　　　PQ-10T 型　　　　　PD-1 型

图 1-34　针式绝缘子实物图

例如：P-6，表示针式绝缘子，额定电压为 6 kV；PQ-10T，表示针式绝缘子，加强型，额定电压为 10kV，铁担直脚；PD-2W，表示低压针式绝缘子，"2"为形状尺寸序数（"1"为最大的一种），弯脚。

（2）柱式绝缘子

柱式绝缘子的用途与针式绝缘子基本相同。如图 1-35 所示，由于它的瓷件浇装在底座铁靴内，形成"铁包瓷"的是外浇装结构，内部的防击穿、爆裂能力，自洁性与抗污闪能力都比针式绝缘子强。但采用柱式绝缘子时，架设直线杆导线转角不能过大，侧向力不能超过柱式绝缘子允许的抗弯强度。

PS-15/300 型　　　PS-15/500 型

图 1-35　柱式绝缘子实物图

柱式绝缘子的型号含义：P—表示柱式；S—表示实心；横线"-"后的数值表示额定电压，单位为 kV；斜杠"/"后的数值表示爬电距离。

例如：PS-15/300，表示线路柱（实心式）式绝缘子，额定电压为 15 kV，爬电距离为 300 mm。

（3）悬式绝缘子

悬式绝缘子，主要用于架空配电线路耐张杆、终端杆、分支杆等承力杆塔上。一般低压线采用一片悬挂导线，10 kV 线路采用两片组成绝缘子串悬挂导线。

悬式绝缘子按金属附件的连接方式，分为球窝形和槽形两种；按其制造材料可分为陶瓷和钢化玻璃悬式绝缘子；按结构分为普通悬式绝缘子和防污悬式绝缘子，如图 1-36 所示。

普通悬式瓷绝缘子　　　防污悬式绝缘子　　　悬式玻璃绝缘子

图 1-36　悬式绝缘子实物图

悬式绝缘子的型号含义：U—悬式绝缘子；U 后面的数字表示规定的机电或机械破坏负荷值，单位为 kN；B—球窝形连接；C—槽形连接；S—短结构高度；L—长结构高度；M—中长；EL—超长；P—大爬距（防污型）；D—双伞；T—三伞。

例如：U70B/146，表示普通型悬式绝缘子，机械破坏负荷值为 70 kN，球窝形连接，结构高度为 146 mm；U100BP/155D，表示防污型悬式绝缘子，机械破坏负荷值为 100 kN，球窝形连接，结构高度为 155 mm，双伞结构。

（4）蝶式绝缘子

蝶式绝缘子俗称茶台瓷瓶，如图 1-37 所示。它分为中压、低压两种，它一般用在低压配电线路中，作为直线或耐张绝缘子，也可同悬式绝缘子配套，用于 10(20) kV 配电线路耐张杆、终端杆或分支杆等。

E-10 型　　ED-1(2,3,4)型　　EX-1(2,3,4)型

图 1-37　蝶式绝缘子实物图

蝶式绝缘子的型号含义：E—碟式瓷绝缘子；ED—低压碟式瓷绝缘子；EX—低压碟轴式瓷绝缘子；后面的数值，高压表示额定电压，低压表示与不同截面的导线配合。

例如：E-10，表示碟式瓷绝缘子，额定电压为 10 kV；ED-1，表示低压碟式瓷绝缘子，适合于 0～120 平方导线。

（5）棒式绝缘子

棒式绝缘子又称瓷拉棒，它是一个一端或两端装有钢帽的实心瓷体或纯瓷拉棒，如图 1-38 所示。棒式绝缘子不仅质量轻、长度短、实心结构、不会闪击穿，同时还具有泄漏距离长、绝缘水平高、自洁性优良等优点。但由于其在运行中易遭受振动等原因而断裂，因此可用在一些应力不大的承力杆上，代替悬式绝缘子串，作耐张绝缘子使用。

SL-15/30 型　　SC-10/30 型

图 1-38　棒式绝缘子实物图

棒式绝缘子的型号含义：SL—瓷拉棒绝缘子（铁头）；SC—全瓷拉棒绝缘子；横线"-"后的数值表示额定电压，单位为 kV；斜杠"／"后的数值表示机械破坏负荷值，单位为 kN。

例如：SL-15/30，表示双铁头瓷拉棒绝缘子，额定电压为 15 kV，机械破坏负荷值为 30 kN。

（6）瓷横担绝缘子

瓷横担绝缘子是能够同时起到横担和绝缘子作用的一种新型绝缘子结构，它是近年来广泛应用于 10 kV 及 35 kV 线路的新型绝缘子。其优点是电气性能较好，运行可靠，结构简单，安装维护均方便，又可节约钢材，降低线路造价。这种绝缘子能在断线时转动，可避免因断线而扩大事故。其缺点是机械强度低，使整个瓷横担长度受到限制，从而影响了它的使用范围，如图 1-39 所示。

S-210 型　　　　　　S-280 型

图 1-39　瓷横担绝缘子实物图

瓷横担绝缘子的型号含义：S—瓷横担绝缘子；横线"-"后的数值表示雷电冲击闪络电压，单位为 kV。

例如：S-210，表示瓷横担绝缘子，额定电压为 10 kV，雷电冲击闪络电压为 210 kV；S-280，表示瓷横担绝缘子，额定电压为 35 kV，雷电冲击闪络电压为 380 kV。

（7）拉紧绝缘子

拉紧绝缘子如图 1-40 所示。它一般用于架空配电线路的终端、转角、断连杆等穿越导线的拉线上，使下部拉线与上部拉线绝缘。

J-20 型　　　　J-70 型　　　　JH10-90 型

图 1-40　拉紧绝缘子实物图

拉紧绝缘子的型号含义：J—拉紧绝缘子；横线"-"后的数值表示机械破坏负荷值，单位为 kN。

例如：J-20，表示拉紧绝缘子，机械破坏负荷值为 20 kN；JH10-90，表示新型拉紧绝缘子，额定电压为 10 kV，机械破坏负荷值为 90 kN。

1.4.2　线路绝缘子的选择原则

作为线路的主要支撑和绝缘部件，线路绝缘子的选择需要综合考虑电压等级、杆塔结构、机械破坏强度、使用寿命、运行可靠性、防污闪防雷电能力以及维护工作量等因素。

对线路绝缘子一般有以下几个选择原则：

① 绝缘子的绝缘水平应满足相应的电压等级及绝缘配合要求。直线杆单串悬式绝缘子具体的选配个数可根据内部过电压数值和爬电距离计算，也可以按线路电压等级选择，见表1-11。

表1-11 直线杆单串悬式绝缘子的个数

额定电压/kV	35	60	110
绝缘子个数	3	5	7

② 绝缘子的泄漏比距应满足污区分布图的要求。为了防止污闪的发生，目前采用的主要方法是保证绝缘子串有一定的泄漏距离。根据污染程度、性质的不同，把污秽地区分成等级，按不同的污秽区规定不同的单位泄漏距离。单位泄漏距离也叫泄漏比距，它表示线路绝缘或设备外绝缘泄漏距离与线路额定电压的比值，我国的规定值见表1-12。

表1-12 我国规定的泄漏比距

污秽等级	污秽情况	泄漏比距/(cm/kV)
0级	一般地区，无污染源	1.6
1级	空气污秽的工业区附近，盐碱污秽，炉烟污秽	2.0~2.5
2级	空气污秽较严重的地区，沿海地带及盐场附近，重盐碱污秽，空气污秽又有重雾的地带，距化学性污染源300 m以外的污秽较严重的地区	2.6~3.2
3级	电导率很高的空气污秽地区，发电厂的烟囱附近且附近有水塔，严重的盐雾地区，距化学性污染源300 m以内的地区	≥3.8

③ 绝缘子的使用安全系数应符合相关规程。常用绝缘子的使用安全系数不应小于表1-13中规定的数值。

表1-13 绝缘子的使用安全系数

绝缘子类型	安全系数	绝缘子类型	安全系数
瓷横担	3.0	悬式绝缘子	2.0
针式绝缘子	2.5	蝶式绝缘子	2.5

④ 电压等级为35 kV及以下的线路以及导线拉力较小的直线杆塔和小转角杆塔，一般使用针式绝缘子或蝶式绝缘子。

⑤ 电压等级为35 kV以上线路以及耐张杆、终端杆、转角杆等承力杆塔，普遍采用悬式绝缘子。在工业粉尘较多、污染严重的地区，采用防污型悬式绝缘子。

⑥ 瓷横担是一种新型绝缘子结构，具有横担和绝缘子双重作用，同时在断线时能转动，可避免断线而扩大事故，在供配电线路中广泛使用。

⑦ 瓷拉棒主要用于供配电线路的耐张、转角等承力杆塔上，替代悬式绝缘子串。由于其单节总质量较大，在山区或交通不便的地区，使用受到限制。

⑧ 供配电线路目前主要采用瓷绝缘子和玻璃绝缘子，合成绝缘子具有质量轻、安装和维护方便、良好的抗污闪性能、机电强度高等优点，因而较多使用在城网改造、污秽特严重的地区和高压供配电线路中。

⑨ 电压等级 10 kV 及以下带拉线的线路，为防止因拉线带电而引发触电事故，在拉线中间可加装专门的拉线绝缘子。

⑩ 对于超高杆塔考虑防雷的要求，适当增加绝缘子的个数。全高超过 40 m、有避雷线的杆塔，高度每增加 10 m 应增加一片绝缘子；全高超过 100 m 的杆塔，绝缘子数量可以根据计算并结合运行经验来确定。

⑪ 耐张杆塔绝缘子串的绝缘子数量应比悬垂绝缘子的同型绝缘子多一个。

任务 1.5　金具识别及应用

在架空线路中，将杆塔、导线、避雷线和绝缘子连接、组合、固定或起防护作用的所有金属附件统称为线路金具。

1.5.1　配电线路常用金具

金具按其性能和用途可分为线夹类金具、连接金具、接续金具、保护金具等。

微课：金具的种类及作用

1. 线夹类金具

（1）悬垂线夹

悬垂线夹（如图 1-41 所示）用于直线杆塔上悬吊导线、地线，并对导线、地线有一定的握着力，也可以用来支持换位杆塔上的换位或固定非直线杆塔上的跳线。

U 形螺丝式悬垂线夹　　带 U 形挂板悬垂线夹　　带碗头挂板悬垂线夹

图 1-41　悬垂线夹实物图

（2）耐张线夹

耐张线夹的绝缘子串用来将导线、避雷线固定在耐张、转角和终端杆塔等承力杆塔上。配电线路中使用的耐张线夹，根据线路的导线结构分为裸导线用线夹和绝缘导线用线夹。裸导线用耐张线夹又分为螺栓型和压缩型两种，如图 1-42 所示。

铝合金螺栓型耐张线夹　　　　　　压缩型耐张线夹

图 1-42　耐张线夹实物图

（3）绝缘耐张线夹

用于配电线路绝缘导线的耐张组装的绝缘耐张线夹如图 1-43 所示，其结构形式与裸导线用线夹基本相同，仅在线夹外加装一个绝缘罩。

图 1-43　新型自锁式铝合金绝缘楔形耐张线夹实物图（NXL 型）

图 1-44 所示为 NXJG 绝缘拉板耐张线夹，适用于 10 kV 及以下架空绝缘铝芯线（JKLY）的终端或耐张段两端的绝缘子串上，将架空绝缘导线固定和拉紧。

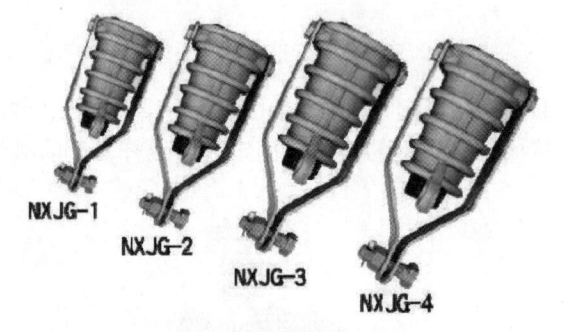

图 1-44　NXJG 绝缘拉板耐张线夹实物图

导线、线夹与绝缘子的组装如图 1-45 所示。

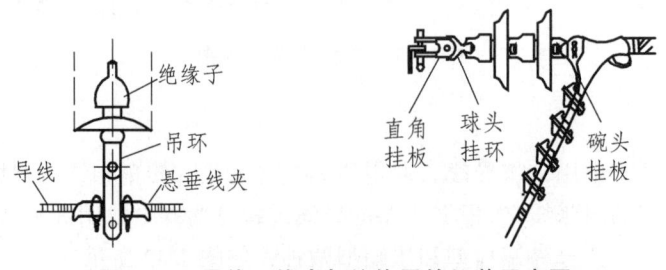

图 1-45　导线、线夹与绝缘子的组装示意图

（4）拉线线夹

拉线线夹主要用来固定拉线杆塔，包括从杆塔顶端引至地面拉线之间所有的零件。拉线线夹主要有楔形线夹和 UT 形线夹，如图 1-46 所示。

楔形线夹　　　　　　　　　　UT 形线夹

图 1-46　拉线线夹实物图

楔形线夹用于电杆拉线的上端，通过延长环或 U 形环与拉线抱箍连接，利用楔形线夹将地线固定在耐张杆或终端杆的杆顶上，承受地线的张力。

UT 形线夹主要用于拉线的下端，调整拉线的松紧。

2. 连接金具

连接金具是指用来将悬式绝缘子组装成串，以及将悬式绝缘子连接、悬挂在杆塔、横担上的各类连接件，如图 1-47 所示。

连接金具根据使用条件，分为专用连接金具和通用连接金具两大类。常用的专用连接金具有球头挂环和碗头挂板，只用于连接绝缘子。常用的通用连接金具有直角挂板、平行挂板、延长环和 U 形挂环等，适用于各种情况的连接。

球头挂环　　碗头挂板　　直角挂板　　平行挂板　　延长环　　U 形挂环

图 1-47　连接金具实物图

球头挂环的钢脚侧用来与球窝形悬式绝缘子上端钢帽的窝连接，根据使用条件分为圆环接触和螺栓接触。

碗头挂板的碗头侧用来连接球窝形悬式绝缘子下端的钢脚，挂板侧一般用来连接耐张线夹等；按结构和使用条件不同分为单联碗头挂板和双联碗头挂板（WS 型）及鼓形（W 型）碗头挂板。

直角挂板是一种转向金具，可按使用要求改变绝缘子串的连接方向。

平行挂板用于连接槽形悬式绝缘子以及单板与单板、单板与双板的连接，仅能改变组件的长度，而不能改变连接方向。

U 形挂环的用途广泛，可以单独使用，也可以两个串装使用。

3. 接续金具

接续金具用于接续各种导线、避雷线的端头。主要有承力接续和非承力接续两类。按施工方法可分为钳压、液压、螺栓及预绞丝式螺旋接续金具等；按接续方法可分为铰接、对接、搭接、插接、螺接等。

（1）承力接续金具

承力接续金具主要有钳压管、液压管、钢卡子等，如图 1-48 所示。

钳压管　　　　　　　　液压管　　　　　　　　钢卡子

图 1-48　承力接续金具实物图

钳压管适用于接续中小截面铝绞线的承力连接，导线端头在管内搭接，用液压钳或机械钳进行钳压。

液压管适用于架空绝缘导线或大截面的钢芯铝绞线、铝合金绞线的承力连接，用一定吨位的液压机和规定尺寸的压缩钢模进行接续，接续管受压后产生塑形变形，与接续导线结合成为一个整体。

钢卡子主要用于钢丝绳与拉线的接续。

（2）非承力接续金具

非承力接续金具主要有跳线线夹、并沟线夹、安普楔形线夹及穿刺线夹等，如图 1-49 所示。

跳线线夹　　　　　并沟线夹　　　　　安普楔形线夹　　　　　穿刺线夹

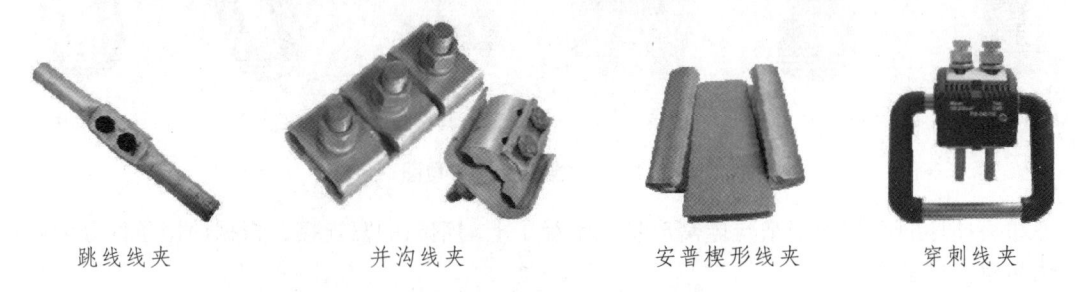

图 1-49　非承力接续金具实物图

跳线线夹主要用于耐张、转角或分支杆等承力杆塔跳线的连接。

并沟线夹分为铝、铁两种，一般用于中小截面的铝绞线、钢芯铝绞线以及架空避雷线的钢绞线在不承受张力的位置上的接续。

安普楔形线夹用于铝线、钢线和合金导线的多种组合连接，安装方便，是一种理想的节能金具。

穿刺线夹用于电缆、户外架空线等的分支连接以及架空绝缘导线的穿刺接地。

4. 保护金具

保护金具分为机械和电气两大类。

（1）机械类保护金具

机械类保护金具用于防止导线、避雷线因风的作用产生振动和舞动、造成断股或断线。主要有防震锤、预绞丝护线条、重锤、预绞丝及间隔棒等，如图1-50所示。

防震锤 预绞丝

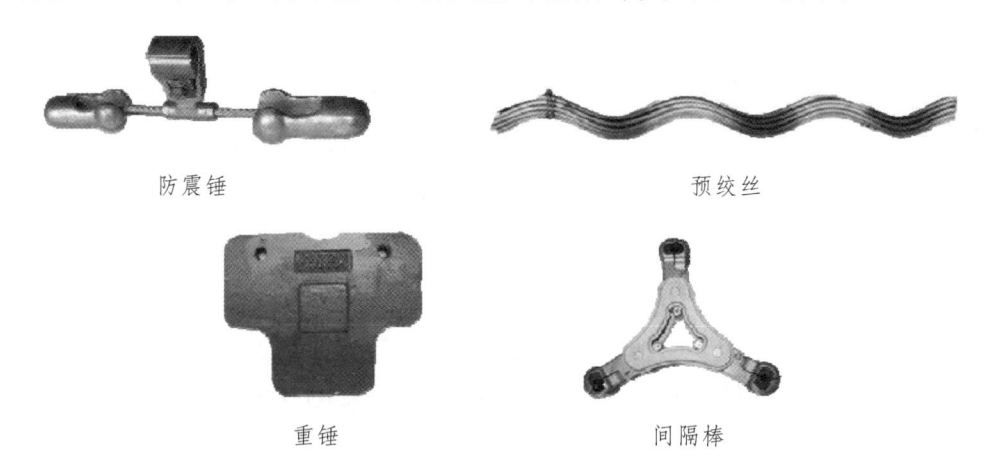

重锤 间隔棒

图1-50 机械类保护金具实物图

防振锤的作用是减轻和消除导（地）线因受风力影响而引起的振动，缩小导（地）线的机械损伤。

预绞丝护线条是用铝金丝预铰成螺旋状，以提高导线的耐振性能。

重锤用生铁制成，起抑制悬垂绝缘子串及跳线绝缘子串摇摆过大、导线上扬的作用。

间隔棒用于固定分裂导线排列的几何形，防止导线之间的鞭击，抑制微风振动，抑制次档距振荡。

（2）电气类保护金具

电气类保护金具主要用于110 kV及以上的架空电力线路，配电线路相对采用较少。

电气类保护金具主要是均压环和屏蔽环，如图1-51所示。均压环一般用于防止绝缘子串上的电压分布过分不均匀而出现的过早损坏。屏蔽环用来降低金具上的电晕强度。

均压环  屏蔽环

图1-51 电气类保护金具实物图

1.5.2 金具的型号

金具的型号表示方法如图 1-52 所示。

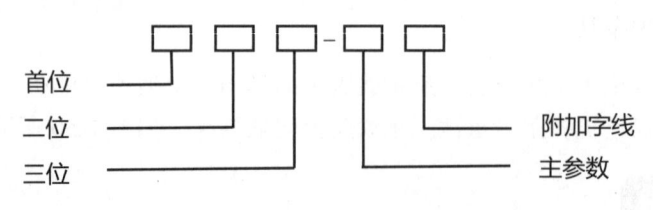

图 1-52 金具的型号标识

首位字母表示类别、系列；二、三位字母表示型式、特征、结构、用途；附加字母表示长、短和材质。

例如：NLD-1，表示螺栓式倒装耐张线夹；XGU-3，表示 U 形螺栓式固定悬垂线夹，3 为主参数，适用导线（铝绞线、钢芯铝绞线）截面 95~185 mm²。

任务 1.6　拉线认知及应用

拉线的作用是平衡杆塔承受的不平衡力矩，增加杆塔的稳定性。主要设置在终端杆、转角杆、分支杆及耐张杆等处。为了避免线路受强大风力荷载的破坏，或在土质松软的地区为了增加电杆的稳定性，也应装设拉线。

1.6.1 拉线的种类

在架空配电线路中，根据拉线的用途和作用不同将其分为以下几种：

微课：拉线的结构及类别

1. 普通拉线

普通拉线也称落地拉线，应用在终端杆、角度杆、分支杆及耐张杆等处，如图 1-53 所示。

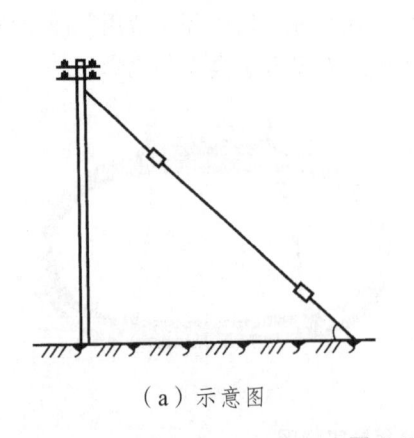

（a）示意图　　（b）实物图

图 1-53 普通拉线

2. 水平拉线

水平拉线又称高桩拉线，如图 1-54 所示，用于因道路或其他设施限制，无法装设普通拉线的电杆。另外，在地形条件受到限制的地方，无法装设拉线时，可用撑杆代替拉线以平衡张力，从而起到稳定电杆的作用。

3. 弓形拉线

弓形拉线又称自身拉线，如图 1-55 所示。它设置于街道狭窄或因电杆距建筑物太近而无条件埋设普通拉线的地方。安装时，先在电杆需装设拉线的一侧固定一定长度的支撑杆，拉线通过支撑杆后与拉线盘连接。

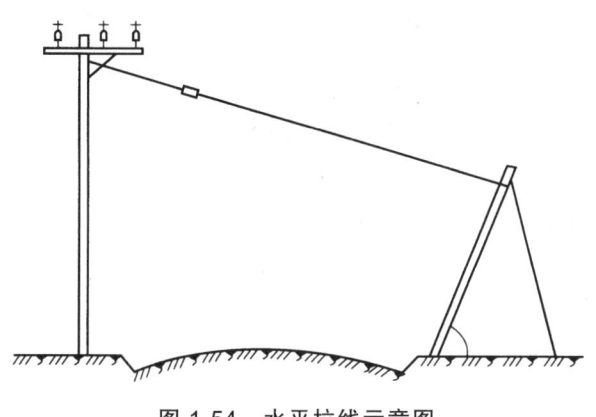

图 1-54 水平拉线示意图

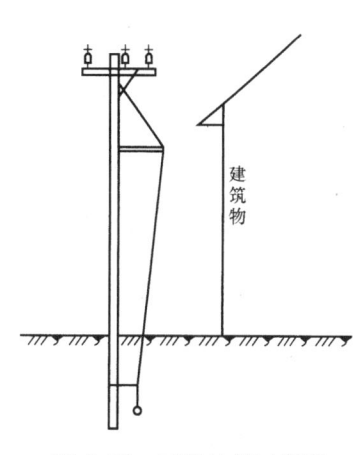

图 1-55 弓形拉线示意图

4. Y 形拉线

Y 形拉线主要应用在电杆较高、多层横担的电杆，如图 1-56 所示。Y 形拉线不仅可以防止电杆倾覆，还可以防止电杆承受过大的弯矩，通常装设在不平衡作用力合成点上下两处。

5. X 形拉线

X 形拉线常用于门形双杆，既防止了杆塔顺线路、横线路倾倒，又减少了线路占地宽度，如图 1-57 所示。

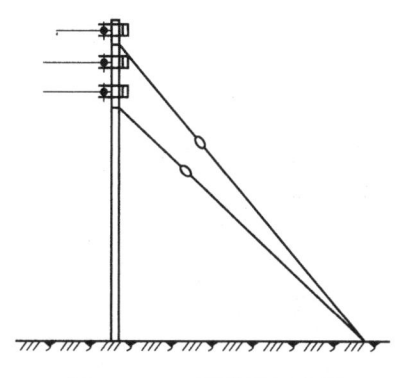

图 1-56 Y 形拉线示意图

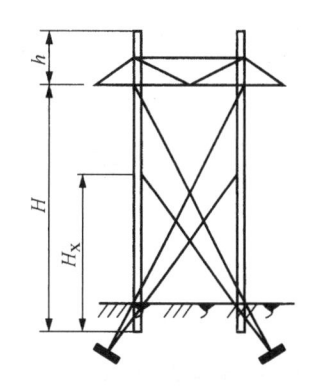

图 1-57 X 形拉线示意图

6. 人字拉线

人字拉线由两根普通拉线组成，位于电杆的两侧，如图 1-58 所示。人字拉线用于直线杆防风时，垂直于线路前进方向；用于耐张杆时，垂直于线路转角的角平分线。线路直线耐张段较长时，一般每隔 7~10 基电杆做一个人字拉线。

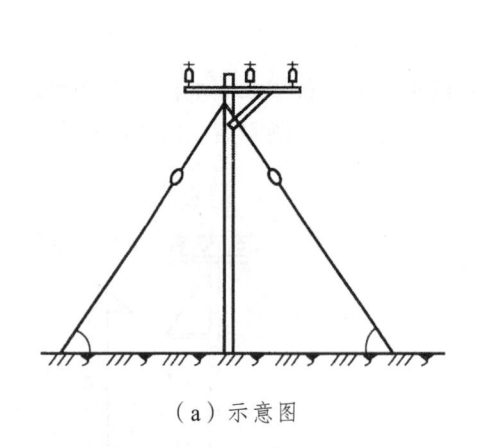

（a）示意图　　　　　（b）实物图

图 1-58　人字拉线

7. 十字拉线

十字拉线又称四方拉线，一般在耐张杆处装设，为了加强耐张杆的稳定性，安装顺线路人字拉线和横线路人字拉线，统称为十字拉线。

1.6.2　拉线的结构

配电线路杆塔的拉线从上到下一般由拉线抱箍、延长环、楔形线夹（上把）、钢绞线、拉线绝缘子、UT 形线夹（下把）、拉线棒和拉线盘等元件构成，如图 1-59 所示。

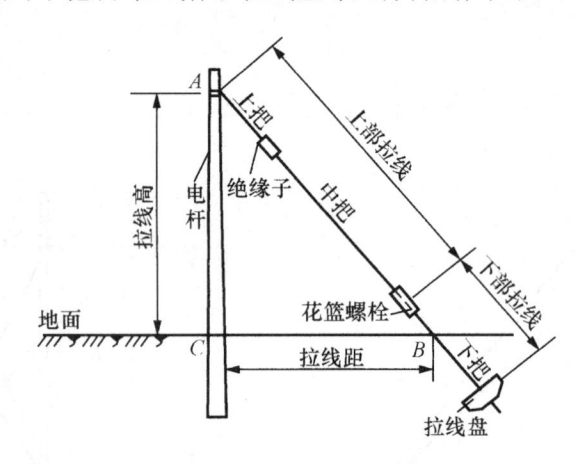

图 1-59　拉线结构示意图

拉线元件说明见表 1-14。

表 1-14 拉线元件说明

序号	拉线构件	简介	备注
1	拉线抱箍	一般固定在距横担下方不超过 0.3 m 处	
2	U 形挂环	拉线用 U 形挂环,型号为 UL-7、UL-10、UL-16、UL-20,分别与 NX-1、NX-2、NX-3、NX-4 型线夹配套	
3	楔形线夹	型号有 NX-1~NX-4,分别适用于 GJ-25~50、GJ-50~70、GJ-100~120、GJ-135~150 型钢绞线	
4	拉线绝缘子	拉线绝缘子应安装在最低导线以下且离地面高度不低于 2.5 m 处	
5	UT 形线夹	NUT-1 型适用于 GJ-25~50 型钢绞线;NUT-2 型适用于 GJ-50~70 型钢绞线;NU-3 型(不可调式)、NUT-3 型适用于 GJ-100~120 型钢绞线;NU-4 型、NUT-4 型适用 GJ-135~150 型钢绞线	
6	拉线棒	拉盘的平面要与拉线棒垂直,拉线棒与拉线盘的连接应使用双螺母	
7	钢线卡子	JK-1 型适用于 GJ-25~50 型钢绞线;JK-2 型适用于 GJ-50~70 型钢绞线	

任务 1.7 杆塔基础及接地装置认知

微课:杆塔基础的形式及特点

1.7.1 杆塔基础

杆塔基础是将杆塔固定在土壤中的地下装置和杆塔自身埋入土壤中起固定作用部分的统称。线路的杆塔基础起着支承杆塔全部荷载的作用,并保证其杆塔在运行中不发生下沉、上拔、倒塌或在外力作用时不发生倾覆或变形。

架空配电线路的杆塔基础分为装配式基础、现浇混凝土基础和普通回填土基础。

1. 装配式基础

装配式基础即常用的"三盘"基础,即底盘、卡盘和拉线盘,如图1-60所示。底盘是为了防止电杆受力后下沉,要放在电杆基坑的底部。卡盘则是为了增强电杆的稳定性,它安装在电杆离地面0.5 m处,用来阻止电杆倾斜。拉线盘用来承受拉线的拉力。架空配电线路常用"三盘"基础。

2. 现浇混凝土基础

现浇混凝土或钢筋混凝土基础是架空线路杆塔基础的主要类型之一。在杆塔组立的施工现场,以实际基坑建模,现浇混凝土构筑杆塔基础,如图1-61所示。架空配电线路中,现浇混凝土基础主要使用在大跨距杆、钢管杆、铁塔基础中。

动画:电杆装配式基础

图1-60 "三盘"基础安装示意图

3. 普通回填土基础

普通回填土基础一般应用在中、低压配电线路中,如果土质较好,开挖小口径的圆形坑埋杆,也可以充分利用原状土回填夯实构筑杆塔基础,如图1-62所示。

图1-61 现浇混凝土基础实物图

图1-62 普通回填基础实物图

杆塔基础形式的选择应结合线路沿线的地质资料,由土壤的地质物理特性、施工条件和杆塔形式与荷载等综合因素确定。跨越河流的基础还应考察水文、地质方面的资料。

1.7.2 接地装置

埋设在基础地下土壤中的圆钢、扁钢、角钢、钢管或其组合式结构匀称为接地体,连接接地体与杆塔之间的金属导体称为接地线(引下线),是接地电流由接地体传导至大地的通道,主要采用混凝土电杆内钢筋、金属杆塔本身或镀锌钢绞线或小截面的圆钢、扁钢制成。接地体与接地线共同构成接地装置，如图 1-63 所示。

图 1-63　接地装置实物图

接地装置的作用是当雷击杆塔或避雷线时，能将雷电流引入大地，可防止雷电流击穿绝缘子串的事故发生，提高了线路的耐雷水平，减少了线路雷击跳闸率，对保证线路可靠运行有着极其重要的意义。配电线路防雷的主要措施是架设避雷线与装设接地装置。

接地装置主要根据土壤电阻率的大小进行设计，必须满足规程规定的接地电阻值的要求。

任务 1.8　配电线路电气设备认知及应用

配电线路的电气设备有配电变压器、跌落式熔断器、柱上开关设备、避雷器、低压无功补偿装置等。

微课：配电线路常用电气设备

1.8.1　配电变压器

在电力系统中，变压器是一个十分重要的设备，对电能的传输起着至关重要的作用。当电能需远距离传输时通过升压变压器将电压升高，以减少电压损失、降低线损。当电能输送至负荷中心时，又通过降压变压器将电压降低，以便于用户使用。

1. 配电变压器的工作原理

变压器的工作原理如图 1-64 所示。变压器根据电磁感应原理，在闭合的铁心上，绕有两个互相绝缘的绕组，其中，接入电源的一侧叫一次绕组，输出电能的一侧叫二次绕组。

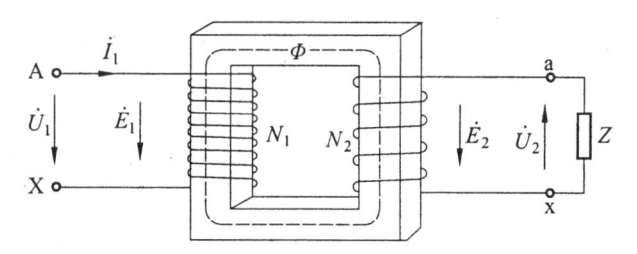

图 1-64　变压器的工作原理示意图

将变压器的一次绕组接于交流电源，则一次绕组通过交流电流 I_1，在 I_1 的励磁作用下，铁心中将产生交变主磁通 Φ，该磁通与一次绕组和二次绕组交链，根据电磁感应定律，当变压器一次绕组和二次绕组的匝数不相等时，一次绕组和二次绕组所感应的电动势 E_1 和 E_2 的大小是不同的，这就是变压器能变压的原理。

2. 配电变压器的结构

普通配电变压器的主要组成部分有铁芯、绕组、油箱、套管、变压器油及冷却装置等，如图 1-65 所示。构成变压器最基本的部分是铁心和绕组。

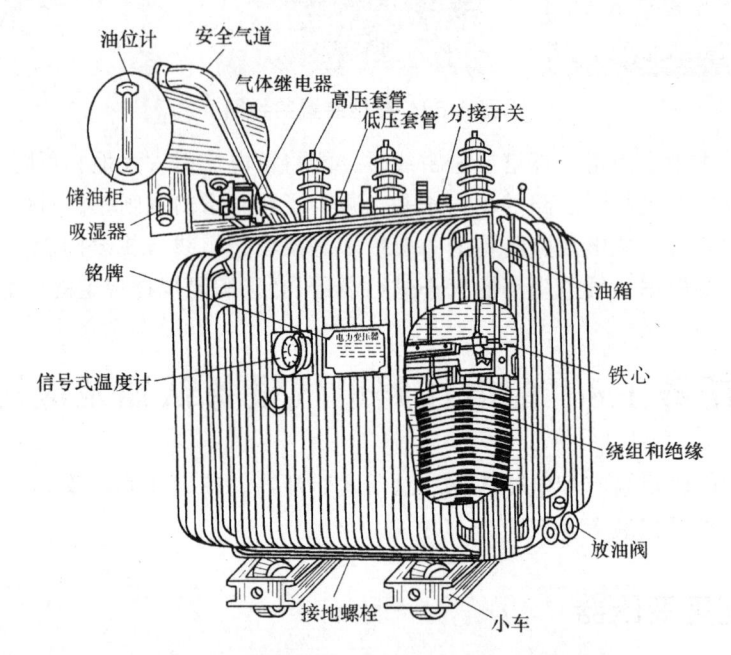

图 1-65 普通油浸式配电变压器结构示意图

3. 配电变压器的型号及技术数据

（1）变压器的型号

变压器的型号表示方法如图 1-66 所示。

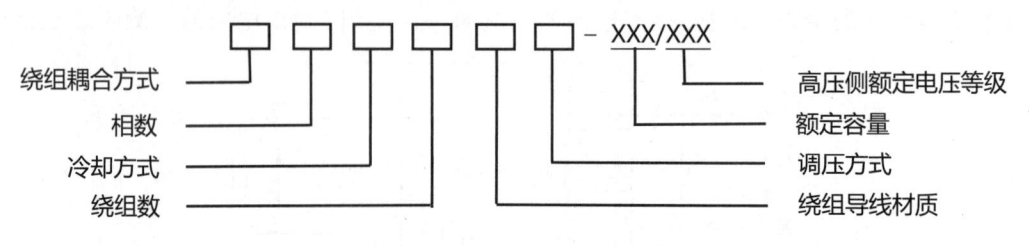

图 1-66 变压器的型号标识

变压器型号标识的含义见表 1-15。

表 1-15 变压器型号标识的含义

序号	含义		代表符号	序号	含义		代表符号
	内容	类别			内容	类别	
1	线圈耦合方式	自耦降压（或自耦升压）	0	4	线圈数	双线圈	—
						三圈	S
2	相数	单相	D	5	线圈导线材质	铜	—
		三相	S			铝	L
3	冷却方式	油浸自冷	J	6	调压方式	无励磁调压	—
		干式空气自冷	G			有载调压	Z
		干式浇注绝缘	C			加强干式	Q
		油浸风冷	F			干式防火	H
		油浸水冷	S			移动式	D
		强迫油循环风冷	FP			成套	T
		强迫油循环水冷	SP				

例如：OSFPSZ-250000/220，表示自耦三相强迫油循环风冷三绕组铜线有载调压，额定容量为 250 000 kV·A，高压额定电压为 220 kV 的电力变压器。

（2）变压器的技术数据

① 变压器额定容量：是指变压器在额定工作条件下，输出功率的保证值，单位为千伏安（kV·A）。

② 额定频率：我国规定额定频率采用 50 Hz。

③ 额定电压：是指变压器在空载状态时，变压器一、二次绕组的标称电压，三相变压器指线电压。

④ 额定电流：变压器在额定状态工作时，一、二次绕组的线电流值。

⑤ 空载电流：变压器空载运行时的电流值一般是指变压器的励磁电流，常用占一次绕组额定电流的百分数表示，容量 800 kV·A 及以上的变压器的空载电流百分数为 2%～5%，容量 800 kV·A 以下的变压器的空载电流百分数为 3%～6%。

⑥ 阻抗电压：是指变压器短路电压的百分值，即变压器的短路电压占额定电压的百分数。10 kV 电压等级的电力变压器，阻抗电压标准约为 4%～5.5%。

⑦ 空载损耗：是指变压器空载时的有功功率损耗，是变压器的铁损。变压器空载损耗约占额定功率的 0.5%～6.5%。

⑧ 短路损耗：是指对变压器短路实验时测量的有功功率损耗值，为变压器绕组的铜损。

⑨ 温升：铭牌规定的温升是变压器上层油面的额定温升，即上层油面温度与周围空气温度之差。当环境温度不超过 40 ℃ 时，若温升不超过 55 ℃，则上层油面的最高运行温度为 95 ℃。

4. 常用的配电变压器

主流的节能配电变压器主要有节能型油浸式变压器和非晶合金变压器两种。

油浸式配电变压器按损耗性能分为 S9、S11、S13 系列，相比之下 S11 系列变压器的空载损耗比 S9 系列低 20%，S13 系列变压器的空载损耗比 S11 系列低 25%。目前国家电网公司已经广泛使用 S11 系列配电变压器，并正在城网改造中逐步推广 S13 系列，未来一段时间

S11、S13 系列油浸式配电变压器将完全取代现有在网运行的 S9 系列。

非晶合金变压器兼具了节能性和经济性,其显著特点是空载损耗很低,仅为 S9 系列油浸式变压器的 20% 左右,符合国家产业政策和电网节能降耗的要求,是节能效果较理想的配电变压器,特别适用于农村电网等负载率较低的地方。

1.8.2 跌落式熔断器

跌落式熔断器主要用于架空配电线路的支线、用户进口处,以及配电变压器一次侧、电力电容器等设备,作为过载或短路保护。

1. 跌落式熔断器的工作原理和基本结构

(1)工作原理

跌落式熔断器的工作原理是:利用熔丝本身的机械拉力,将熔管的触头锁紧,以保持合闸状态。当通过短路电流或过负荷电流,熔丝熔断时,熔管内形成电弧,在电弧高温作用下分解出大量气体,使管内压力急剧增大,气体向外高速喷出,产生强烈的去游离作用,在电流过零时将电路熄灭。与此同时,由于熔丝熔断,熔丝的拉力消失,熔管靠自重自动跌落,形成明显的断开距离。

跌落式熔断器在开断电弧时,会喷出大量的游离气体,并发出很大的响声,故一般只在户外使用。

(2)基本结构

跌落式熔断器由上下导线部分、熔丝管、绝缘部分和固定部分组成,如图 1-67 所示。

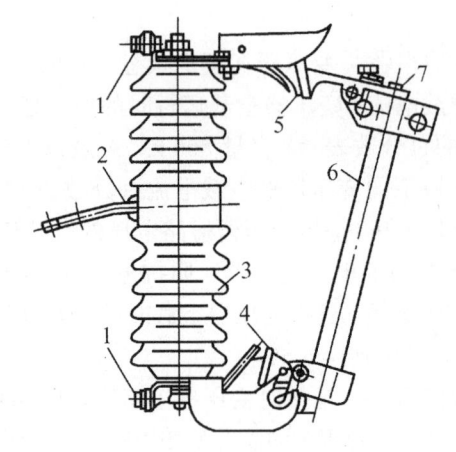

(a)实物图　　　　　(b)结构示意图

1—端部螺栓;2—紧固板;3—绝缘瓷套管;4—下触头;5—上触头;6—熔管;7—熔丝。

图 1-67　**RW3-10 型跌落式熔断器的外形及结构**

2. 跌落式熔断器的型号及技术参数

(1)型号

跌落式熔断器的型号表示方法如图 1-68 所示。

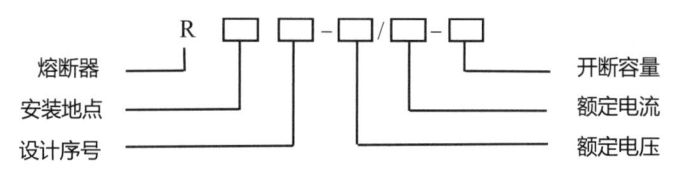

图 1-68 跌落式熔断器的型号标识

H 表示硅橡胶绝缘子，瓷绝缘子不表示；N 代表户内，W 代表户外，F 代表负荷式，非负荷式不表示。

例如：RW11-12（F）/200，表示工作电压 12 kV、工作电流 200 A、负荷式户外跌落式熔断器。

（2）主要技术参数

① 额定电压：是指熔断器能长期承受的电压。

② 额定电流：是指熔断器长期通过的电流。确定额定电流的决定因素是元件所用材料的温升，它要求元件在通过长期工作电流后不会导致元件材料有显著的老化现象。另外，熔断器触头的接触面和触头的接触压力也是影响熔断器额定电流的一个重要因素。

③ 开断能力：是指熔断器在被保护设备过载或故障的情况下，能可靠开断过载或短路电流的能力。常用户外跌落式熔断器按额定电流主要分为 100 A、200 A 两种。一般情况下，额定电流 100 A 或 200 A 的跌落式熔断器最大能够开断 12.5 kA 的短路电流。

（3）熔丝元件及额定电流的选择

10 kV 跌落式熔断器配套使用的熔丝外形如图 1-69 所示。

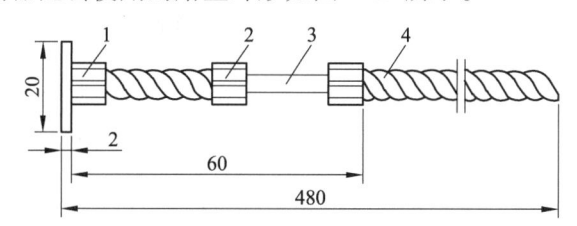

1—纽扣帽；2—铜夹子；3—熔体；4—铜辫子线。

图 1-69 喷射式跌落式熔断器的熔丝外形尺寸

跌落式熔断器熔丝元件的额定电流一般按以下原则选择：

① 配电变压器一次侧熔丝元件的选择。当配电变压器容量在 100 kV·A 及以下时，按变压器额定电流的 2~3 倍选择熔丝元件；当变压器容量在 100 kV·A 以上时，按变压器额定电流的 1.5~2 倍选择熔丝元件。

② 柱上电力电容器。容量在 30 kvar 以下的柱上电力电容器一般采用跌落式熔断器保护。熔丝元件一般按电力电容器额定电流的 1.5~2 倍选择。

③ 10 kV 客户进口。客户进口的熔丝元件一般不应小于客户最大负荷电流的 1.5 倍，客户配电变压器（或其他高压设备）一次侧熔断器的熔丝元件应按进口跌落式熔断器熔丝元件小一级考虑。

④ 分支线路。分支线路安装跌落式熔断器，熔丝元件一般不应小于所带负荷电流的 1.5 倍，并且至少应比分支线路所带最大配电变压器一次侧熔丝元件大一级。

1.8.3 开关设备

开关设备按灭弧方式或绝缘介质可分为真空、SF$_6$、产气、油开关等；按开断、关合能力可分为隔离开关、负荷开关、断路器等；按能实现自动化功能可分为重合器、分段器等。

1. 隔离开关

（1）用途

在电力网络中，为了安全，需要将带电运行的电气设备与停电检修或处于备用的设备隔离开来，必须有明显可见的、足够大的间断点。隔离开关的作用就是在电路中设置这种间断点，以确保运行和检修的安全。此外，隔离开关也用来作为设备和电路的切换装置。

隔离开关没有灭弧装置，不能开断负荷电流和短路电流。但以往的运行经验证明，隔离开关可以用来开闭电压互感器、避雷器、母线和直接与母线相连设备的电容电流，亦可用来开断励磁电流不超过 2 A 的空载变压器和电容电流不超过 5 A 的空载线路。

（2）类型

按不同的原则，隔离开关可进行不同的分类：

① 按装设地点，分为户内式和户外式。
② 按绝缘支杆的数目，分为单柱式、双柱式和三柱式。
③ 按开关的运行方式，分为水平旋转式、垂直旋转式、摆动式和插入式。
④ 按有无接地闸刀，分为单接地、双接地和无接地闸刀式。
⑤ 按操动机构类别，分为手动、电动和气动等。

（3）结构

常用的户外单柱式隔离开关如图 1-70 所示。

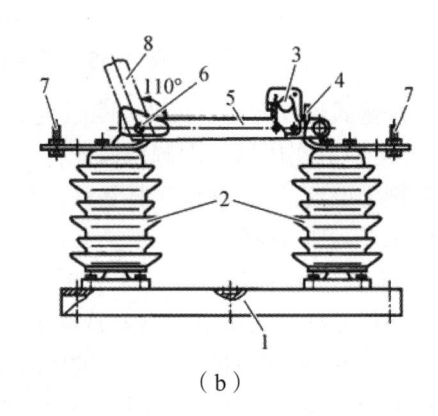

（a） （b）

1—支架；2—固定绝缘子；3—操作孔；4—静触头；5—动触头；
6—转动轴；7—接线端子；8—限位板。

图 1-70 GW9-12 型隔离开关的外形与结构

图 1-71 所示的户外 V 形隔离开关是由双柱式隔离开关改进而成的，其最大优点是质量轻、占用空间位置小，近年来在 35～110 kV 的配电线路网络中得到广泛应用。现场用三个单极组装成一组三相隔离开关，这种隔离开关每极有两个棒式绝缘子，成 V 形布置，隔离开关做成两半，可动触头成楔形连接，当进行操作时，两个棒式绝缘子以相同的速度做相反方向（一个顺时针，另一个反时针）的转动，两个闸刀同时绕绝缘子轴线转动，使隔离开关接通或断开。

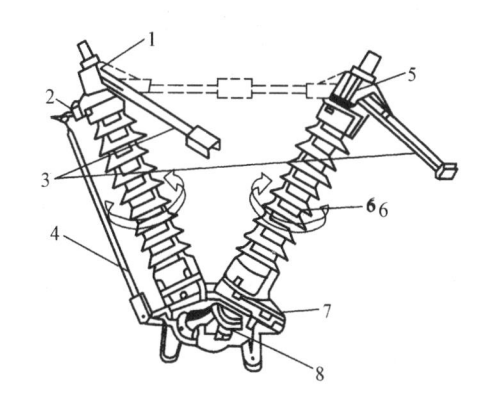

（a）实物图　　　　　　（b）结构示意图

1—出线座；2—接地静触头；3—主开关；4—接地开关；5—导电带；
6—绝缘子；7—轴承座；8—伞齿轮。

图 1-71　GW5 型隔离开关的外形与结构

2. 负荷开关

负荷开关主要用于配电线路分段、线路联络和切断负荷，是在配电网络中应用最广泛的一种开关设备。负荷开关能分合正常的负荷电流，包括一定范围内的过负荷电流，能耐受短时热效应和机械力，但负荷开关不能开断短路故障电流。通常负荷开关和熔断器配合使用，利用熔断器对配电线路实现短路故障保护。

常用的负荷开关有真空负荷开关和 SF_6 负荷开关。

（1）真空负荷开关

真空负荷开关由真空灭弧室、操动机构、箱体、电流互感器等组成。它采用真空介质灭弧，真空灭弧室是真空负荷开关的核心元件，承担导电、开断和绝缘功能。其典型结构如图 1-72 所示。

真空介质绝缘强度高，触头间距可大大缩短，行程小，对操动机构的操作功率要求小；电弧能量小，开关使用寿命长，适合频繁操作；灭弧过程是在密封的真空管中完成的，电弧的金属蒸气不会向外界喷溅，不会污染周围环境；维护工作量小，维护成本低。

（a）实物图　　　　　　　　　　（b）结构示意图

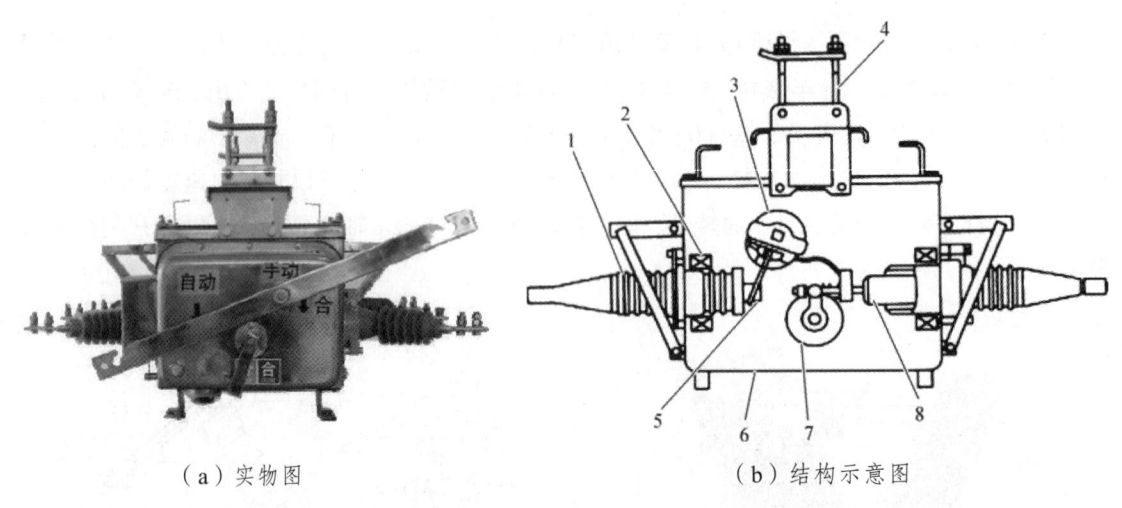

1—绝缘套管；2—电流互感器；3—绝缘轴；4—悬挂结构；5—隔离断口；
6—密封箱体；7—绝缘轴；8—真空灭弧室。

图 1-72　FZW28 型真空负荷开关的外形与结构

（2）隔离真空负荷开关

隔离真空负荷开关是由隔离刀和真空灭弧室这两大组件组成的，如图 1-73 所示。隔离刀承担了快速合闸和隔离断口的作用。真空灭弧室承担分断时熄灭电弧的作用。

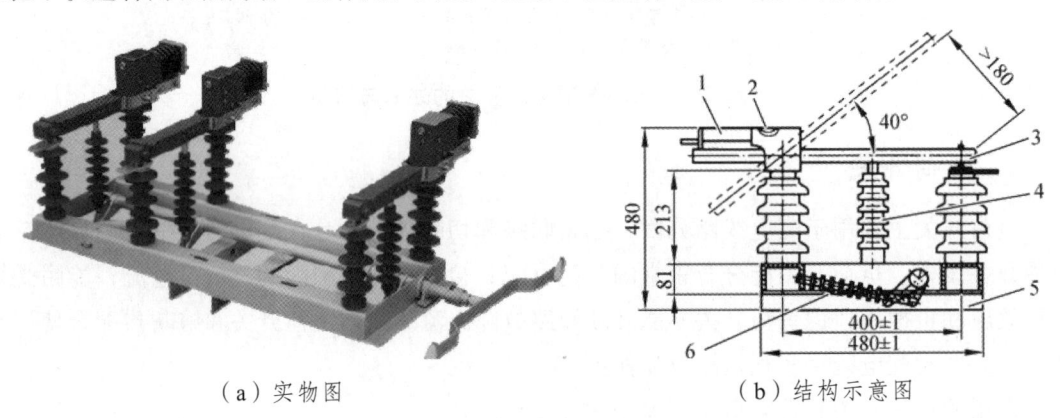

（a）实物图　　　　　　　　　　（b）结构示意图

1—真空灭弧室组件；2—分闸弹簧；3—隔离刀组件；4—绝缘拉杆；
5—框架；6—过中弹簧机构。

图 1-73　FZW32 型隔离真空负荷开关的外形与结构

隔离刀是由弹簧过中操作机构进行合、分闸操作，过中弹簧的能量保证了隔离刀快速合闸，在隔离刀分闸过程中，由辅助延时杆保证电流继续存在，然后由快速分断机构将真空灭弧室快速分闸以切断电弧，延时杆再断开。隔离刀的三相联动操作确保了灭弧的分闸同期性。

（3）SF$_6$ 负荷开关

SF$_6$ 负荷开关主要由灭弧室、操动机构、箱体、吸附剂绝缘套管等组成，如图 1-74 所示。

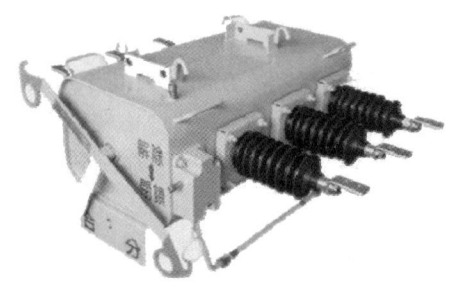

（a）橡胶一体套管、接线端子出线　　（b）带有避雷器

图 1-74　SPG-12 型 SF$_6$ 负荷开关实物图

纯 SF$_6$ 气体是一种无色、无味、无臭、无毒、不可燃、可压缩的惰性气体，具有很高的绝缘强度。SF$_6$ 气体介质绝缘恢复速度快；在低气压下使用时，能够保证电流在过零附近切断，避免截流产生的操作过电压，可降低设备对绝缘水平的要求；密封条件下能保证 SF$_6$ 开关内部干燥，不受外部的影响；SF$_6$ 气体分子中不存在碳，燃弧后开关内无碳的沉淀物，能进行频繁操作、开断能力强。

SF$_6$ 负荷开关采用纯 SF$_6$ 气体灭弧绝缘。SF$_6$ 负荷开关有良好的灭弧性能，使触头燃弧时间短，开断电流大，触头烧损腐蚀小。SF$_6$ 负荷开关体积小、重量轻、检修周期长，运行维护简单，但价格较高。

3. 断路器

断路器可以在正常情况下开断或关合有载或无载线路及设备，在线路发生短路故障时，自动切断故障或重新合闸，能起到控制和保护两方面的作用。

断路器一般安装在分支线首端、高压客户入口和与自维线路的分界点处。根据需要可以配置瞬时或延时过流、重合闸等继电保护装置，以适应配电系统自动化的需要。

（1）真空断路器

真空断路器的主要优点是：触头开距小，动作快；燃弧时间短，触头烧损影响小；体积小，质量轻；维修工作量小；防火防爆；操作和运行时噪声小；适用于频繁操作，特别适合于开断容性负载电流。但真空断路器的造价较高，开断小电感电流时，有可能产生较高的过电压，需采取降低过电压的措施，一般并联金属氧化物避雷器。

常用 ZW32 型户外真空断路器如图 1-75 所示。

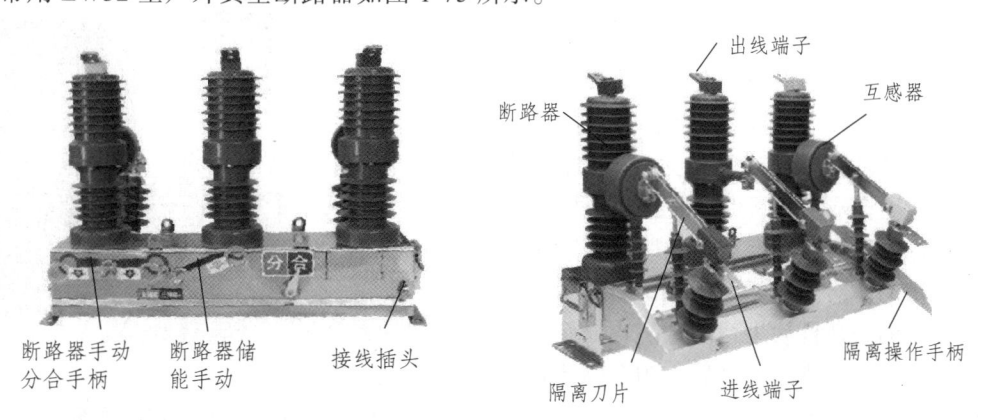

图 1-75　ZW32 型户外真空断路器实物图

（2）SF₆断路器

SF₆气体的优异特性，使这种断路器单断口在电压和电流参数方面大大高于压缩空气断路器和少油断路器，并且不需要高的气压和相当多的串联断口数。由于其价格较高，且对SF₆气体的应用、管理、运行都有较高要求，故在中压（35 kV、10 kV）线路中应用还不够广泛，主要应用于110 kV以上电压等级的线路。

常用LW3型户外SF₆断路器如图1-76所示。

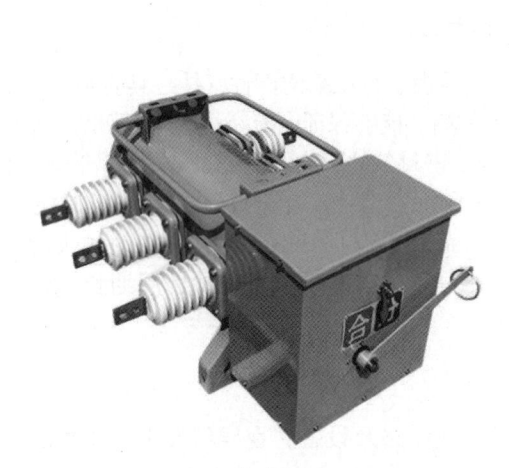

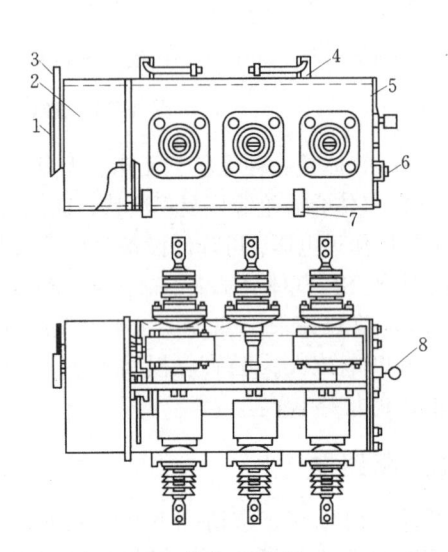

（a）实物图　　　　（b）结构示意图

1—分合指示板；2—操动机构；3—操作手柄；4—吊装螺杆；5—断路器本体；
6—充放气接头；7—固定板；8—压力表。

图1-76　LW3型SF₆断路器的外形与结构

4. 重合器和分段器

（1）重合器

重合器就是具有多次重合功能和自具控制及保护功能的断路器，如图1-77所示。它能够进行故障电流检测和按照预先整定的分合操作次数自动完成开断和重合操作，并在动作后自动复位和闭锁。例如，当线路发生故障后，安装在线路上的重合器通过检测认为是故障电流即自动跳闸，一定时间后自动重合。如果故障电流是瞬时的，则重合成功，线路恢复供电；如果故障是永久性的，重合器重合后再次跳闸。当该重合器预先整定的重合闸次数完成后，重合器确认故障是永久性的，则自动进行闭锁不再合闸，而保持在分闸状态，待故障排除后人为解除闭锁，才能合闸重新恢复运行。

图1-77　重合器实物图

（2）分段器

分段器由开关本体和控制器组成，是一种智能化的负荷开关，它能和断路器或重合器配合使用。在智能化方面，当线路发生永久性故障时，它能记忆断路器或重合器的分合次数，当达到预先整定的动作次数后，分段器能在无故障电流的情况下自动分闸并闭锁，保持分闸状态，起到隔离线路故障区段的作用；在功能方面，分段器起分合负荷电流的作用，有些分段器也能关合短路电流。

分段器按识别故障的原理不同分为过流脉冲计数型和电压-时序型。

过流脉冲计数型分段器是配电系统中用来隔离线路区段的自动保护装置，其通常与电源测保护装置，例如重合器或者重合断路器配合使用。过流脉冲计数型分段器一般用于放射型线路，如图 1-78 所示。

（a）实物图　　　　　　　　　（b）工作原理示意图

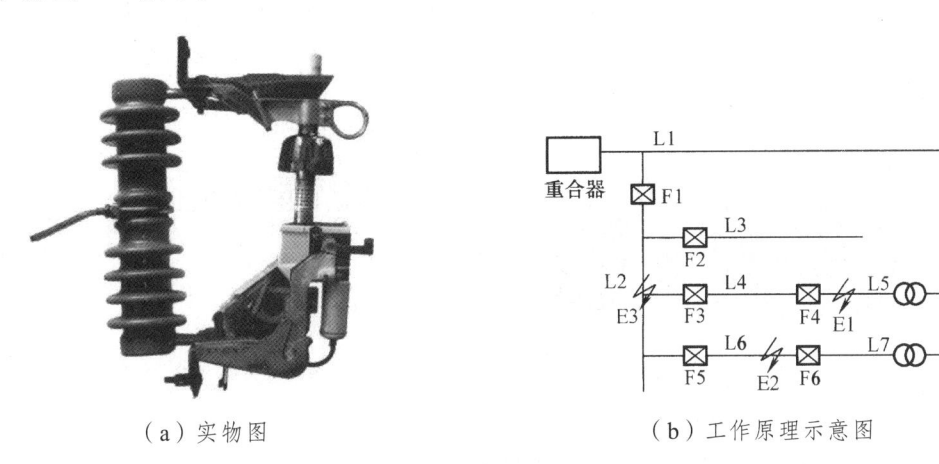

图 1-78　跌落式分段器及其工作原理

电压-时序型分段器又称重合式分段器，是凭借加压、失压的时间长短来控制其动作的，加压后延时合闸或闭锁，失压后分闸。电压-时序型分段器既可用于放射型线路，又可用于环形线路，如图 1-79 所示。

（a）实物图　　　　　　　　　（b）工作原理示意图

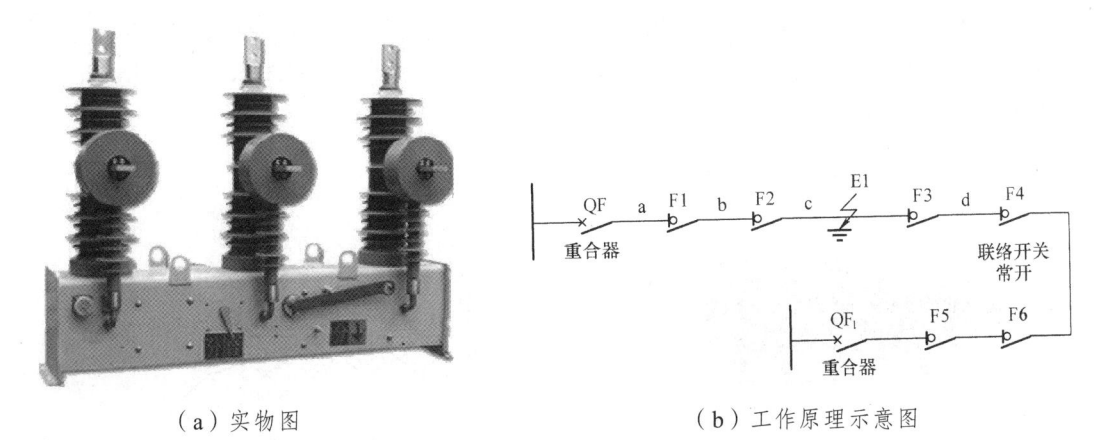

图 1-78　FDZ-12 型分段器及其工作原理

1.8.4 避雷器

避雷器是配电网的主要防雷元件,用来防止雷电产生的过电压波沿线路侵入变配电站、配电变压器、柱上油断路器、电力电缆及计量装置等设备。避雷器的类型有阀型避雷器、排气式避雷器、金属氧化物避雷器、保护间隙。这里介绍阀型避雷器、氧化锌避雷器和保护间隙。

1. 阀型避雷器

阀型避雷器是由火花间隙和阀片电阻串联组成,装在密封的瓷套中,如图1-80所示。避雷器接在导线和大地之间。正常情况下,阀片电阻值很大,火花间隙有足够的绝缘强度,不会被电路正常工频电压击穿。当有雷电过电压时,火花间隙就被击穿放电,雷电压作用在阀型电阻上,电阻值变得很小,把雷电流泄入大地。随后作用在阀片电阻的电压为正常工作电压时,电阻值又变得很大,限制工频电流流过,因此线路又恢复了正常对地绝缘。

(a)实物图 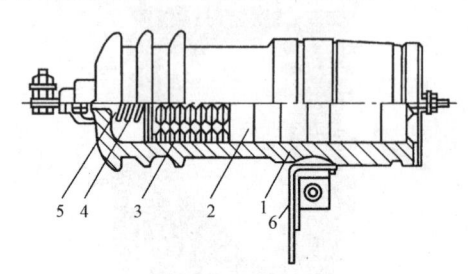　　(b)结构示意图

1—瓷套;2—阀片;3—间隙;4—压紧弹簧;5—密封橡皮;6—安装卡子。

图1-80　FS3型阀型避雷器的外形及结构

2. 氧化锌避雷器

氧化锌避雷器的外形及结构如图1-81所示,它的电阻片具有优越的非线性,在正常工作电压下,只有微安级电阻性电流流过,因此可不用串联间隙;在过电压的作用下无放电时延,大气过电压作用后没有工频续流,可以耐受多重雷击;同时具有持久的抗老化能力,它与理想避雷器的伏安特性很接近。由于氧化锌避雷器不带间隙,可避免表面积污、淋雨对电压分布及放电电压的影响。

(a)实物图 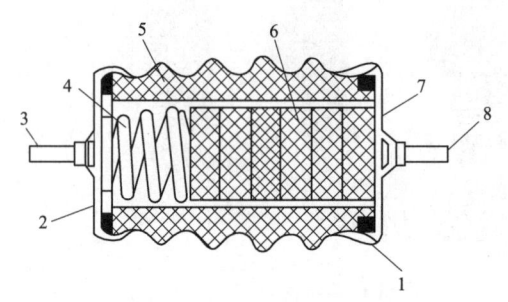　　(b)结构示意图

1—橡皮圈;2—端盖;3—上接线端;4—弹簧;5—瓷套;6—阀片;7—底盖;8—下接线端。

图1-81　HY5WS型氧化锌避雷器的外形及结构

3. 保护间隙

保护间隙是用圆钢做的两个电极，一个接地，另一个接入被保护设备，两个电极之间保持规定的间隙距离。在正常运行时，间隙承受设备的额定相电压，不被击穿，保持对地绝缘。在承受雷击时，间隙被击穿，把雷电流引入大地，保护设备绝缘不被击穿。保护间隙构造简单，维护方便，但其自行灭弧能力较差。

保护间隙的结构有棒形、球形和角形三种。图 1-82 所示为羊角间隙，它是由主间隙和辅助间隙串联而成。辅助间隙的作用是为了防止主间隙被外物短路误动作。主间隙的两个电极做成角形，是为了使工频电弧在自身电动力和热气流作用下易于上升被拉长而自行熄灭。

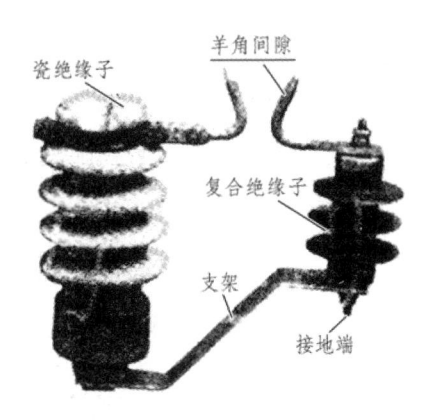

图 1-82 羊角间隙的结构示意图

1.8.5 无功补偿装置

1. 无功补偿装置概述

无功补偿装置就是无功补偿电源，是指为了满足电力网和负荷端电压水平及经济运行要求，须在电力网内和负荷端设置无功补偿电源，即无功功率补偿装置。

无功补偿装置在配电系统中起提高电网的功率因数的作用，可降低变压器及输送线路的损耗，提高供电效率，改善供电环境。

配电系统中常用的无功补偿装置是静电电容器组，它并联在电力网络中，提供无功功率，改善功率因数，称为无功补偿电容器，简称补偿电容器。由于其改变了电流和电压之间的相位差，因此也叫作移相电容器。图 1-83 所示为线路无功补偿装置实物图。

（a）高压电容器　　　　（b）低压电容器

图 1-83 无功补偿装置实物图

移相电容器或补偿电容器分为低压和高压两大类。低压电容器是三相的，有 220 V、400 V、525 V 三个电压等级，在内部接成三角形接线。高压电容器是单相的，有 1.05 kV、3.15 kV、6.3 kV、10.5 kV 四个电压等级。

2. 无功补偿的选择

无功补偿的选择就是补偿方式和安装地点的确定以及补偿容量的选择。

(1) 补偿方式和安装地点

无功功率补偿方式的原则是就地平衡，结合安装地点归纳起来有以下几种：

① 集中补偿。就是把无功补偿装置集中安装在变电站或配电室的母线上，这种方式安装简单，运行可靠，维护方便，利用率高，便于实现自动投切，能使变压器提高出力，提高母线电压水平，但没有减少线路上传输的无功功率。

② 配电变压器低压补偿。这是目前应用最普遍的补偿方法，目的是提高专用变用户的功率因数，实现无功功率的就地平衡，降低配电网损耗和改善用户电压质量，优点是补偿后功率因数高、降损节能效果好，但由于配电变压器的数量多、安装地点分散，因此补偿工程的投资较大，运行维护工作量大。

③ 配电线路固定补偿。大量配电变压器要消耗无功功率，很多公用变压器没有安装低压补偿装置，造成很大的无功功率缺额需要变电站或发电厂承担，大量的无功功率沿线传输使得配电网的网损居高不下，这种情况可考虑采用配电线路无功补偿。线路无功补偿通过在线路杆塔上安装电容器来实现，但由于线路补偿装置远离变电站，因此存在保护难配置、控制成本高、维护工作量大、受安装环境限制等问题。

线路无功补偿具有投资小、回收快、便于管理和维护等优点，适用于功率因数低、负荷重的长线路。线路无功补偿一般采用固定补偿，因此存在适应能力差、重载情况下补偿度不足等问题。

④ 用电设备随机补偿。在 10 kV 以下电网的无功消耗总量中，变压器消耗占 30% 左右，低压用电设备消耗占 65% 以上，因此在低压用电设备上实施无功补偿十分必要。从理论计算和实践中证明，低压设备无功补偿的经济效果最佳，综合性能最强，是值得推广的一种节能措施。

(2) 补偿容量

补偿容量的配置有以下几种：

① 变电站集中装设的补偿容量可以按照主变容量的 20%～40% 来选择。

② 配电线路上的分散补偿容量通常可以按照"三分之二"法则来选择。

③ 电动机就地补偿以不超过电动机空载时的无功消耗为原则，可按提高功率因数的方法计算补偿容量。

④ 配电变压器低压侧电容器补偿要防止轻负荷时向 10 kV 配电网倒送无功，若采用固定容量补偿时，可按变压器最低负荷时消耗的无功量确定补偿容量。

项目 2　配电线路设计

任务 2.1　配电线路路径的选择

2.1.1　线路路径的选择

架空电力线路所经过的地带叫线路路径或线路走径。架空电力线路的路径所占用的土地面积和空间区域,称为线路走廊。在线路设计中,线路路径的选择是首要的基础工作。

1. 选择线路路径的方法

线路路径的选择要经历两个步骤:一是室内选线;二是线路的勘测。

室内选择线路路径,是在线路基本方案和规划形成后进行的工作。首先在线路所要通过的地理图上选择线路路径,这主要根据地图上所标示的地形、地貌进行。但必须考虑线路所通过地区的交通状况、山脉河流、林木、地面建筑和土质结构等关键因素是否能满足线路安全施工与方便运行维护的需要,与此同时还要考虑线路工程的基本造价是否经济合理,通过综合研究与分析比较,初步拟订出线路的最优方案。因为这项设计工作可以在室内完成,故被称为室内选线。

线路勘测,实际上是对室内选线的进一步调查与分析,是在室内选择的线路路径基础上对路径进行实际测量并提供可靠的依据,用以证明选线的合理性和可行性。在进行该项勘测工作时,不仅要准确地勘测出线路各段的实际长度,转角的角度,跨越铁路、公路、河流、地面建筑物的垂直距离和水平距离,同时还应勘测出线路走廊内的土质结构情况,以便为基础 设计提供基本依据。

2. 线路径选择的原则

架空电力线路路径的选择,应认真进行调查研究,综合考虑施工、交通条件和路径长度等因素,统筹兼顾,全面安排,并应进行多方案比较,做到经济合理、安全适用。

① 市区架空电力线路的路径应与城市总体规划相结合,路径走廊位置应与各种管线和其他市政设施统一安排。

② 应减少与其他设施的交叉,当与其他架空线路交叉时,其交叉点不宜选在被跨越线路的杆塔顶上。

③ 根据《66 kV 及以下架空电力线路设计规范》(GB 50061—2010),架空电力线路跨越架空弱电线路的交叉角应参照表 2-1 中的要求。

表 2-1 架空电力线路跨越架空弱电线路的交叉角

弱电线路等级	一级	二级	三级
交叉角	≥40°	≥25°	不限制

④ 架空电力线路不应跨越储存易燃、易爆危险品的仓库区域。

⑤ 架空电力线路与有火灾危险性的生产厂房和库房、易燃易爆材料堆场以及可燃或易燃、易爆液（气）体储罐的防火间距，应符合国家有关法律法规和现行国家标准的有关规定。

⑥ 架空电力线路应避开洼地、冲刷地带、不良地质地区、原始森林区及影响线路安全运行的其他地区。

2.1.2 配电线路供电半径的确定原则

供电半径，是指从电源点开始到其供电的最远负荷点之间的线路距离，不是空间距离。

一般来说，电压等级越高，供电半径越大；用户终端密集度，即电力负载越多，电半径越小。城市或工业区的供电半径要比郊区的供电半径小。

为了减少电能损失和提高供电可靠性，配电线路不能设计得过长。根据现行设计情况来看，城区中压线路供电半径不宜大于 3 km，近郊不宜大于 6 km。当电网条件不能满足供电半径要求时，应采取保证客户端电压质量的技术措施。

如何确定供电半径，事实上，由于具体情况不同，供电半径也应因地制宜。若因条件限制，配电线路供电半径已确定，可采用允许电压降计算原理进行校验，以便确定正确的配电线路的供电半径。

任务 2.2　配电线路施工识图

2.2.1 配电线路常见图形符号及代号

要准确地阅读配电线路施工图，关键是要熟悉图纸中的设计符号及符号所代表的实际意义。配电线路工程中常见的图形符号及代号见表 2-2～表 2-5。

表 2-2 配电线路工程部分常见图形符号

图形符号	说明	图形符号	说明
○	圆形混凝土杆	∧	撤除导线
⊠	铁塔	⊙ 5m	电杆移位
⊝	H形混凝土杆	中	线路电容器
▷---◁	电缆	⌒	线路断开

续表

图形符号	说明	图形符号	说明
○—▭—┤	水平拉线	·⌇	单相接户线
▭—○	共同拉线	⌇	四线接户线
○—○—┤	带拉线绝缘子的拉线	⊗ $\frac{12}{5}$	更换电杆
—○—	线路跳引线	$\frac{D}{30}$	单相变压器
- - - - - -	弱电线路	$\frac{S}{30}$	单杆变台
↙ ↙ ↙	松树林	$\frac{S}{315}$	地上变台
↓ ↓ ↓	草地	⌀	撤除电杆
～～～	不明树林	⌇	三相接户线
⋏ ⋏	独立树	∠30°	线路转角度
⋰⋰⋰	湿地	$\frac{12}{1}$ $\frac{10}{2}$	杆号、电杆高度表示法。1、2为杆号，10、12为杆高
◯	高山	$\frac{S}{100}$	三相变压器
⊙⊙⊙	岩石	$\frac{S}{30}$	双杆变台
—▭—	方形混凝土杆	▭	建筑物（5点表示五层楼房）
—⊗—	木杆	⚲ ⚲	阔叶林
—⊗⊗—	H形木杆	⚘ ⚘	杨柳树林
○—┤	普通拉线	⋏ ⋏	针叶树林
◁	V形拉线	♡ ♡	果园
○—▭—○	弓形拉线	～～	沙滩
○—┤	带撑杆的电杆	◯	湖泊
———	线路	≢	江桥

表 2-3 架空配电线路电杆常用图形符号

图形符号	说明	图形符号	说明
○—	架空线路通用符号，包括电力、通信架空线路	○—●	双接腿杆（双接杆）
○ A-B / C	电杆一般符号（单杆、中间杆），可加注文字符号表示： A—杆材或所属部门 B—杆长 C—符号	○—●	引上杆 （小黑点表示电缆）
○—	特型杆，用文字符号表示： H—H 形杆；L—L 形杆 A—A 形杆；△—三角杆 #—四角杆；S—分区杆 转角杆标注转角度数	○—→ 或 ○—⊢	有 V 形拉线的电杆
○—⊢ 或 ○—⊢	分别表示带撑杆的电杆和带撑拉杆的电杆	○—→○ 或 ○—○—⊢	有高桩拉线的电杆
○—⊢ 或 ○—⊢	拉线一般符号 （示出单向拉线）	⊙	电杆保护用围桩 （河中打桩杆）
○—●	单接腿杆（单接杆）	○ a b/c Ad	带照明灯的电杆的一般画法： a—编号；b—杆型 c—杆高；d—灯泡容量 A—照明线连接相序

表 2-4 架空配电线路断面图符号

名称	符号	名称	符号	名称	符号
直线杆	┼	公路	∥	低洼地	▱
耐张杆	┃	河道	∥河∥	通信线	○—○—⊤
转角杆	Y	池塘	◯	电力线	高压 ○—⊤ 低压 ○—⊤
直线转角杆	Ψ	桥梁	)(	树林	∘∘∘∘∘
换拉杆	┼	房屋	⊠	稻田	↓↑↑↑↓
铁路	▬▭▬	高地	◠	旱田	⸺⸺

表 2-5　架空配电线路电杆常用分类代号

代号	含义	代号	含义
Z	直线杆	ZF_2	直线电缆分支
J	转角杆	JF_1	转角分支杆（架空）
ZJ_1	单针转角杆	JF_2	转角分支杆（电缆）
ZJ_2	双针转角杆	K	跨越杆
N	耐张杆	D_1	终端杆（架空引入）
NJ_1	耐张转角杆（45°以下转角）	D_2	高压架空引入避雷器
NJ_2	十字横担耐张转角杆（45°以上转角）	D_3	一根电缆引入
NJ_3	直线架空 T 字分支杆	D_4	两根电缆引入

2.2.2　配电线路路径图的识读

架空电力线路工程及路径的表示方法通常有两种：一种是用平、断面图的形式进行表示，如图 2-1 所示；另一种则是用地形平面图表示，如图 2-2、图 2-3 所示。

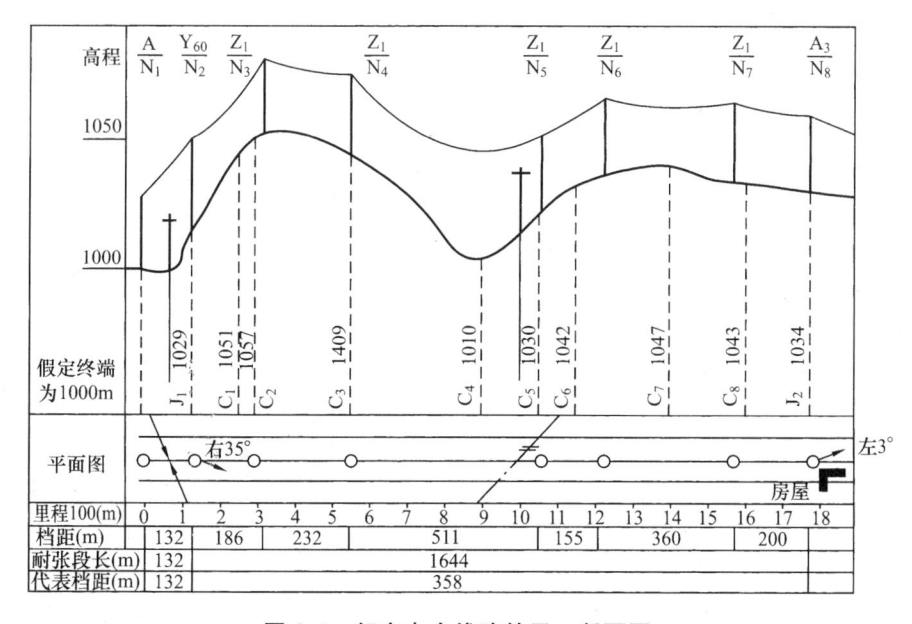

图 2-1　架空电力线路的平、断面图

1. 线路平、断面图

对于 10 kV 以下的架空电力线路，特别是在线路经过地域的地形不太复杂的情况下，一份线路平面图，加上必要的文字说明，基本上可以满足施工要求。但对于 10 kV 以上的线路，尤其是地形比较复杂时，单一的线路平面图还不足以对线路描述清楚，还应配有线路纵断面图。

在线路平、断面图中，对沿线地形起伏变化的表示，是以线路为中心线为基准，将线路所经地段地形的高程按一定的方式进行测定并绘制在断面图上，如图 2-1 上部图形所示；对平面的表示也是以线路为中心线为基准，将线路所经地域的线路通道两侧 50 m 以内的平面地物按一定的方式进行测定并绘制在平面图上，如图 2-1 中部图形所示；对线路杆塔的位置、规格及线路的档距、里程等，除了采用规定的图形符号在平、断面图上进行标注外，还要在图形的下部以文字的形式进行标注，如图 2-1 下部图形所示。与线路平、断面图配套的还有线路明细表，如表 2-6 所示。

表 2-6　图 2-1 所示线路杆塔明细表

杆号	杆型	杆高/m	档距/m	交叉跨越	耐张段长度/m 代表档距/m	地质	底盘 个数/个	底盘 埋深/m	拉线盘 个数/个	拉线盘 埋深/m	接地电阻/Ω	备注
N_1	A	15		10 kV 线路	132	黏土	2	1.5	4	2	10	瓷瓶倒挂
N_2	Y_{60}	15	132		132	碳岩	2	1.5	4	2	30	
N_3	Z_1	18	186		1644（右 35°）	碳岩	2	1.5	2	2	30	
N_4	Z_1	15	232	二线电话线		碳岩	2	1.5	2	2	30	
N_5	Z_1	15	511			碳岩	2	1.5	2	2	30	
N_6	Z_1	15	155			黏土	2	1.5	4	2	15	
N_7	Z_1	15	360			黏土	2	1.5	4	2	15	
N_8	A_3	15	200		358（左 3°）	碳岩	3	1.5	2	2	30	

图 2-1 所示的架空电力线路平、断面图的具体情况如下：

① 在该平面图中画出了线路（导线、电杆）的布置和走向，下方有相关的里程和有关数据。

② 平面图中只画了线路沿线十几米宽的狭窄地形、地物及交叉跨越情况。在图中，1 号、2 号杆跨越了 10kV 线路，4 号、5 号杆跨越了通信线路，8 号、9 号杆跨越了房屋等。2 号杆是转角直线杆（右转 35°），8 号杆为转角 A 形杆（左转角 3°）。

③ 里程表，每 100m 为 1 档。各杆之间的档距：4 号、5 号杆为 511 m。耐张段长：该线路有 2 个耐张段，分别为 132 m、1 644 m。代表档距，分别为 132 m（孤立档）和 358 m。

④ 从断面图中可知，线路桩位有两种：转角桩 J_1、J_2，其他为直角桩（$C_1 \sim C_8$）。

⑤ 桩位与高程：J_1 桩为 1 029 m，比起点高 29 m；C_2 桩为 1 057 m，比起点高 57 m；其他各点高程可以从图中量出。

⑥ 在断面图上还标出了杆高与交叉跨越物的高度，并大致画了地形的弧垂及各种限距。如 1 号杆与 2 号杆之间的导线与 10 kV 线路交叉跨越的垂直距离大约为 8 m，4 号、5 号杆之间的导线对地距离最短处大约为 9.5 m。

⑦ 杆型：对应的每根杆都标出了杆型和杆号。N₁杆，杆型为 A；N₂杆，杆型为 Y60°，这是转角 60°的转角杆。分段用的是耐张杆，N₁~N₇为直线杆，N₈为耐张杆，杆型为 A₃型。

对照图 2-1 和表 2-6 可以看出，表 2-6 中的许多内容，例如电杆底盘、拉线盘、接地电阻，还有很多未列出的内容，如拉线规格、线路防振等，是图 2-1 不便于表现的内容。但表 2-6 中的某些内容，如杆型、档距、交叉跨越、耐张段长度与代表档距等，在图 2-1 中已经表示清楚了。如将上述内容与杆位有关部分简练地集中在一张表格中表示出来，就能使读者对杆位有一个完整的概念，是指导施工和维修的重要图纸。

在表 2-6 中还可以看出每一个杆位的具体情况，如 N₁号杆：杆型为 A，杆高为 15 m，杆位处地质情况为黏土；电杆底盘 2 个（表示为双杆），埋深为 1.5 m；拉线盘 4 个（4 根拉线），埋深为 2 m；该电杆接地良好，接地电阻小于 10 Ω；绝缘子倒挂，可以避免雨水沉积在悬式绝缘子上。

对于每一个耐张段，杆位明细表表现得比较清楚。例如表 2-6 中，第 1 耐张段为孤立档，档距、耐张段长度、代表档距均为 132 m；第 2 耐张段为 6 档，耐张段长度为 1 644 m，代表档距为 358 m。

2. 线路地形平面图

对于配电线路或是电压等级较低的农网配电线路，由于其供电半径较小，线路途径的地域范围相对较小，配电线路工程及路径可以直接采用地形平面图的形式表示，如图 2-2、图 2-3 所示。

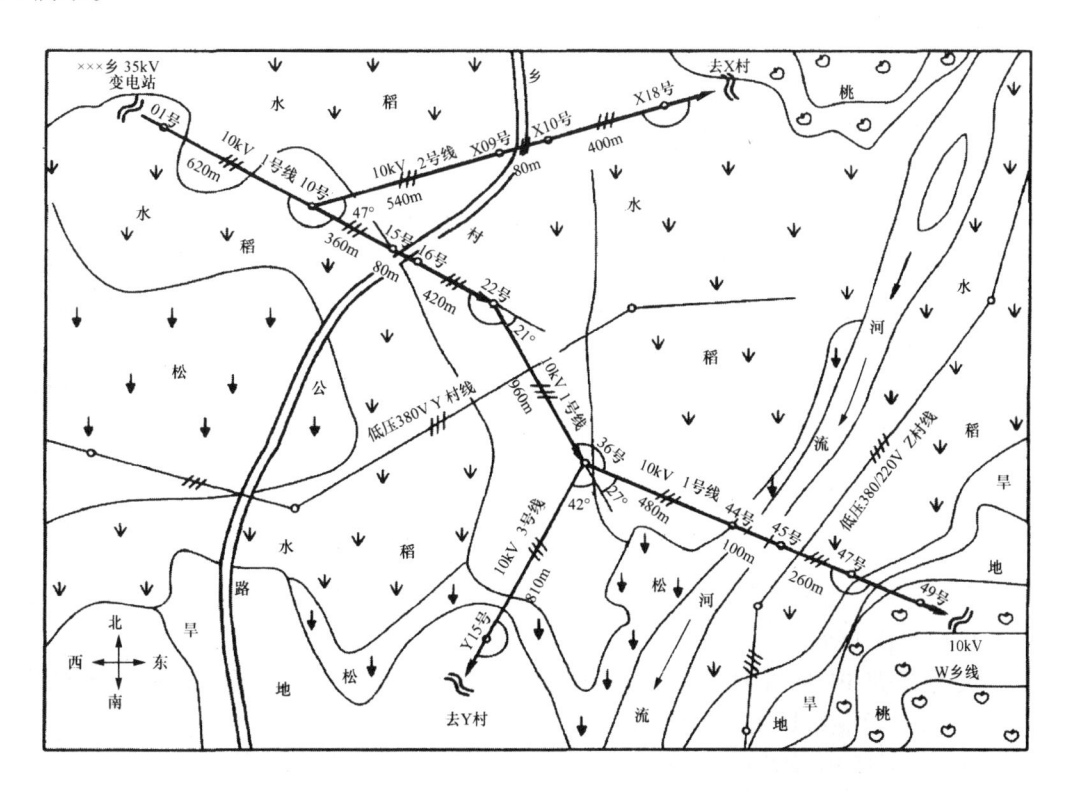

图 2-2　10 kV 配电线路路径示意图

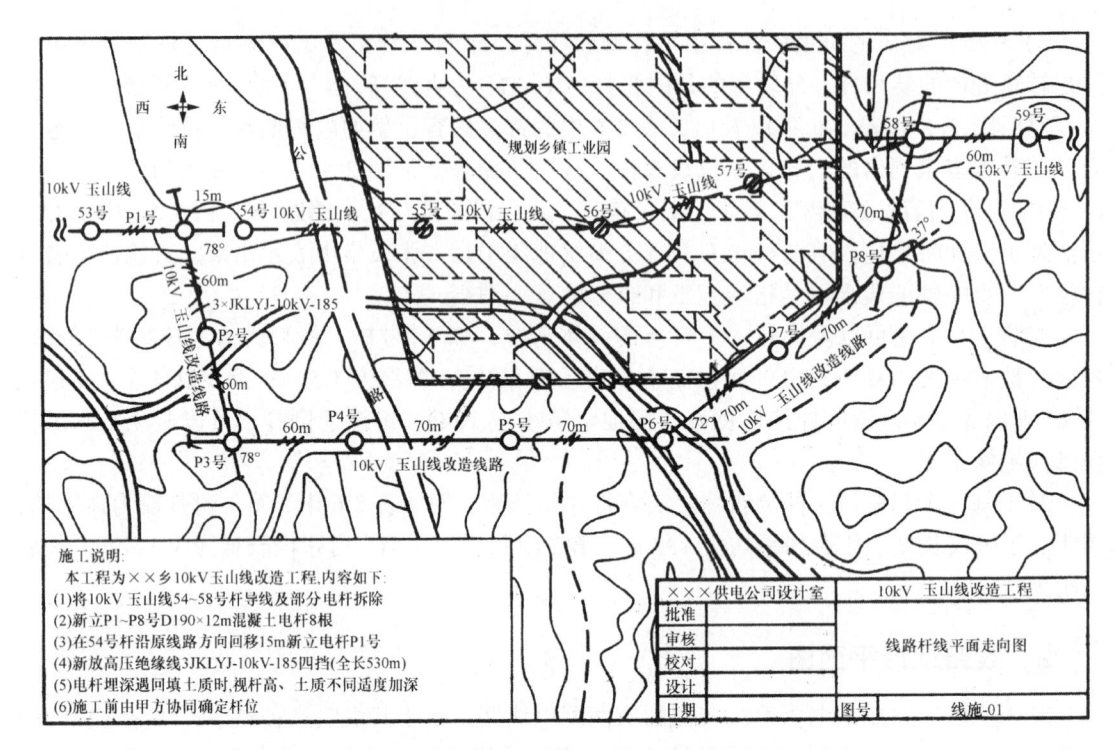

图 2-3　10 kV 配电线路改造工程的杆线平面布置示意图

图 2-2 中，10 kV 主干线 1 号线从×××乡 35 kV 变电站送到 10 kV W 乡线，其中主干线 1 号线通过 10 号、22 号、36 号、47 号 4 基耐张杆对线路进行分段。具体线路路径情况如下：

① 第 1 耐张段：01～10 号杆，耐张段长 620 m，共有 9 基直线杆，全部处在水田地段，其中 10 号为分支杆，线路分支左转 47°，10 kV 2 号线去 X 村。

② 第 2 耐张段：10～22 号杆，耐张段长 860 m，共有 11 基直线杆，全部处在水田地段，其中 15～16 号档距内跨越乡村公路，并在 22 号杆右转 21° 前行。

③ 第 3 耐张段：22～36 号杆，耐张段长 960 m，共有 13 基直线杆，全部处在水田地段，线路途中跨越三相三线低压线路，主杆线 10 kV 1 号线由 36 号转角分支杆左转 27° 继续前行；10 kV 3 号线由此分支右转 42° 去 Y 村。

④ 第 4 耐张段：36～47 号杆，耐张段长 840 m，全段共有直线杆 10 基，其中直线跨越杆 2 基，线路由直线跨越杆在 44～45 号档距内跨越河流，并在 45～47 号杆跨越一条三相四线低压线路，然后进入山地前行去 10 kV W 乡线。

图 2-3 中，原 10 kV 玉山线因规划乡镇工业园（图中中上部）的建设而需改道。具体情况如下：

① 施工说明。改造工程的施工简画说明见图左下框中文字，从中可知本工程为××乡 10 kV 玉山线改造工程。

② 改造线路 P1～P8 号的 8 根电杆，采用 D190×12 m 型混凝土电杆；导线采用 JKLJY-10kV-185 型绝缘导线，共计 530 m/箱。

③ 新立的电杆 P1 中应由 54 号杆沿原路方向回移 15 m 定位。

④ 改造线路 P1 号、P3 号、P6 号、P8 号 4 基转角耐张杆，在原线路方向上依次右转 78°、

左转 78°、左转 27°、左转 37°，最后与原线路在 58 号杆搭接。

P1 号、P3 号、P8 号、58 号杆分别在两侧线路方向上各设普通拉线 1 根，P6 号杆在导线合力方向设普通拉线 1 根。

从 P1～58 号杆，各档的档距次分别为 60 m、60 m、60 m、70 m、70 m、70 m、70 m。

2.2.3 配电线路安装图识读

配电线路安装图包括配电线路杆塔附属设施（包括杆塔金具、绝缘子、横担和拉线）安装图和配电设备（高压跌落式熔断器、避雷器和接地装置、柱上断路器和负荷开关、配电变压器）安装图。

1. 配电线路杆塔附属设施安装图

某终端杆安装如图 2-4 所示，具体情况如下：

① 该杆塔为混凝土电杆拔梢杆（终端杆），杆高 10 m，埋深 1.7 m，采用了底盘，杆顶用了双合抱箍，一边连绝缘子，一边连楔形线夹。

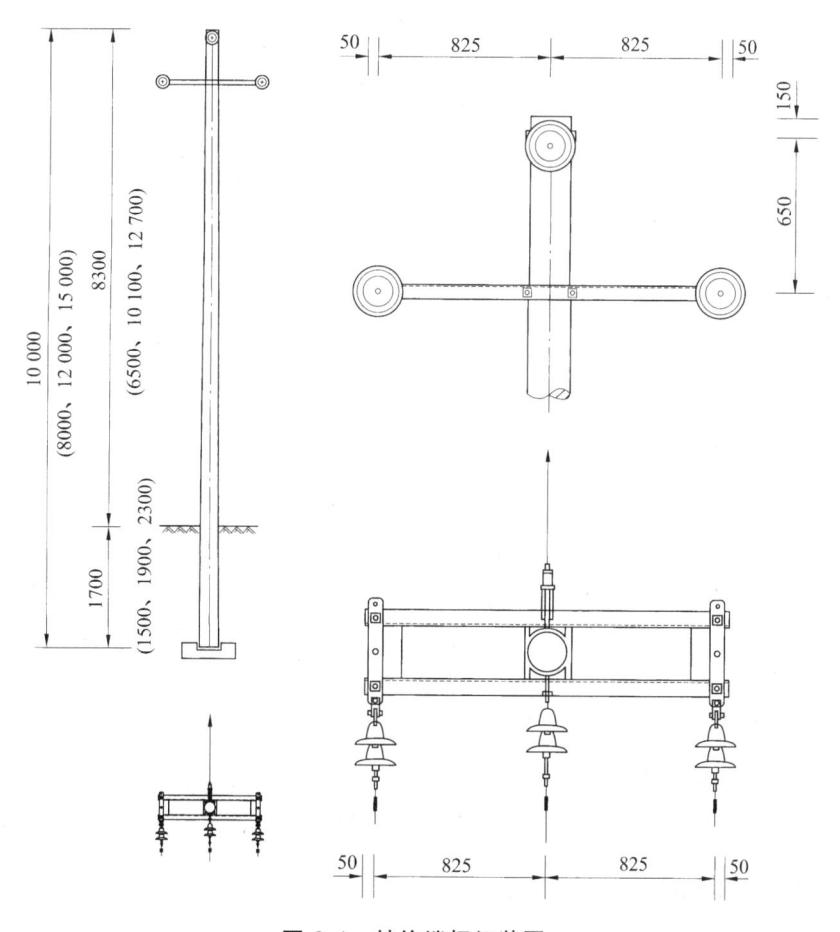

图 2-4 某终端杆组装图

② 本杆塔为典型的 10 kV 线路，共用了 XP 型绝缘子 6 片，每相 2 片，顶相绝缘子安装在双合抱箍一侧，抱箍安装位置距杆梢 150 mm。

③ 本杆塔常用角铁双横担规格为 70 mm×7 mm×1 750 mm，横担距杆梢 800 mm，横担安装使用 4 根 M16×280 的双头螺栓，两相绝缘子安装时通过直角挂板连在角铁挂座上。

图 2-4 所示杆塔材料的具体种类、规格和数量见表 2-7。

表 2-7　图 2-4 所示杆塔材料明细表

序号	名称	型号	单位	数量	备注
1	水泥电杆	ϕ150×10 000	根	1	
2	横担	∠70×7×1 750	根	2	根据档距及导线型号选定
3	悬式绝缘子	XP-70	片	6	
4	直角挂板	Z-7	副	3	
5	球头挂环	QP-7	个	3	
6	单联碗头	W-7B	个	3	
7	耐张线夹	NLD-	个	3	根据导线型号选定
8	挂线板	−60×6×410	块	2	
9	拉线抱箍	抱 1-163（ϕ150）	副		
10	楔形线夹	NX-	副	1	
11	UT 形线夹	NUT-	副	1	
12	拉线棒	ϕ18×2 000	根	1	
13	拉线板	−60×6×100	块	2	
14	拉线	GJ-	根	1	设计选定
15	U 形环	U-18	副	1	
16	拉线盘	300×600	块	1	
17	方垫片	−4×40	块	12	
18	螺栓	M16×35	副	4	
		M16×280	副	4	
19	铝包带	−10×1	kg	0.3	
20	底盘	600×600	块	1	

2. 配电线路拉线安装图

配电线路拉线主要用于平衡导线对电杆的不平衡张力或在电杆基础不稳定的情况下用来维持电杆稳定，正确识读拉线安装图是配电线路检修工作的重要内容。

（1）拉线线夹组装图

拉线线夹组装示例如图 2-5、图 2-6 所示。

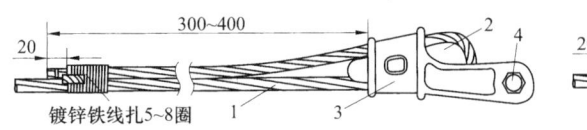

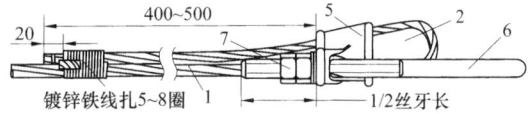

(a) 楔形线夹组装图

1—GJ-35 钢绞线；2—舌板；3—楔形线夹；
4—连接螺栓。

(b) UT 形线夹组装图

1—GJ-35 钢绞线；2—舌板；5—UT 形线夹；
6—U 形环；7—螺母。

图 2-5　GJ-35 拉线线夹组装图

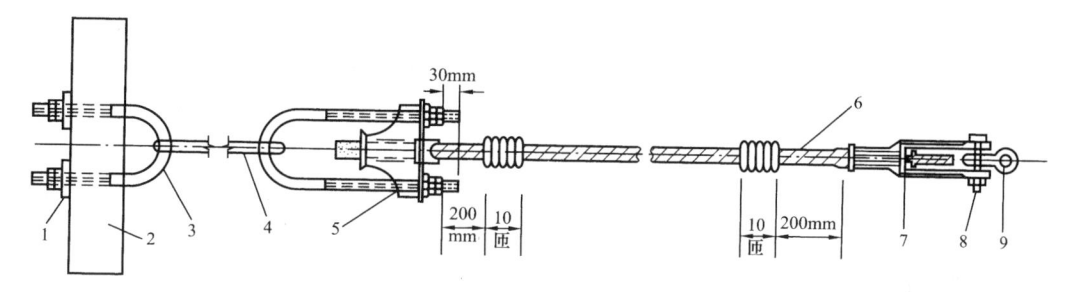

1—大方垫；2—拉线底盘；3—U 形螺栓；4—拉线棒；5—UT 形线夹；
6—钢绞线；7—楔形线夹；8—螺母；9—U 形挂环。

图 2-6　某拉线线夹安装图

图 2-5 所示的安装方法：进行楔形线夹安装时，拉线的回头尾端应由线夹的凸肚穿出，并绕舌板楔在线夹内，舌板大小的方向应与线夹一致，拉线尾线的出头长度为 20 mm。楔形拉线尾线长 300～400 mm，UT 形线夹尾线长度为 400～500 mm。UT 形线夹安装时，当拉线收紧后，U 形螺栓的丝牙应露出长度的 1/2，同时应加双螺母拧紧，最好采用防水螺帽。

图 2-5 所示拉线线夹各部分材料见表 2-8。

表 2-8　图 2-5 所示拉线线夹材料表

序号	名称	规格	数量
1	钢绞线	GJ-35	5 kg
2	舌板	与 NX-1 配套	
3	楔形线夹	NX-1	1
4	连接螺栓	M16×35	1
5	UT 形线夹	NUT-1	1
6	U 形环	U-18	1
7	螺母	M16	4

(2) 拉线整体安装图

拉线整体安装示例如图 2-7 所示。

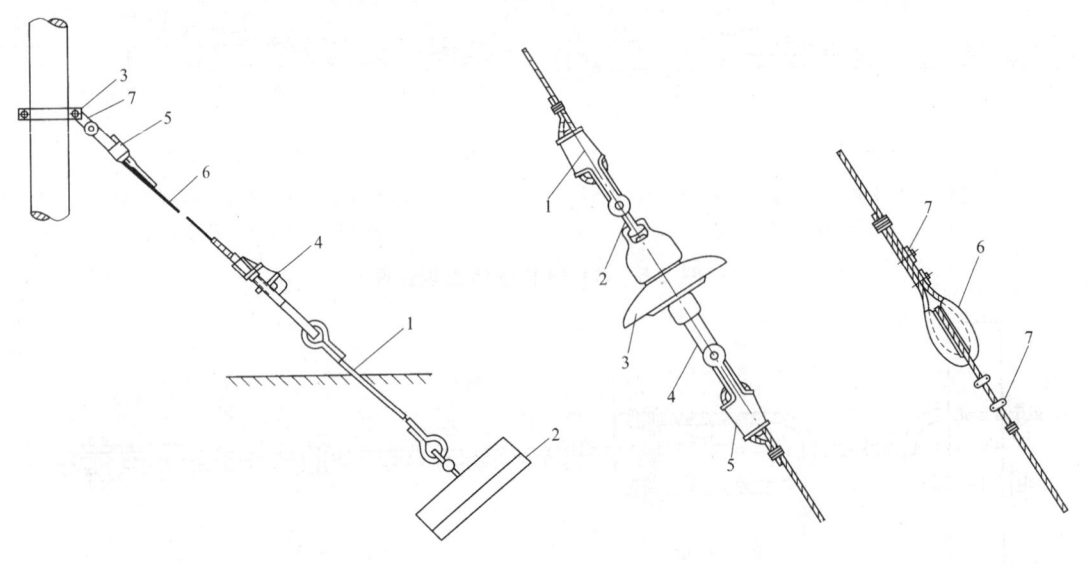

（a）整体安装图　　　　　　（b）10 kV 带拉线　　　（c）低压带绝缘子
　　　　　　　　　　　　　　　绝缘子组装图　　　　　　拉线组装图

1—拉棒；2—拉盘；3—螺栓；4—UT 形线夹；　　1—楔形线夹；2—球头挂环；3—拉线绝缘子（悬式代用）；
5—楔形线夹；6—钢绞线；7—U 形环。　　　　　4—碗头挂板；5—UT 形线夹；6—低压拉线绝缘子；
　　　　　　　　　　　　　　　　　　　　　　　　7—线卡子。

图 2-7　拉线整体组装图

任务 2.3　导线与杆塔的选型

2.3.1　导线截面的选择

导线截面积的大小是供电质量和线路造价的关键。导线截面积过小，虽然具有较好的经济性，但会造成严重的电压损失和电能损失；导线截面积过大，不仅会增加线路投资，而且线路的年运行费、修理费也随之增加。因此，为了保证电力用户正常工作，选择导线截面必须满足以下四个条件。

微课：导线截面的选择

1. 允许的电压损失

线路电压损失的大小与导线材料、截面大小、线路长短和电流大小相关，线路越长、负荷越大，线路电压损失也越大。

在给定允许电压损失 $\Delta U\%$ 之后，便可计算出相应的导线截面面积：

$$S = \frac{PL}{C \cdot \Delta U\%}\% \tag{2-1}$$

式中：PL——负荷矩，kW·m；

P——线路输送的电功率，kW；

L——线路长度（指单程距离），m；

$\Delta U\%$——允许电压损失；

S——导线截面积，mm²；

C——电压损失计算常数，由电压的相数、额定电压及材料的电阻率等决定。

中压配电线路，自供电的变电站出口至线路末端变压器或末端受电变电站（受电配电室）入口侧的最大允许电压降应为线路额定电压的 5%；低压线路，自配电变压器出口至线路末端（不包括接户线）的最大允许电压降应为线路额定电压的 4%。

2. 发热条件

满足发热条件，是指在最高环境温度和最大负荷的情况下，保证导线不被烧坏，即导线中通过的持续电流是允许电流 I_y。

当导线流通电流时，因电阻的作用，导体会发热，温度过高将会降低导线的机械强度，加大导线接头处的接触电阻，增大导线的弧垂，严重时会把导线烧红、烧断从而造成事故或灾害。对于绝缘导线，温度过高可能使绝缘损坏。所以，导线的温度不能过高，裸导线的最高温度为 +70 ℃。绝缘导线的允许温度与绝缘材料、结构等因素有关。

为了保证导线在运行中不至于过热，要求导线的负荷电流必须小于导线的允许载流量，即

$$I_y \leqslant I_{by} K \tag{2-2}$$

式中：I_y——导线最大负荷电流，A；

I_{by}——允许载流量，A；

K——导线（或电缆线芯）长期允许载流量的修正系数。

3. 机械强度

为了使架空线路的导线在承受导线自重、环境温度及运行温度变化产生的应力、风力、覆冰重力等作用力而不至于断裂，10 kV 及以下架空配电线路导线的最小截面积不得小于表 2-9 所列数值。

表 2-9 架空配电线路导线的最小截面积（单位：mm²）

导线种类	10 kV 居民区	10 kV 非居民区	1 kV 及以下
铝绞线（LJ）	35	22.5	25
钢芯铝绞线（LGJ）	25	25	25
钢线（TJ）	16	16	直径 4.0 mm

对于无供配网规划的地区，应结合该地区供配网发展规则选择导线截面积，但不宜小于表 2-10 所列数值。

表 2-10 无供配网规划地区的导线最小截面积（单位：mm²）

导线种类		中压配电线路		低压配电线路	
		主干线	分支线	主干线	分支线
裸导线	铝绞线（LJ）	120	79	70	50
	铜绞线（TJ）	—	—	50	35
	钢芯铝绞线（LGJ）	120	70	70	50
绝缘线	铝绞线（LJ）	150	50	95	35
	铜绞线（TJ）	120	25	70	16

4．经济电流密度

线路导线的经济电流密度，是指单位导线截面所通过的电流值（A/mm²），如表 2-11 所示。导线截面积和导线经济电流密度的合理选择可使架空线路的投资、线路电能损耗、维护运行费用等综合效益都是最佳的。

表 2-11 导线经济电流密度（单位：A/mm²）

适用条件	导线材料	年最大负荷利用小时		
		<3 000 h	3 000～5 000 h	>5 000
架空导线	铝导线	1.65	1.15	0.90
	铜导线	3.00	2.25	1.75
绝缘导线	铝导线	1.92	1.73	1.54
	铜导线	2.50	2.25	2.00

导线经济截面积的计算方法为：

$$S = \frac{I_{\max}}{J} \tag{2-3}$$

式中：S——导线经济截面积，mm²；

$I_{\max}$——最大负荷电流，A；

J——经济电流密度，A/mm²。

2.3.2 电杆型号的选择

选择电杆型号，需要计算电杆的水平档距、垂直档距、最大允许档距和呼称高，它们涉及的参数较多，是线路的机械力学计算的主要内容。

微课：电杆型号的选择

1．气象条件

气象条件（气温、风速和覆冰厚度等）是电力线路计算的重要因素，一般根据沿线的气象资料（采用 15 年一遇的数值）和附近已有线路的运行经验确定。如果沿线气象资料与典型气象区接近,一般采用典型气象区所列数值。全国典型气象区划分见表2-12。

表 2-12 典型气象

气象区		I	II	III	IV	V	VI	VII
大气温度/°C	最高	+40						
	最低	−5	−10	−10	−20	−20	−40	−20
	导线覆冰	—	−5					
	最大风	+10	+10	−5	−5	−5	−5	−5
风速/(m/s)	最大风	35	25	25	25	30	25	25
	导线覆冰	10						
	最高、最低气温	0						
覆冰厚度/mm		—	5	5	5	10	10	15
冰的比重		0.9						

2. 导线的比载计算

导线比载即平均折算到导线单位长度、单位面积上的荷载,与导线材料、型号及所在地区的气象条件有关,是导线受力计算的必要条件。

(1) 自重比载

自重比载 g_1,即导线本身的比载,计算式为

$$g_1 = 9.81 \frac{m_0}{S} \times 10^{-3} \tag{2-4}$$

式中:g_1 ——自重比载,N/(m·mm²);
m_0 ——导线每千米质量,kg/km;
S ——导线截面积,mm²。

(2) 覆冰比载

覆冰比载 g_2,是指导线上覆冰所引起的导线比载,计算式为

$$g_2 = 27.872 \frac{b(d+b)}{S} \times 10^{-3} \tag{2-5}$$

式中:g_2 ——覆冰比载,N/(m·mm²);
d ——导线直径,mm;
b ——覆冰厚度,mm;
S ——导线截面积,mm²。

(3) 垂直总比载

垂直总比载 g_3,是指导线垂直方向的总比载,计算式为

$$g_3 = g_1 + g_2 \tag{2-6}$$

（4）无冰风压比载

无冰风压比载 g_4，即无冰时导线每米或每平方毫米的风压荷载，计算式为

$$g_4 = 0.6128\alpha C d \frac{v^2}{S} \times 10^{-3} \tag{2-7}$$

式中：g_4——无冰风压比载，N/(m·mm²)；

　　　C——空气动力系数，导线直径<17 mm 时，取 $C = 1.2$；导线直径≥17 mm 时，取 $C = 1.1$；覆冰时不论直径大小，$C = 1.2$；

　　　α——风压不均匀系数，对 10 kV 以下线路，取 $\alpha = 1$；

　　　d——导线直径，mm；

　　　v——设计风速，m/s；

　　　S——导线截面积，mm²。

（5）覆冰风压比载

覆冰风压比载 g_5，即覆冰导线每米或每平方毫米的风压荷载，计算式为

$$g_5 = 0.6128\alpha C(d+2b) \frac{v^2}{S} \times 10^{-3} \tag{2-8}$$

式中的相同符号含义及系数取值要求同 g_4。

（6）综合比载

综合比载应考虑两种情况，即无覆冰、有覆冰的比载，分别按下述公式计算。

① 无覆冰综合比载 g_6，计算式为

$$g_6 = \sqrt{g_1^2 + g_4^2} \tag{2-9}$$

② 有覆冰综合比载 g_7，计算式为

$$g_7 = \sqrt{g_3^2 + g_5^2} \tag{2-10}$$

3. 导线的应力计算

（1）导线设计的安全系数与选取要求

按设计规程，铝绞线、钢芯铝绞线的最小安全系数，一般地区为 2.5，重要地区为 3；铜绞线的允许最小安全系数，一般地区为 2，重要地区为 2.5。

（2）导线的允许应力

$$\sigma = \frac{T_\mathrm{P}}{SK} \tag{2-11}$$

式中：σ——导线的允许应力，N/mm²；

T_p——导线的瞬时拉断力，N；
S——导线截面积，mm^2；
K——导线的安全系数。

（3）导线状态方程

悬挂于两固定点间的导线，当气象条件发生变化时，导线的应力也随之变化。应用导线状态方程，可根据已知控制气象条件下的应力 σ_m（N/mm^2）求得另一气象条件下的应力 σ_n，计算式为

$$\sigma_n - \frac{g_n^2 l^2}{24\beta\sigma_n^2} = \sigma_m - \frac{g_m^2 l^2}{24\beta\sigma_m^2} - \frac{\alpha}{\beta}(t_n - t_m) \tag{2-12}$$

式中：α——导线线性温度膨胀系数，1/°C；
β——导线弹性伸长系数，mm^2/N；
t_m——已知气象条件下的温度，°C；
t_n——待求气象条件下的温度，°C；
g_m、g_n——已知气象条件下和待求气象条件下的比载，$N/(m·mm^2)$；
σ_m——已知气象条件下，温度为 t_m 和比载为 g_m 时导线最低点应力，N/mm^2；
σ_n——待求气象条件下，温度为 t_n 和比载为 g_n 时导线最低点应力，N/mm^2；
l——档距，m。

为了使计算简便起见，令

$$A = \sigma_m - \frac{g_m^2 l^2}{24\beta\sigma_m^2} - \frac{\alpha}{\beta}(t_n - t_m), \qquad B = \frac{g_n^2 l^2}{24\beta}$$

则导线状态方程式（2-12）可写成

$$\sigma_n^2(\sigma_n - A) = B \tag{2-13}$$

（4）导线悬挂点的应力计算

导线悬挂点的应力计算式为

$$\sigma = \sigma_0 + g f_{max} \tag{2-14}$$

式中：σ——一档导线悬挂点的应力，N/mm^2；
f_{max}——一档导线中的最大弧垂；
g——相应的比载，$N/(m·mm^2)$；
σ_0——导线最低点的应力，N/mm^2。

4. 一档导线的弧垂和长度计算

一档导线的长度和弧垂，在导线两悬挂点等高和不等高时，计算方法是不同的。考虑配电线路的档距与电杆高度比较均匀，差异不大，为此只介绍两悬挂点等高的方法来计算导线弧垂和导线长度，计算式分别为

$$f = \frac{gl^2}{8\sigma_0} \tag{2-15}$$

$$L = l + \frac{8f^2}{3l} = l + \frac{g^2 l^2}{24\sigma_0^2} \tag{2-16}$$

式中：f——一档导线中点的弧垂，m；

　　　L——一档导线的长度，m；

　　　g——相应的比载，N/(m·mm²)；

　　　l——档距，m；

　　　σ_0——导线最低点的应力，N/mm²。

5. 特殊档距的计算

在线路设计中，除了直线档距外，还有一些用于导线和杆塔机械与荷载计算的专门档距。

（1）临界档距

若不考虑防振条件，导线的最大应力可能出现在最低温度下，也可能出现在覆冰或最大风速条件下有最大荷载时，这取决于线路档距。从导线状态方程式分析可知，档距较小时，最大应力出现在最低温度时；档距较大时，最大应力出现在最大荷载气象条件（大风与覆冰）下。当最低温度时产生的导线应力等于最大荷载时产生的导线应力时，这时对应的档距称为临界档距。

在设计计算中，用临界档距作为导线应力计算控制条件的判定依据，计算导线在各种气象条件下的应力和相应的弧垂。

临界档距的计算式为

$$l_j = \sigma \sqrt{\frac{24\alpha(t_L - t_H)}{g_L - g_H}} \tag{2-17}$$

式中：l_j——临界档距，m；

　　　t_L、t_H——最低温度、最大荷载下的温度，°C；

　　　g_L、g_H——最低温度时、最大荷载时的比载，N/(m·mm²)；

　　　σ——导线的允许应力，N/mm²；

　　　α——导线温度膨胀系数，1/°C。

（2）代表档距

代表档距又称规律档距，是指在耐张段中各档距大小不等的情况下具有代表性的等效档距，在此档距情况下，全耐张段中所有的导线、地线应力被认为是相同的。代表档距 l_{db} 的计算式为

$$l_{db} = \sqrt{\frac{l_1^3 + l_2^3 + \cdots + l_n^3}{l_1 + l_2 + \cdots + l_n}} = \sqrt{\frac{\sum l_i^3}{\sum l_i}} \tag{2-18}$$

式中：l_{db}——耐张段内具有代表性的档距（代表档距），m；

l_1、l_2、…、l_n——耐张段内各连续档的档距，m；

$\sum l_i^3$——该耐张段内各直线档距的立方和，m；

$\sum l_i$——该耐张段内各直线档距之和，m。

在应用导线状态方程式计算时，代表档距就作为该耐张段的等效档距，即假设该耐张段内各个档距都相同且等于代表档距值，然后进行计算得出的档距。

在导线的应力弧垂曲线图中，用代表档距查取不同气象条件下的应力弧垂值。

（3）杆塔水平档距

杆塔水平档距是指杆塔前后两档距（l_1、l_2）一半之和，如图2-8所示。它主要用来计算杆塔承受的导线横向风压荷载，以选择杆塔型号。计算式为

$$l_h = \frac{l_1}{2} + \frac{l_2}{2} \tag{2-19}$$

式中：l_h——杆塔水平档距，m；

l_1、l_2——杆塔两侧的实际档距，m。

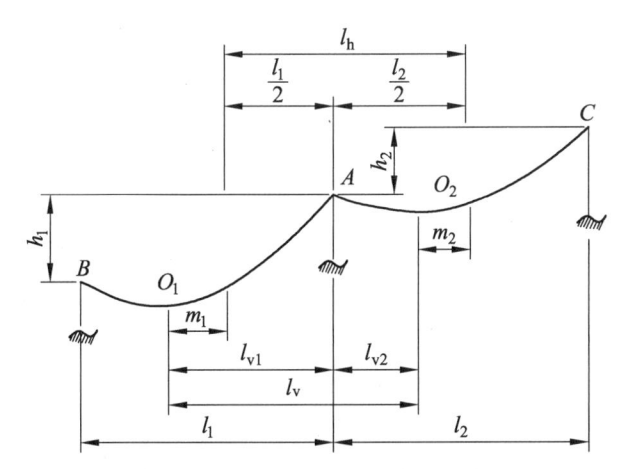

图2-8 水平档距和垂直档距示意图

根据有关资料推荐，水平档距l_h的确定原则是：在计算直线杆塔的风偏时，可取$l_h = 0.8 l_{db}$；在计算耐张杆（塔）导线的张力时，可取$l_h = 0.7 l_{db}$。

（4）杆塔垂直档距

杆塔垂直档距是指杆塔前后两档距中弧垂最低点之间的水平距离，如图2-12所示。它主要用来计算杆塔承受导线的垂直荷载，以选择杆塔型号。计算式为

$$l_v = l_h + \frac{\sigma_s}{g}\left(\pm\frac{h_1}{l_1} \pm \frac{h_2}{l_2}\right) \tag{2-20}$$

式中：l_v——杆塔垂直档距，m；

σ_s——导线水平应力，N/mm²；

g ——导线比载，N/(m·mm²)；

h_1、h_2 ——计算杆塔与相邻杆塔悬挂点的高度差，计算杆塔高于邻近杆塔时取正值，反之取负值，m。

（5）杆塔允许档距

在一个档距中，高、低悬挂点高差越大，高悬挂点应力就越大，应力差越大。规程规定，最高悬挂点允许应力为最低悬挂点应力的 1.1 倍作为最大限值，以限制对应档距和高差的范围。因此在一定的高差下，档距必然有一个最大允许值，称为允许档距。

最小高差下（$\varphi < 10°$）的允许档距计算式为

$$l_y = 0.894 \frac{\sigma}{g_7} \tag{2-21}$$

6. 杆塔呼称高的计算

杆塔的最下层导线绝缘子串悬挂点到地面的垂直距离 H，称为杆塔的呼称高，如图 2-9 所示。

杆塔的呼称高 H 的计算式为

$$H = \lambda + f_{\max} + h + \Delta h \tag{2-22}$$

式中：H ——杆塔的呼称高，m；

λ ——悬挂绝缘子串的长度，m；

$f_{\max}$ ——导线的最大弧垂，m；

h ——导线最大弧垂时至地面的最小距离，m；

Δh ——考虑地形断面测量误差及导线安装误差等留的裕度，m；一般对于 110 kV 及以下线路、档距为 200～350 m 时可取 $\Delta h = 0.5～0.7$ m。

由式（2-22）可知，对于一定电压等级的架空线路，其 λ、h 及 Δh 均为定值。显然，随着设计档距的增加，导线弧垂加大，所用杆塔的呼称高也随之加大，但每公里的杆塔数量可减少；反之，设计档距减小，杆塔呼称高降低，但杆塔总数量将增多。因此，对于某一电压等级的线路，必然存在着一个经济的呼称高和相应的档距，使线路总投资最低。此时，相应的呼称高称为经济呼称高。各电压等级线路杆塔的经济呼称高如表 2-13 所示。

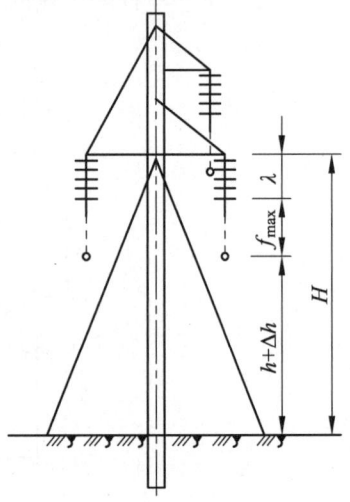

图 2-9 杆塔的呼称高示意图

表 2-13 输配电线路杆塔的经济呼称高（单位：m）

线路电压/kV	钢筋混凝土电杆	铁塔
35～60	10～12	15
110	13	15～18
220	21	23

7. 线间距离计算

线间距离直接决定杆塔头部尺寸，是杆塔结构设计经济、合理的重要因素之一。如果过大，在导线出现不平衡张力（如断线、不均匀覆冰或脱冰等）时，会增加杆塔的扭矩以及对横担的弯矩，加大使用材料规格，浪费材料，同时使线路走廊宽度增大，电磁污染环境加大；如果过小，又会对线路安全运行以及带电检修等带来不便等。

（1）水平线间距离

对于 1 000 m 以下档距，导线的水平线间距离的一般计算式为

$$D = 0.4\lambda + \frac{U}{110} + 0.65\sqrt{f_{max}} \tag{2-23}$$

式中：D——导线水平线间距离，m；
　　　λ——悬挂绝缘子串的长度，m；
　　　U——线路线电压，kV；
　　　f_{max}——导线的最大弧垂，m。

（2）垂直线间距离

在一般地区，规程推荐导线的垂直相间距离可为水平相间距离的 0.75 倍，即式（2-23）的计算结果乘以 0.75。

（3）三角排列的线间距离

导线呈三角排列时，先把其实际的线间距离换成等值水平线间距离。等值水平线间距离的计算式为

$$D_x = \sqrt{D_p^2 + \left(\frac{4}{3}D_z\right)^2} \tag{2-24}$$

式中：D_x——导线三角排列的等值水平线间距离，m；
　　　D_p——导线间的水平投影距离，m；
　　　D_z——导线间的垂直投影距离，m。

根据式（2-24）求出的等值水平线间距离应不小于式（2-23）的计算值。

（4）确定杆塔外形尺寸的基本要求

① 确定杆塔高度时，应满足导线对地面及交叉跨越物的距离要求。
② 导线与塔身的距离应满足内、外过电压及正常工作电压的间隙要求，并满足带电作业的间隙要求。
③ 导线间的水平距离或垂直距离应满足档距中央接近程度所需的距离（包括由于风吹引起的不同期摆动或不均匀覆冰的影响等）。
④ 避雷线的布置应满足导线防雷保护的要求。

项目 3　架空配电线路施工

任务 3.1　架空配电线路施工概述

3.1.1　施工工艺流程

线路施工是将配电线路的各个组成部分按设计图纸的要求进行安装作业，通常包括：现场复测、基础施工、杆塔组立、导线架设、接地装置五个基本工序。常规施工工序及流程如图 3-1 所示。

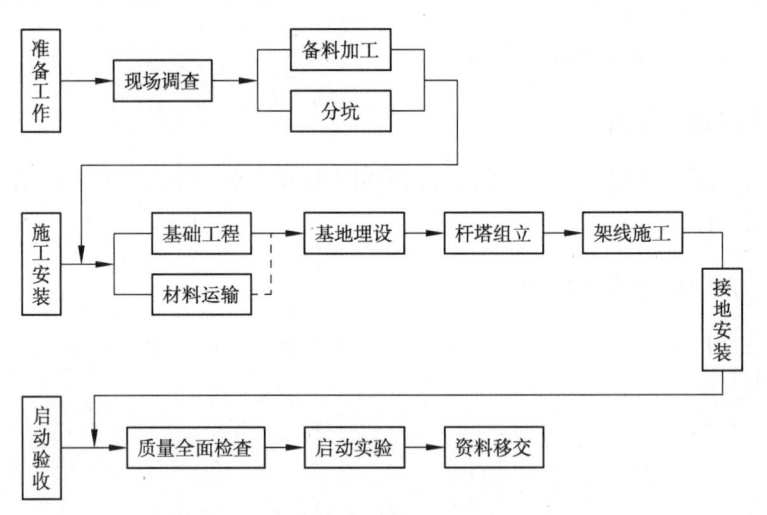

图 3-1　架空配电线路施工工艺流程

3.1.2　常用施工工器具

1. 安全防护用具

安全防护用具是指为防止人身伤害，或者"避免、减轻人身职业健康危害"，由作业人员个人佩戴、穿着或使用的装备或用具。

常用安全防护工器具有安全帽、安全带、踩板、脚扣等。

（1）安全帽

安全帽是用来保护使用者头部或减缓外来物体冲击伤害的个人防护用品，如图 3-2 所示。在工作现场无论高处作业人员或配合人员都应佩戴安全帽。

图 3-2　安全帽实物图

安全帽的正确使用方法如下（如图 3-3 所示）：

① 使用安全帽前应进行外观检查，检查安全帽的帽壳、帽箍、顶衬、下颚带、后扣（或帽箍扣）等组件是否完好无损，帽壳与顶衬的缓冲空间应在 25～50 mm 之间。

正面深戴至帽底部　　头带调节到适合头部　　颚绳拉紧到不松弛
　　　　　　　　　　的大小并固定紧

视频：安全帽的使用

图 3-3　安全帽的正确使用

② 安全帽戴好后，应将后扣拧到合适位置（或将帽箍扣调整到合适的位置），锁好下颚带，防止工作中前倾后仰或其他原因造成滑落。

③ 高压近电报警安全帽使用前应检查其音响部分是否良好，但不得作为无电的依据。

（2）安全带

安全带是高空作业人员预防高处坠落伤亡事故的防护用具，由护腰带、围杆带（绳）、金属挂钩和保险绳组成，如图 3-4 所示。

安全带的正确使用方法如下（如图 3-5 所示）：

① 安全带每次使用前应检查有无破损、脱线，连接是否牢固。

视频：安全带的使用

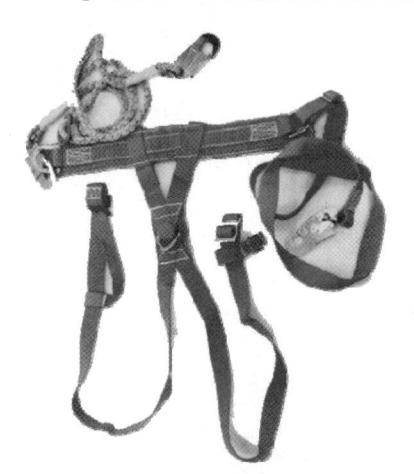

图 3-4　安全带实物图　　图 3-5　安全带的正确使用

② 安全带要拴挂在牢固的构件或物体上，禁止把安全带挂在移动或带尖锐棱角或不牢固的物件上。

③ 安全带应高挂低用。将安全带挂在高处，以减小坠落时的实际冲击距离。

④ 安全带严禁擅自接长使用。如果使用 3 m 及以上的长绳时必须要加缓冲器，各部件不得任意拆除。

（3）踩板

踩板是攀登水泥电杆的主要工具之一，如图 3-6 所示。其优点是适应性强，工作方便，无论电杆直径大小有无变化均适用，使高空作业人员站立方便，减少疲劳。

视频：登高板登杆操作

踩板的正确使用方法如下（如图 3-7、图 3-8 所示）：

① 使用前应进行外观检查，脚踏板木质应无腐朽、劈裂及其他机械或化学损伤，绳索无腐朽、断股和松散，金属钩无损伤及变形。

② 使用挂钩时必须正钩，即钩朝外。切勿反钩，以免造成脱钩事故。如图 3-7（a）所示。

③ 登杆前应先挂好踏板，用人体做冲击载荷试验来检验踏板的可靠性。

（a）挂钩方法　　（b）踏板使用

图 3-6 踩板实物图　　图 3-7 踩板的正确使用

步骤 1　　步骤 2　　步骤 3

步骤 4　　　　　　步骤 5　　　　　　步骤 6

(a) 踩板上杆方法

步骤 1　　　步骤 2　　　步骤 3　　　步骤 4　　　步骤 5

步骤 6　　　步骤 7　　　步骤 8　　　步骤 9

(b) 踩板下杆方法

图 3-8　踩板上杆、下杆方法

（4）脚扣

脚扣是攀登水泥电杆的主要工具之一，如图 3-9 所示。脚扣的登杆速度较快，容易掌握登杆方法，但在杆上作业时易于疲劳，故适用于杆上短时作业。

脚扣的正确使用方法如下（如图 3-10 所示）：

① 脚扣使用前必须仔细检查各部分有无断裂、锈蚀现象，脚扣皮带是否完好牢固，如有损坏应及时更换，不得用绳子或电线代替。

② 在登杆前应对脚扣进行人体荷载冲击试验，检查脚扣是否牢固可靠，穿脚扣时，脚扣带的松紧要适当，应防止脚扣在脚上转动或脱落。

③ 上杆时，一定要按电杆的规格调节好脚扣的大小，使之牢靠地扣住电杆，上、下杆的每一步都必须使脚扣与电杆之间完全扣牢，否则容易出现下滑及其他事故。

视频：脚扣登杆操作

图 3-9　脚扣实物图

图 3-10　脚扣的正确使用

2. 起吊重物工器具

在配电线路施工中，常用到钢丝绳、麻绳、抱杆、滑轮、葫芦和机动绞磨等起重牵引工器具进行起吊、搬运作业。

（1）钢丝绳

钢丝绳通常是由细钢丝捻绕成股，如图 3-11 所示，它具有性质柔软、强度高、伸缩性小、使用可靠等特点，常作为固定、牵引、制动系统中的主要受力绳索，是线路立杆、紧线中必不可少的工具之一。

（2）白棕绳

白棕绳如图 3-12 所示，它具有抗拉力和抗扭力强，滤水快，抗海水侵蚀性好，耐摩擦且富有弹性，受到冲击力、拉力作用不易折断等特点。在线路施工中，主要用于运输的捆绑，传递工具及材料，临时补强大绳和装卸用溜放绳等。

图 3-11　钢丝绳实物图　　图 3-12　白棕绳实物图

微课：绳扣打结的操作方法

（3）滑车

滑车亦称滑轮、葫芦。它由滑轮、轴承和吊钩等部件组成，是一种具有自由旋转滑轮的起重用具，可以用来改变牵引绳索的方向，提升或托运重物。在输配电线路施工中所用的滑车，根据用途分为起重滑车和放线滑车两大类。

1) 起重滑车

包括汽车起重机、起重滑车和人力起重葫芦。

汽车起重机如图 3-13 所示，一般可分为机械传动和液压传动两种类型。

起重滑车亦称滑轮、葫芦，如图 3-14 所示。起重滑轮多用铸铁或钢制造。它是一种具有自由旋转滑轮、使用简易、携带方便、起重能力大的起重工具，常与各类绳索配合在一起，用来改变牵引绳索的方向，提升或托运重物。

图 3-13 汽车起重机实物图

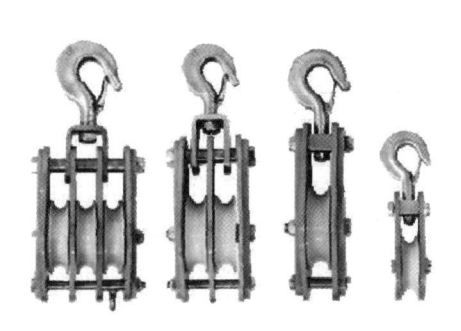

图 3-14 起重滑车实物图

起重滑车的类型较多，基本分类为：

① 按照其组成部分的滑轮数目，可分为单轮滑车、双轮滑车、三轮滑车和多轮滑车几种。单轮滑车主要是用来起重和改变绳索运动的方向，多轮滑车用于穿绕滑车组。

② 按照用途不同，滑车可分为定滑车、动滑车两类。定滑车能够改变绳索拉力的方向；动滑车能够省力。动滑车可以作平衡滑车，平衡滑车两侧钢绳受力。一定数量的定滑车和动滑车组成滑车组，既可按工作需要改变绳索拉力的方向，又可省力，如图 3-15 所示。

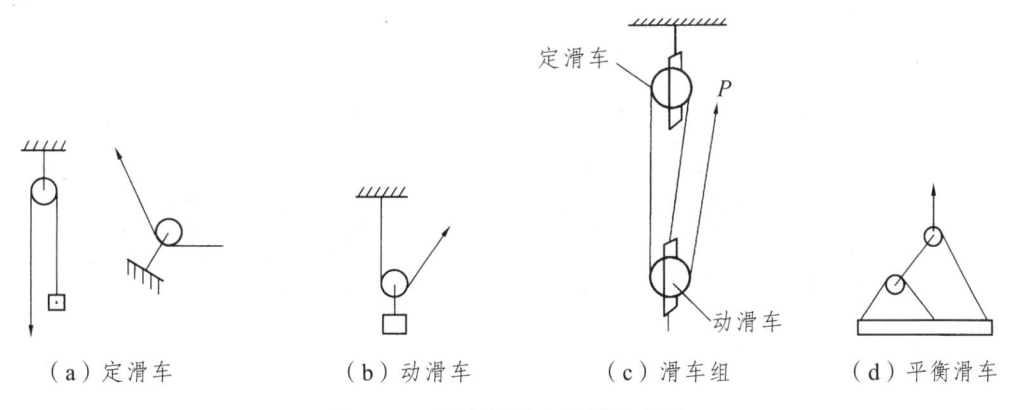

（a）定滑车　　（b）动滑车　　（c）滑车组　　（d）平衡滑车

图 3-15 滑车按用途分类示意图

选用起重滑车应根据起吊质量和需要的滑轮数,并依据滑车滑轮槽底的直径和配合使用的钢丝绳直径,核对所选用的钢丝绳是否符合规定来综合确定。钢丝绳直径与滑轮槽直径的关系应符合表 3-1 中的规定。

人力起重葫芦是有制动装置的手动省力起重工具,如图 3-16 所示。

表 3-1　钢丝绳直径与滑轮槽直径的关系

钢丝绳直径 d/mm	滑轮槽最小直径 d/mm	滑轮槽最大直径 d/mm
6～8	$d+0.4$	$d+0.8$
8.5～19	$d+0.8$	$d+1.6$
20～28.5	$d+1.2$	$d+2.4$

手拉葫芦　　手扳葫芦

图 3-16　人力起重葫芦实物图

2) 放线滑车

放线滑车用来展放导线、避雷线。放线时,导线、避雷线在滑车轮上通过,避免导线、避雷线的磨损并减少放线的阻力,如图 3-17 所示。

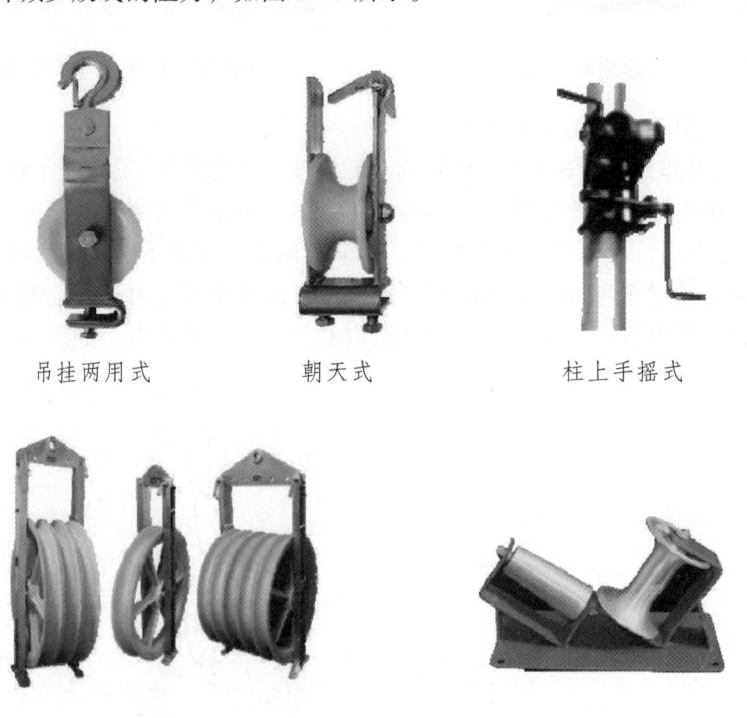

吊挂两用式　　朝天式　　柱上手摇式

轮式　　转角式

图 3-17　放线滑车实物图

放线滑车主要有以下分类：

① 根据放线滑车的滑轮材质不同，可分为钢轮和铝合金轮等。钢轮放线滑车用于展放钢绞线，铝合金轮放线滑车用于展放钢芯铝绞线。

② 按照放线滑车的滑轮数不同，可分为单轮、三轮和五轮放线滑车。单轮放线滑车适用于展放单根导线、避雷线；三轮放线滑车适用于展放双导线，其中间轮通过牵引绳；五轮放线滑车适用于展放四导线，其中间轮通过牵引绳。

③ 按照用途不同可分为：a. 吊挂两用滑车，适用于中、小截面导线的释放，放线滑车挂钩开口可闭，操作人员可在地面使用操作棒直接吊挂，免除了高空作业，既可用于挂型放线又可用于朝天放线，适用性广；b. 定位式放线滑车，用于配电线路及通信电缆的放线作业；c. 柱上式手摇放线滑车，它安装在电杆上，靠人力操作全速拉线或放线，用于架空配电线路旧线换新线工程；d. 朝天放线滑车，可固定在角钢横担上展放中、小截面导线，结构简单，安全实用。

选择放线滑车时，导线滑车轮槽的槽底直径应不小于导线直径的 20 倍，地线放线滑车轮槽的槽底直径应不小于镀锌钢绞线的 15 倍，复合光缆放线滑车轮槽的槽底直径应不小于光缆直径的 40 倍，且不小于 500 mm。

（4）起重抱杆

在配电线路施工中，起重抱杆是起吊施工的主要工具之一。起重抱杆不但广泛用于杆塔组立，而且也常用于装卸材料设备，如图 3-18 所示。

管式人字抱杆　　　　　管式三脚抱杆　　　　　框架人字抱杆

图 3-18　起重抱杆实形图

按制造材料，抱杆可分为圆木抱杆、角钢抱杆、钢管抱杆、铝合金型抱杆、薄壁钢管抱杆等。

用倒落式抱杆组立杆塔，在其他参数相同的情况下，由于抱杆的高度增加，则各起重索具的受力相对减小。但抱杆高度增加后，因纵向受压稳定条件限制，抱杆的强度也应增加，因此，抱杆的截面和质量将相应增加。两者互为制约条件。根据经验，抱杆的高度约等于杆塔结构重心高度的 0.8 ~ 1.0 时为宜。

抱杆端部支承方式对其纵向受压稳定性影响很大。一般理想的杆端支承方式有铰支端、嵌固端、自由端三种。线路施工中杆端的支承方式主要有：两端铰支抱杆；根端嵌固、顶端铰支抱杆；根端嵌固、顶端自由（悬臂）抱杆。

（5）绞磨

在配电线路施工中，绞磨起动力源的作用。磨轴上的磨芯缠绕牵引钢丝绳，当磨芯与钢丝绳之间的摩擦力足够时，便能牵引和提升重物。它分为机动绞磨、手推绞磨及手摇绞车等几种，如图 3-19 所示。绞磨主要由磨芯、磨轴、磨杠以及支承磨轴的磨架等部件构成。

手推绞磨　　　　　　手摇推绞磨　　　　　　机动绞磨

图 3-19　绞磨实物图

手摇、手推绞车在线路施工中主要用于重量轻、体积小的部件吊装。

机动绞磨又称为机动卷扬机，按其动力一般可分为燃油卷扬机、电动卷扬机与液压卷扬机等类型，机动绞磨的优点是：体积小、结构紧凑、重量轻，并有利于搬运，与手推绞磨相比，不仅施工时间短、节约劳动力，而且效率高，特别适用于一般山区、无电源地区施工。由于机动绞磨有众多优点，目前已逐渐替代手推绞磨。

在施工中选用绞磨之前，必须对绞磨的牵引力、磨芯强度（壁厚）和磨打强度进行验算。

3．架线工器具

架线施工用工器具，包括放线、紧线工作中使用的放线滑车、紧线工具、放线支架、锚固机具、压接工具以及连接机具等。

（1）紧线工具

紧线工具是架空线路施工中收紧或放松导线、调整弧垂、更换绝缘子及安装附件的工具之一。它将钢丝绳和导线连接，具有越拉越紧的特点。

紧线器的部件都是用高强度钢、铝合金制成的，其钳口槽内刻有斜纹，以增加握着力。紧线工具的种类很多，而且可以有不同的组合，视需要而定，如图 3-20 所示。

套式双钩紧线器　　　　　棘轮式收线器　　　　　卡线器

图 3-20　紧线器实物图

双钩紧线器由钩头螺杆、螺母、杆套和棘轮扳手等主要构件组成，两端的钩头螺杆可以同时向杆套内收进或伸出，从而达到收紧或放松导线与绳索的目的，其长度短，调节距离长，携带方便。

棘轮式收线器可与导线卡线器配合使用，牵引、收紧导线，其收紧范围大，实用性强。

卡线器适用于架线时调整弧度、拉紧导线及地线紧线。

（2）放线支架

架空线路的导线是绕在线盘上运到现场的，为了便于展放，应将线盘牢固可靠地安装在放线盘（架）上。展放线时牵引导线，线卷随着线盘一起灵活转动。放线支架底盘上装有制动装置，用以控制转速，避免线卷过快松开，如图 3-21 所示。

线盘　　　　　　　线盘支架　　　　　　动力收放线机

图 3-21　收放线盘、支架、收放线机实物图

（3）锚固工具

在配电线路施工中，固定牵引设备（绞磨，滑车）、临时拉线、制动杆根等均要使用临时锚固工具，它的材料一般采用角钢、圆钢、钢管和圆木等，具有承重可靠、施工方便、便于拔出、能重复使用等特点。常用的锚固工具有地锚、桩锚、钻式地锚等，如图 3-22 所示。

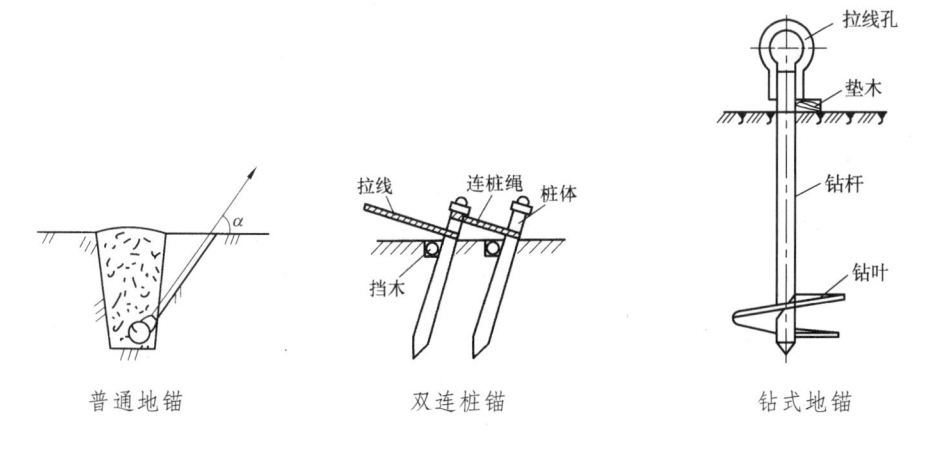

普通地锚　　　　　双连桩锚　　　　　钻式地锚

图 3-22　各种地锚的外形与安装示意图

地锚是配电线路野外施工最常用、最经济的锚固工具，用于施工作业时临时性锚固钢丝绳。

桩锚是以角钢、圆钢、钢管或圆木以垂直或斜向打入土中，依靠土壤对桩体嵌固和稳定作用而承受一定拉力。它的承载力比地锚小，但设置简便、省力省时，所以在配电线路施工中得到广泛使用。

地钻是适用于软土地带的锚固工具，其端部焊有螺旋形钢叶片，旋转钻杆时叶片进入土壤一定深度，靠叶片以上倒锥体土块的重力承受荷载。

（4）压钳

压钳是线路施工中常用的工具，主要用于铜、铝导线的压接。根据工作原理可分为机械压钳和液压钳两种，如图 3-23 所示。

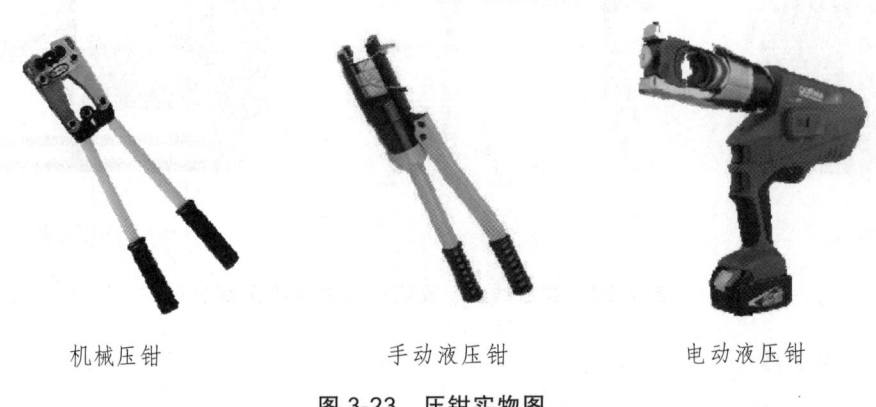

机械压钳　　　　　手动液压钳　　　　　电动液压钳

图 3-23　压钳实物图

机械压钳是导线、电缆冷压连接用的一种专用手动工具，适用于线路电缆终端和中间接头的安装，不受防爆、防火要求的限制。机械压钳的种类很多，特点是采用机械传动，所以压力传递稳定。机械压钳重量轻、压力大、操作方便、易于维护。

液压钳的作用与机械压钳相同。其主要是由油缸和手柄两大部分组成。同机械压钳相比，油压钳在开启回油阀后，压接模具能够自动返回，节省了压接模具的机械推出时间，而且压力更强。

（5）连接机具

在架线施工中，连接机具是用来连接展放中的导线和牵引绳的机具，包括牵引绳、导引绳、抗弯连接器、牵引板、防捻器、连接网套、提线器等。

4. 施工工器具检查、试验

根据国家电网公司发布的《电力安全工作规程（线路部分）》(Q/GDW 1799.2—2013)，施工工器具的检查、试验要求应满足表 3-2 和表 3-3 中的规定。

表 3-2 登高工器具试验标准表

序号	名称	项目	周期	要求	说明
1	安全带	静负荷试验	1年	种类 / 试验静拉力 / 载荷时间 围杆带 / 2 205 N / 5 min 围杆绳 / 2 205 N / 5 min 护腰带 / 1 470 N / 5 min 安全绳 / 2 205 N / 5 min	牛皮带试验周期为半年
2	安全帽	冲击性能试验	按规定期限	受冲击力小于 4 900 N。	使用期限：从制造之日起，塑料帽≤2.5年，玻璃钢帽≤3.5年。
		耐穿刺性能试验	按规定期限	钢锥不接触头模表面。	
3	脚扣	静负荷试验	1年	施加 1 176 N 静压力，持续时间 5 min。	
4	升降板	静负荷试验	半年	施加 2 205 N 静压力，持续时间 5 min。	
5	梯子	静负荷试验	半年	施加 1 765 N 静压力，持续时间 5 min。	
6	防坠自锁器	静荷试验	1年	将 15 kN 荷载加载到导轨上，保持 5 min。	试验标准来自《安全带测试方法》(GB/T 6096—2009)第 4.7.3.2 和 4.10.3.3 条。
		冲击试验	1年	将 100±1 kg 荷载用 1 m 长绳索连接在防坠自锁器上，从与防坠自锁器水平位置释放，测试冲击力峰值在 6 kN±0.3 kN 之间为合格。	
7	缓冲器	静荷试验	1年	① 悬垂状态下末端挂 5 kg 重物，测量缓冲器端点长度。 ② 两端受力点之间加载 2 kN 保持 2 min，卸载 5 min 后检查缓冲器是否打开，并在保持测量两端点之间长度、悬垂状态下，末端挂 5 kg 重物，测量缓冲器端点长度。 计算两次测量结果差，即初始变形，精确至 1 mm。	试验标准来自《安全带测试方法》(GB/T 6096—2009)第 4.11.2 条。
8	速差自控器	静荷试验	1年	将 15 kN 力加载到速差自控器上，保持 5 min。	试验标准来自《安全带测试方法》(GB/T 6096—2009)第 4.7.3.3 和 4.10.3.4 条。
		冲击试验	1年	将 100 kg±1 kg 荷载用 1 m 长绳索连接在速差自控器上，从与速差自控器水平位置释放，测试冲击力峰值在 6 kN±0.3 kN 之间为合格。	

注：安全帽在使用期满且抽查合格后方可继续使用，以后每年抽验一次。

表 3-3　起重机具检查和试验周期、质量参考标准

序号	起重工具名称	检查与试验质量标准	检查与预防性试验周期
1	白棕绳纤维绳	检查：绳子光滑、干燥无磨损现象。 试验：以 2 倍容许工作荷重进行 10 min 的静力试验，不应有断裂和显著的局部延伸现象。	每月检查 1 次 每年试验 1 次
2	钢丝绳（起重用）	检查：① 绳扣可靠，无松动现象；② 钢丝绳无严重磨损现象；③ 钢丝断裂根数在规程规定限度以内。 试验：以 2 倍容许工作荷重进行 10 min 的静力试验，不应有断裂和显著的局部延伸现象。	每月检查 1 次（非常用的钢丝绳在使用前应进行检查） 每年试验 1 次
3	合成纤维吊装带	检查：吊装带外部护套无破损，内芯无断裂。 试验：以 2 倍容许工作荷重进行 12 min 的静力试验，不应有断裂现象。	每月检查 1 次 每年试验 1 次
4	铁链	检查：① 链节无严重锈蚀，无磨损；② 链节无裂纹。 试验：以 2 倍容许工作荷重进行 10 min 的静力试验，链条不应有断裂、显著的局部延伸及个别链节拉长等现象。	每月检查 1 次 每年试验 1 次
5	葫芦（绳子滑车）	检查：① 葫芦滑轮完整灵活；② 滑轮吊杆（板）无磨损现象，开口销完整；③ 吊钩无裂纹、变形；④ 棕绳光滑无任何裂纹现象（如有损伤须经详细鉴定）；⑤ 润滑油充分。 试验：① 新安装或大修后，以 1.25 倍容许工作荷重进行 10 min 的静力试验后，以 1.1 倍容许工作荷重做动力试验，不应有裂纹、显著局部延伸现象；② 一般的定期试验，以 1.1 倍容许工作荷重进行 10 min 的静力试验。	每月检查 1 次 每年试验 1 次
6	绳卡、卸扣等	检查：丝扣良好，表面无裂纹。 试验：以 2 倍容许工作荷重进行 10 min 的静力试验。	每月检查 1 次 每年试验 1 次
7	电动及机动绞磨（拖拉机绞磨）	检查：① 齿轮箱完整，润滑良好；② 吊杆灵活，铆接处螺丝无松动或残缺；③ 钢丝绳无严重磨损现象，断丝根数在规程规定范围以内；④ 吊钩无裂纹变形；⑤ 滑轮、滑杆无磨损现象；⑥ 滚筒突缘高度至少应比最外层绳索的表面高出该绳索的一个直径，吊钩放在最低位置时，滚筒上至少剩有 5 圈绳索，绳索固定点良好；⑦ 机械转动部分防护罩完整，开关及电动机外壳接地良好；⑧ 卷扬限器在吊钩升起距起重构架 300 mm 时自动停止；⑨ 荷重控制器动作正常；⑩ 制动器灵活良好。 试验：① 新安装的或经过大修的以 1.25 倍容许工作荷重升起 100 mm 进行 10 min 的静力试验后，以 1.1 倍容许工作荷重做动力试验，制动效能应良好，且无显著的局部延伸；② 一般的定期试验，以 1.1 倍容许工作荷重进行 10 min 的静力试验。	六个月检查 1 次；第③项使用前应进行检查；第⑦~⑩项每月试验检查 1 次 每年试验 1 次
8	吊钩、卡线器、双钩、紧线器	检查：① 无裂纹或显著变形；② 无严重腐蚀、磨损现象；③ 转动部分灵活、无卡涩现象。 试验：以 1.25 倍容许工作荷重进行 10 min 静力试验，用放大镜或其他方法检查，不应有残余变化、裂纹及裂口。	半年检查 1 次 每年试验 1 次
9	抱杆	检查：① 金属抱杆无弯曲变形、焊口无开焊；② 无严重腐蚀；③ 抱杆帽无裂纹、变形。 试验：以 1.25 倍容许工作荷重进行 10 min 静力试验。	每月检查 1 次、使用前检查 每年试验 1 次
10	其他起重工具	试验：以 ≥1.25 倍容许工作荷重进行 10 min 静力试验（无标准可依据时）	每年试验 1 次、使用前检查

注：1. 新的起重设备和工具，允许在设备证件发出之日起 12 个月内不需重新试验。
　　2. 机械和设备在大修后应试验，而不应受预防性试验期限的限制。

3.1.3 架空配电线路施工作业安全

1. 配电现场作业的一般要求

（1）安全防护

① 每次进行现场作业，使用安全工器具和劳动防护用品前必须进行外观检查，合格后才能使用。

② 工作人员进入生产现场必须正确佩戴安全帽，穿棉质服装，必要时穿防护服、戴面罩及护目镜。

③ 安全帽佩戴前，应检查安全帽无损伤、裂痕，内部防护带完好，佩戴时下颌带必须系紧。

④ 登杆（塔）作业前，工作人员应会同工作负责人（监护人）共同检查脚扣、安全带、梯子、脚钉、爬梯、防坠装置等是否完整牢固。

⑤ 在没有脚手架或在没有栏杆的脚手架上工作，高度超过 1.5 m 时，应使用安全带或采取其他可靠的安全措施。安全带的挂钩或绳子应挂在结实牢固的构件上，禁止挂在移动或不牢固的物件上，并应采用"高挂低用"的方式。

⑥ 安全带和保护绳应分别挂在杆塔不同部位的牢固构件上，如安全带确无合适挂点时，应使用"安全带专用悬挂器"。

⑦ 作业人员视线范围内看不到接地线时，应使用个人保安线，并应先验电、后挂接。作业结束后，作业人员应拆除个人保安线。

⑧ 禁止用个人保安线代替接地线使用。

⑨ 高处作业应一律使用工具袋，上下传递物件要用非金属绳拴牢，严禁上下抛掷。

⑩ 高空落物区不得有无关人员通行或逗留，在人行道口或人口密集区从事高处作业时，工作点下方应设围栏或其他保护措施。

（2）现场勘察

① 防患于未然。

② 严格执行现场勘察制度。对于配电网改造、大修、业务扩展、检修、升级改造工程、复杂倒闸操作等风险较高的作业，应由各单位分管安全（生产）的领导提前组织安监人员、技术人员、工作负责人等进行现场勘察。

③ 现场勘察应明确工作内容、停电范围、保留带电部位等，应查看交叉跨越、同杆架设、邻近带电线路、反送电等作业环境情况及作业条件等。

④ 根据现场勘察结果，由工作负责人会同技术负责人分析触电、高处跌落、误登带电杆塔等作业风险，编制组织措施、安全措施、技术措施和施工方案，并由本单位安全生产负责人审核、主管领导批准后执行。

（3）两票三制

① 现场作业必须严格执行"两票三制"，不得无票工作、无票操作。

② 线路的停、送电均应按照调度员或工作许可人的指令执行，禁止约时停、送电。

③ 雷电时禁止就地进行倒闸操作和更换熔丝工作。

④ 在一经合闸即可送电到作业地点的隔离开关、断路器操作机构把手或跌落式熔断器杆塔上应悬挂"禁止合闸，线路有人工作"标示牌，必要时指派专人看守，防止向检修线路误送电。

⑤ 工作区域涉及跨越公路、人口密集区时，安全遮栏（围栏）应醒目、充足，指派专人看守，防止无关人员误入工作现场。

⑥ 在配电设备上作业，必须落实防止反送电和感应电的措施。所有可能送电至作业设备的线路高、低压侧应有明显的断开点，并挂设接地线，不得遗漏。

⑦ 接地线应全部列入工作票，工作负责人应确认所有接地线均已挂设完成，方可宣布开工。

⑧ 工作结束，工作负责人应确认所有工作接地线均已收回，方可办理工作结束手续。

（4）安全交底

① 开工前要召开班前会，对所有参加工作的人员进行安全、技术交底。

② 安全、技术交底后，所有参加作业的人员应做到"四清楚"（作业任务清楚、现场危险点清楚、现场的作业程序清楚、应采取的安全措施清楚），确认后在工作票、安全风险控制单（危险点控制单）上签字，不得代签。

③ 有外来人员施工时，应审查其施工资质，签订安全协议，对所有参加工作的施工人员进行安全培训、考试，进行安全、技术交底。

（5）现场监护

① 根据工作需要安排专责监护人，专责监护人应由有一定工作经验、熟悉规程、熟悉工作范围内设备情况的人员担任。

② 专责监护人应明确被监护人员、监护范围、监护位置、监护职责、作业过程中的带电部位和危险点。

③ 专责监护人要对工作人员精神状态、工器具配备、现场安全措施、作业行为等进行全过程监督检查，及时纠正被监护人的不规范行为，并承担监护责任。

④ 专责监护人临时离开时，应通知被监护人员停止工作或离开工作现场，待专责监护人返回后方可恢复工作。

⑤ 带电作业的专责监护人应具有带电作业资格。监护人不得直接操作，监护的范围不得超过一个作业点，复杂或杆塔高处作业必要时应增设（塔上）监护人。

⑥ 禁止工作人员擅自移动或拆除遮栏、标示牌。因工作原因必须短时移动或拆除遮栏、标示牌时，应征得工作许可人同意，并在工作负责人的监护下进行，完毕后应立即恢复。

⑦ 在市区或人口密集的地区进行带电作业时，工作现场应设置遮栏（围栏），并派专人监护，禁止非工作人员入内。

2. 架空配电线路施工作业安全

（1）配电变压器安装

① 作业前，应检查配电变压器杆基、杆根、拉线是否良好，防止倒断杆，攀登前应核对配电变压器的名称、编号，攀登时要有专人监护。

② 配电变压器高、低压侧必须接地线，接地前必须先验电，工作人员必须在地线保护范围内工作。作业必须与带电设备保持足够的带电距离，并有专人监护；邻近带电线路作业时，监护人应始终在现场，不得参与其他工作。

③ 作业人员攀登配电变压器时，必须系安全带，严禁安全带挂在绝缘子上，严禁低挂高用，并防止安全带从杆顶脱出或被锋利物损坏。

④ 在人口密集区、交通道口作业，应增设专人看守，防止非工作人员进入作业区域。

⑤ 在带电设备附近进行工作，必须有专人监护。

⑥ 禁止携带器材攀登配电变压器或在配电变压器上移位。

⑦ 在配电变压器上作业必须使用工具袋，采取防止工具脱落措施；上下传递物品必须使用非金属绳，不得上下抛掷。

⑧ 起重作业优先使用机械设备吊装，吊运设备过程中应防止吊臂、吊绳、吊物等与周围带电线路的安全距离不足。

（2）立（撤）杆塔作业

① 立（撤）杆塔应设专人统一指挥。

② 立（撤）杆塔应优先使用起重设备，起重机械禁止过载使用。

③ 起吊杆塔时，应控制好杆塔重心和杆塔起立角度，应由有经验的人员操作、指挥，必要时可采取增加临时拉绳等措施。

④ 严禁随意整体拉倒旧杆塔或在杆塔上有导线的情况下整体放倒。

⑤ 在立（撤）杆塔过程中基坑内禁止有人，作业人员应在杆塔高度的 1.2 倍距离以外，所有人员不得站在正在起立的杆塔下或牵引系统下方。

⑥ 利用已有杆塔立（撤）杆塔，应先检查杆塔埋深、杆根、杆身、拉线强度，必要时增设临时拉线并补强。

⑦ 已立起的杆塔，回填夯实后方可撤去拉绳及叉杆，杆基尚未完全夯实和拉线未制作完成前，严禁攀登。

⑧ 杆塔上有人时，禁止调整或装拆拉线。

⑨ 邻近带电设备立（撤）杆作业时，应设专人监护；整体组立（撤）杆塔时，杆塔与带电设备的距离应大于倒杆距离；在立（撤）杆塔过程中，拉线、施工机具、牵引绳等应保证足够的安全距离，否则，带电设备应停电并予以接地。

⑩ 临时拉线不准固定在有可能移动或不牢固的物体上。

⑪ 顶杆（叉杆）只可用于竖立 8 m 以下拔梢杆，立杆时必须由有实际工作经验的人员担任工作负责人。

⑫ 作业过程中，应按顺序装拆，不得随意拆除受力构件，如确需拆除时，应预先做好补强措施。

⑬ 挖深超过 2 m 时，应采取安全措施，如戴防毒面具、带救生绳、向坑中送风等，严禁作业人员在坑内休息。

（3）放线、撤线和紧线

① 放（紧、撤）线应设专人指挥。
② 交叉跨越、邻近带电线路时要提前勘查现场，被跨越的线路一般应停电并接地。
③ 搭设跨越架，跨越铁路、公路、交叉路口应设明显标志，并设专人看守。
④ 放（紧、撤）线前应先检查杆塔的杆根、拉线是否牢固，杆塔埋深是否足够，防止倒、断杆。
⑤ 装拆拉线时，应增设临时拉绳，防止倒、断杆。
⑥ 作业人员不得在跨越架内侧攀登或作业，并严禁从封架顶上通过。

（4）起重与运输

① 起吊物品不得超过起重机械的额定载荷。
② 起吊前，工作负责人应全面检查吊索、吊钩和闭锁装置。
③ 使用两台及两台以上链条葫芦起吊同一重物时，重物的质量不得大于每台链条葫芦的允许起重量。
④ 吊车在带电设备下方或附近吊装时，吊车应接地，并有专业技术人员在现场指导。
⑤ 起吊时，应设专人指挥，统一信号，起吊时发现异常应立即停止。
⑥ 吊件稍一离地（或支持物），应检查悬吊及捆绑，检查吊车整体平衡度。
⑦ 吊件不得长时间悬空停留，吊物未固定好严禁松钩。
⑧ 吊运重物不得跨越人员头顶，起重臂下和吊臂旋转半径以内严禁站人，吊起物上严禁站人。

（5）交通安全

① 严格执行派车单制度。
② 驾驶员应加强车辆日常维护保养，做到三检（出车前、行驶中、收车后）和四勤（勤检查、勤维护、勤保养、勤擦洗），保持车况良好。
③ 不在驾车时接打电话，不开带病车、不开赌气车、不疲劳驾驶、不超速行驶、不强行超车，严禁酒后驾车。
④ 严禁车辆超载、超长、超宽，严禁客货混装。
⑤ 驾驶员应掌握灭火技能，保证随车配置的灭火器合格有效。

（6）其他作业

① 应由专业人员搭设脚手架、高处作业平台，使用中不得超过额定载荷。
② 移动式脚手架、高处作业平台应与牢固的构件绑牢，并将其滚轮固定。移动脚手架前，脚手架上的材料、工具等应清理干净，在架上作业的人员回到地面后方可移动。
③ 凡是高度超过 2 m 的脚手架、作业平台，在可能发生坠落面侧应设置固定式防护栏杆，平台的工作面应采取防滑措施。
④ 在没有设置防护栏杆的脚手架、作业平台上作业，或坠落相对高度超过 1.8 m 以上时，必须使用安全带等可靠的安全措施。
⑤ 邻近带电设备作业时，在脚手架、平台上作业的人员、工具材料应与带电设备保持足够的安全距离，并设专人监护。

⑥ 配电抢修应使用应急抢修单，做好防触电（反送电）、防高坠、防倒断杆等安全措施。

⑦ 抢修工作开始前，应设专人对事故应急抢修现场保留的带电部位、双电源及自备电源进行看守。

⑧ 配电抢修应断开分支断路器、隔离开关和熔断器并悬挂标示牌。跌落式熔断器的熔管应摘下或悬挂标示牌。

⑨ 因故障而停电的线路应视为随时有来电可能，工作前应在高、低压各侧验电、装设接地线。

⑩ 因外力破坏造成配电线路断杆（线），在抢修工作开始前，应仔细检查断杆（线）两侧邻近的杆塔是否断裂或损伤，并做好防止倒断杆的措施。

⑪ 夜间作业必须进行现场勘察，制定切实可行的施工方案和安全措施；夜间作业时，应保证有足够的通信和照明设施，能满足夜间施工需要。

⑫ 邻近道路夜间作业时，做好交通要道施工防护，设置明显的限行交通标志、安全标牌、警戒灯等标志，标志牌应具备夜间荧光功能。

任务 3.2　线路复测分坑

3.2.1　常用的测量工具

1. 水准仪

水准仪由望远镜、水准器和基座三个主要部分组成，如图 3-24 所示。其用途是测量地形高程，在线路中测量杆塔施工基面标高及基础标高。

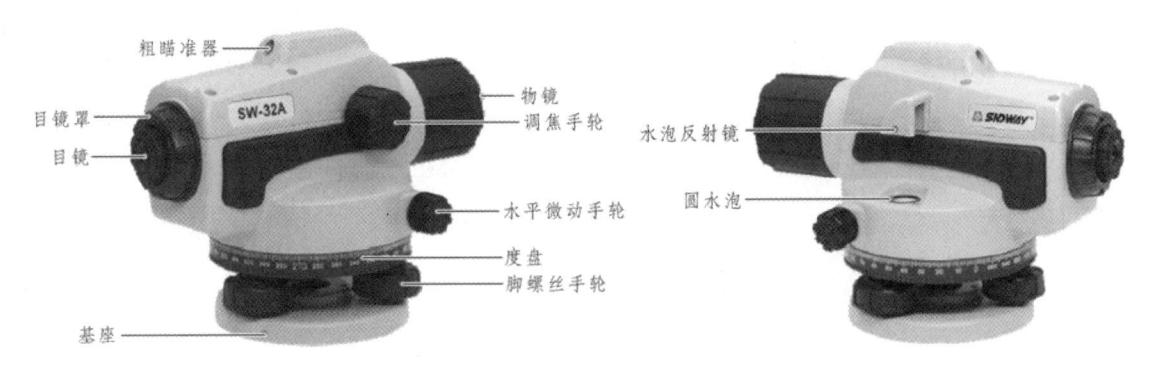

图 3-24　水准仪的外形及构成

2. 经纬仪

经纬仪由照准部、水平度盘和基座三部分组成，如图 3-25 所示。经纬仪是一种根据测角原理设计的测量水平角和竖直角的测量仪器，分为光学经纬仪和电子经纬仪两种，目前最常用的是电子经纬仪。

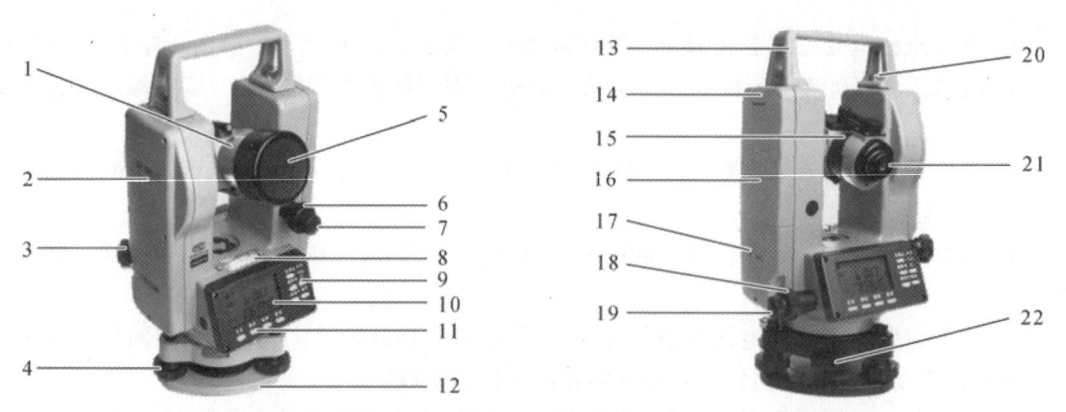

1—望远镜；2—左侧板；3—下对点器；4—基座调整旋钮；5—物镜；6—竖直制动手轮；
7—竖直微动手轮；8—长水准器；9—功能按键；10—显示屏；11—软键；12—基座；
13—提手；14—电池卡扣；15—调焦手轮；16—电池；17—型号；
18—水平制动手轮；19—水平微动手轮；20—提手螺丝；
21—目镜；22—基座连接旋钮。

图 3-25 经纬仪的外形及构成

3. 全站仪

全站仪是由电子测角、电子测距、电子计算和数据存储等单元组成的三维坐标测量系统，是能自动显示测量结果，能与外围设备交换信息的多功能测量仪器，如图 3-26 所示。

它实现了测量和处理过程电子化和一体化，加快了测量速度，减少了人为误差，可用于线路的所有测量项目。

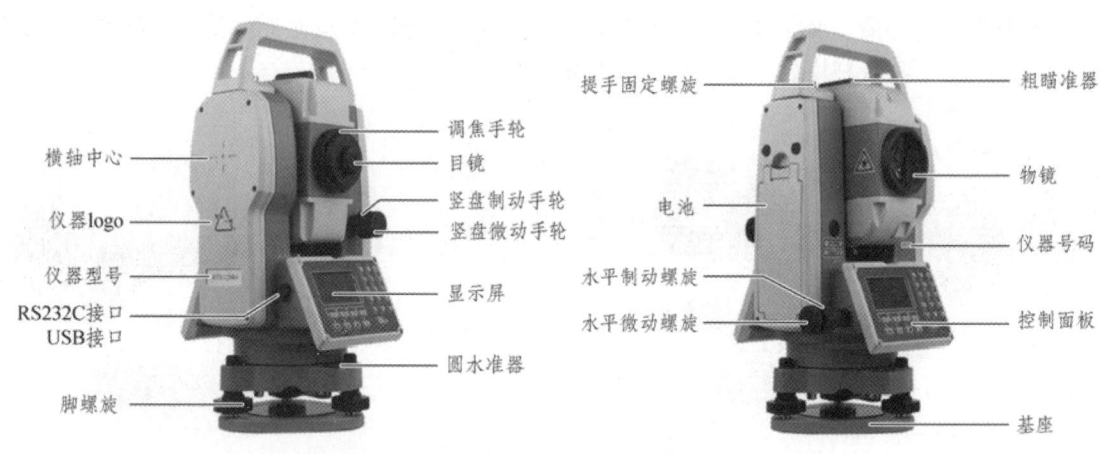

图 3-26 全站仪的外形及构成

4. RTK(GPS)测量仪器

这是一种新的常用的卫星定位测量方法，以前的静态、快速静态、动态测量都需要事后进行解算才能获得厘米级的精度，而 RTK 是能够在野外实时得到厘米级定位精度的测量方法，它采用了载波相位动态实时差分方法，是 GPS 应用的重大里程碑，它的出现为工程放样、地形测图、各种控制测量带来了新的测量原理和方法，极大地提高了作业效率。图 3-27 所示为 RTK（GPS）测量仪器。

5. 测距仪

手持测距仪具有测程远、操作简单、工作效率高、外出携带方便等优点，更利于在山区或丘陵地区的线路测量工作中使用，如图3-28所示。

图3-27　RTK（GPS）测量仪器实物图　　　　图3-28　激光测距仪实物图

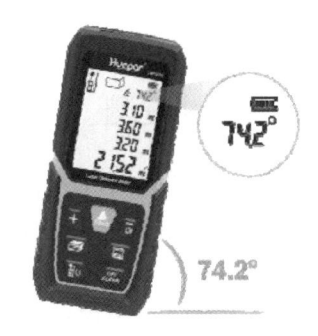

6. 塔尺

塔尺是视距测量的重要工具，全长5 m，由三节组成，使用时像拉杆天线那样一节一节地抽出，用完后缩回原位。塔尺上有以厘米为单位的刻度，每分米用数字表示。一般塔尺两面都有正、倒写数字刻度，配合经纬仪使用，如图3-29所示。

7. 水准尺

水准尺是水准测量必需的工具，全长3 m，双面都有刻度的直尺，尺面每一厘米都有黑白相间或红白相间的刻画，且与塔尺相同，每分米注有数字，数字顶部涂有红漆圆点数表示米数，如图3-30所示。

8. 花杆

花杆又称标杆，红白相间，很醒目，主要作为测量标立方向、供测量仪器观测方向之用的，如图3-31所示。

图3-29　塔尺实物图　　图3-30　水准尺实物图　　图3-31　花杆实物图

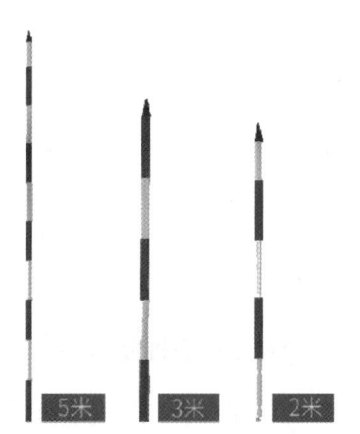

9. 钢卷尺

钢卷尺又称钢尺，用带状薄钢片制作，卷在金属架上。钢尺主要用于量距，其精度较高，是应用最广的丈量工具，如图 3-32 所示。

3.2.2 线路复测

施工前，根据施工图纸提供的线路杆塔中心桩位、方向和高程等进行复测。复核测量误差不超过允许范围，若超出允许范围，则应查明原因并予以纠正。

图 3-32 钢卷尺实物图

路径复测应朝一个方向进行，如果从两头往中间进行，则交接处至少应超过一基杆塔位。两个施工班交接处必须超前两基进行复测。

1. 线路复测的内容

微课：线路复测

（1）直线杆塔中心桩位复测

依据设计勘测标定的两相邻直线杆塔中心桩为基准，用正倒镜分中法检查该杆塔中心桩是否正确，杆位横线路方向偏移不大于 50 mm，对丢失的直线杆塔中心桩，可用正倒镜分中法测量补钉桩位，如图 3-33 所示。

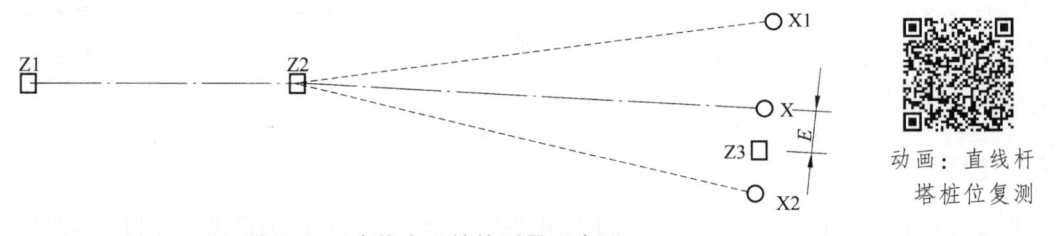

动画：直线杆塔桩位复测

图 3-33 直线中心桩的测量示意图

正倒镜分中法的操作步骤：

Z1、Z2 为已复测正确的在线路中心线上的直线桩，Z3 为被复测的直线杆塔中心桩。把仪器摆平于 Z2 桩处，先用正镜后视立于 Z1 桩上铁钉的标杆，然后竖转望远镜 180° 前视 Z3 桩上的标杆，如恰好重合，则说明 Z3 桩位于线路中心线上。如不重合，例如倒镜后测得一点 X1，将望远镜沿水平旋转 180° 仍瞄准 Z1，再竖转望远镜 180° 前视 Z3 测得一点 X2，定出 X1、X2 之中点 X，量出 X 至 Z3 桩间的水平距离 E，E 即为直线桩在横线路方向的偏移值。如果确认 Z3 桩为原设计钉的桩且 E 值不大于 50 mm，则不必移桩。

（2）转角杆塔中心桩复测

转角杆塔的角度值，复测时对设计值的偏差不应大于 1′30″。

如图 3-34 所示，已知直线桩 Z5、Z6、Z7、Z8 都在线路中心线上，将经纬仪分别安平在 Z6、Z7 桩上并分别前视 Z5、Z8 桩，再倒镜，钉出 F4、F3 及 F1、F2 桩，F4 与 F3 及 F1 与

F2 连起的两条延长直线的交点恰好与 J1 桩重合，则说明 J1 桩正确。

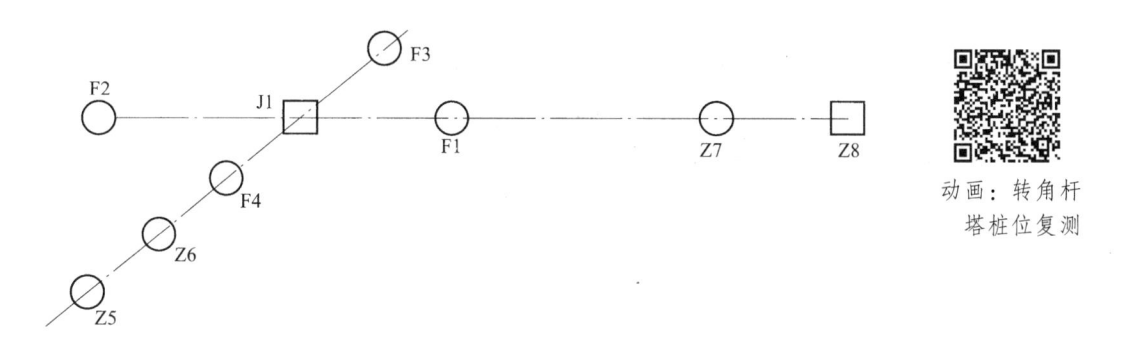

图 3-34 转角杆定位复测示意图

利用测回法复核设计测定的转角度。如图 3-34 所示，将经纬仪安平于 J1 桩处，固定底座。先用正镜前视 Z6 桩上的标杆，然后旋转望远镜读出水平度盘的角度值 α_{11}，再将望远镜顺时针方向旋转对准 Z7 标桩，读水平角 α_{12}，此两个水平角之差即为 J1 桩的第一个转角度 α_1，先记录，然后再水平旋转望远镜，以倒镜对准 Z6 桩，再竖转望远镜成正镜，读水平角度值 α_{21}，将望远镜顺时针旋转对准 Z7 桩，再读水平角度值 α_{22}，α_{21} 与 α_{21} 之差为第二个转角度 α_2，两次实测的 α_1 与 α_2 的平均值，若与设计值之差不大于 1′30″，则 J1 桩转角值正确并做好记录；若大于 1′30″ 时，应会同设计人员进一步复查并找出原因。

（3）档距和标高的复测

复测档距和标高时，顺线路方向两相邻杆塔中心桩间的距离与值偏差不大于设计档距的 1%；杆塔位间被跨物及相邻两杆塔位的标高，其偏差值应不大于 0.5 m。

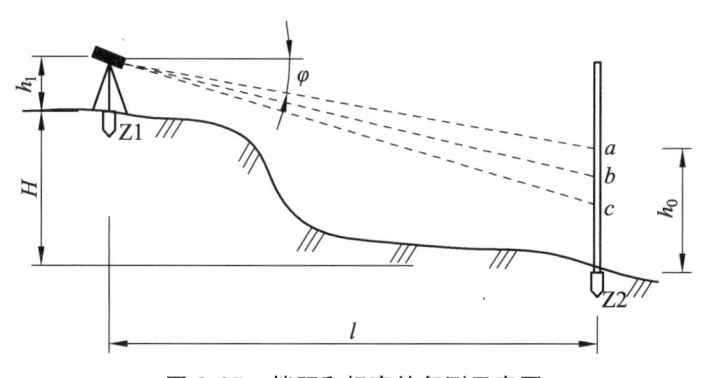

图 3-35 档距和标高的复测示意图

如图 3-35 所示，已知 Z1、Z2 为线路的杆塔中心桩，欲复测两杆位间的档距及高差，其操作步骤如下：

① 将经纬仪安平在 Z1 桩处，在 Z2 桩上立标尺，测量仪器高 h_1（望远镜中点到桩位 Z1 顶点的垂直距离）。

② 将望远镜内的上、中、下三根横线对准标尺，读数点分别为 a、b、c；同时读出垂直角 φ。

③ 计算 Z1、Z2 间的水平距离 l

$$l = KL\cos^2\varphi \tag{3-1}$$

式中：K——经纬仪的视距常数，一般为 100，表示视距线 a、c 间的距离为 1 m 时，其测量距离为 100 m；

L——视距值，它等于塔尺上 a、c 两读数间的差值，即（$h_a - h_c$），m；

φ——垂直角，（°）。

④ 设 b 点的读数为 h_b，则桩位 Z1、Z2 间的高差

$$H = (1/2)Kl\sin2\varphi + h_b - h_1 \tag{3-2}$$

式中：h_b——经纬仪十字线中线对准的塔尺读数，m；

h_1——用钢尺直接量取的经纬仪仪器高度，m。

⑤ 将计算得出的数据与设计值相比较，其误差不超出设计档距的 1% 为合格，线路中心凸起点的高程与设计标高之差不大于 0.5 m 则认为设计值正确。

（4）补桩测量

设计交桩后丢失的杆塔中心桩，应按设计数据予以补桩，如图 3-36 所示，其测量精度应符合下列要求：

① 桩之间的距离和高程测量，可采用视距法同向两测回或往返各一测回测定，其视距长度不宜大于 400 m。

② 测距相对误差，同向不应大于 1/200，对向不应大于 1/150。

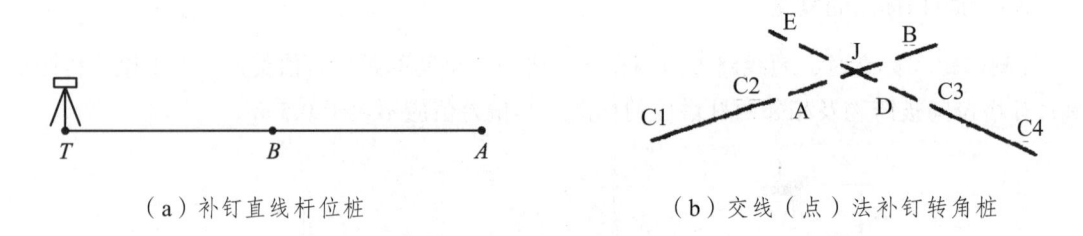

（a）补钉直线杆位桩　　　　　　（b）交线（点）法补钉转角桩

图 3-36　补桩测量示意图

（5）钉辅助桩

直线杆塔沿线中心线方向及垂直线路方向的前后左右钉 4 个辅助桩。

转角杆塔沿线路转角分线方向及内角分线方向钉 4 个辅助桩，转角杆塔为单柱杆时沿线路中心线方向多增加 2 个辅助桩。

（6）施工基面的测量

为了保证基础的稳固，在山坡地形条件下，设计均应给出施工基面的数值，施工基面一般应由杆塔中心桩桩顶计算，受地质条件限制时，也可以由中心桩所在地面处计算。

施工基面是设计给出的杆塔坑开挖深度的起算基准面，单位为米（m）。施工基面通常是降低地面、开挖平基的依据，表示中心桩处基坑的挖掘深度，个别情况是填方的依据。若为高低腿基础，应以设计基础图为依据平基。

施工基面较大时其土石方开挖量大，为了准确测定开挖范围，在分坑前应钉出施工基面标桩，步骤如下：

① 如图 3-37 所示，钉出 2 号杆塔中心桩 Z2 的前后左右 4 个辅助桩 A、B、C、D，4 个桩距杆塔中心的距离应考虑基面降低和因立杆需要平基后不至于挖掉为原则。A、B 桩与中心桩 Z2 间的距离应做好记录。

② 根据设计给定的施工基面标高测量并钉立施工基面标桩 D、E、F。

③ 根据杆塔根开尺寸测量并钉立开挖施工基面的范围桩。分两种情况：当铁塔是分解组立时，施工基面范围桩应根据土质类别考虑边坡、铁塔根开及基坑大小钉桩。当电杆采用整立时，应考虑组立杆需要及电杆根开、基坑大小，将降基面和平基同时钉范围桩。

④ 平基或降基符合设计要求后，根据辅助桩 A、B、C、D 用经纬仪恢复杆塔中心桩 Z2。用前后相邻杆塔中心桩检查恢复的中心桩，若档距误差超过允许范围，须修正后才可分坑。

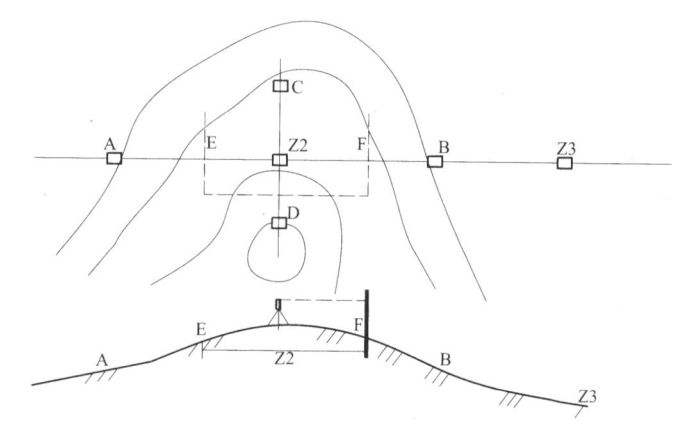

图 3-37 施工基面开挖测量示意图

2. 复测要点

① 20 kV 及以下的配电线路，可使用经纬仪或全站仪进行定位复测，如图 3-38 所示。

② 对于定位要求较高的规划场地和道路，以及杆位有精度要求的 20 kV 及以下线路，亦可采用 GPS 卫星定位仪进行复测，如图 3-39 所示。

图 3-38 经纬仪定位复测　　**图 3-39 GPS 定位测量**

③ 以下特殊地点复测时应重点控制：导线对地距离可能不够的标高；杆塔位间被跨越物的标高；相邻杆位的相对标高。

④ 因地形或障碍物等原因需改变杆塔或拉线坑位置，根据设计变更流程处理。

⑤ 对设计平、断面图中未标识的新增障碍物，应重点予以复核。

3.2.3 基础分坑

1. 基础分坑的类型

（1）坑口宽度的计算

基坑开挖尺寸如图 3-40 所示。

微课：基础分坑

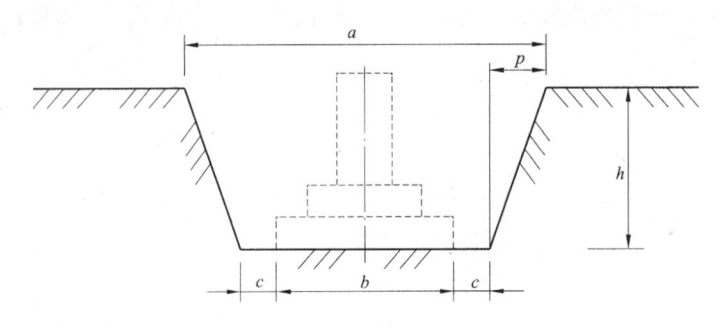

图 3-40 基坑开挖尺寸示意图

坑口宽度的计算式如下：

$$\begin{cases} a = b + 2c + 2p \\ a = b + 2c + 2k_p h \end{cases} \tag{3-3}$$

式中：c——坑下操作预留宽度，一般为 0.2～0.3 m；

k_p——安全坡度系数，根据土质决定，一般黏土可取 0.4，坚硬土取 0.3。

若土质较差时，坑口可适当放大，马道尺寸应根据坑深及立杆施工的需要而定，一般马道长为 1～1.5 m 时，槽底深为 0.6～1.2 m，槽宽为 0.4～0.6 m。

（2）直线单杆基础的分坑

1) 单杆基础用钢尺分坑

如图 3-41 所示，O 为杆位中心桩，A、B、C、D 是路径复测时已钉的辅助桩。

用钢尺测量 O 桩距离 A、B 桩之间的水平距离，做好记录。用铁丝线或钢尺分别连 A、B 及 C、D，以 O 桩为基准，以尺长 $a/2$ 测量距离定出 A′、B′、C′、D′ 四个点。用 a 值取中法确定坑口位置，取尺长为 a，将两端头对准 A′、D′，用手指勾住尺的 $a/2$ 处，向外拉直角即得出坑角 2 点，钉桩；同样方法可定出 1、3、4 点，1、2、3、4 点连线即为坑口位置。

如果横线路方向的辅助桩 C、D 丢失，可以借助中心桩及顺线路辅助桩按直角定位法补钉 C、D 桩；如果顺线路方向的辅助桩 A、B 丢失，则必须用经纬仪测量补钉。

2) 单杆基础用经纬仪分坑

如图 3-42 所示，在杆塔中心桩 O 处安平经纬仪，前视辅桩 B，将水平度盘对零。然后将望远镜沿水平方向逆时针旋转 45°,并自中心桩量尺长为 0.707a,定出基础坑角的点 1,钉桩;继续逆时针旋转至 135°、225° 及 315°,同样量尺长为 0.707a,定出点 2、3、4,分别钉桩。

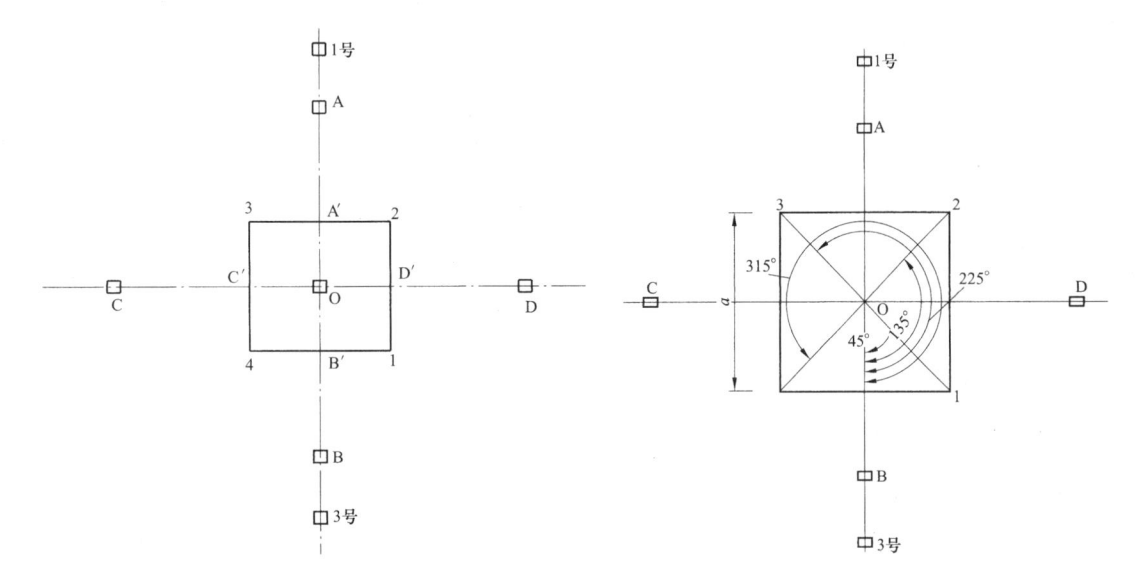

图 3-41　单杆基础用钢尺分坑　　　图 3-42　单杆基础用经纬仪分坑

（3）直线双杆基础的分坑

1) 双杆基础用钢尺分坑

如图 3-43 所示,用细铁丝线连接 C、D 桩并拉平,以中心桩 O 为基准,以根开之半（$x/2$）为尺长在细铁线上量出水平距离,定出点 O1、O2,即为两坑的中心点。

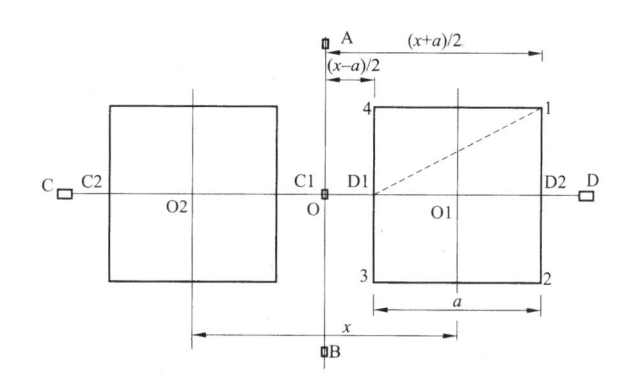

图 3-43　直线双杆基础的分坑

分别以 O1、O2 为基点,以 $a/2$ 为尺长在细铁线上量距离,定出 C1、C2 点及 D1、D2 点。以 D1、D2 点为基准,取尺长为 1.618a,尺的两端对准 D1、D2 点,在距 D2 点的 0.5a 处,用手指向外拉紧钢尺成直角即得坑角点 1,钉桩。用同样的方法定出 2、3、4 点。1、2、3、4 点围成的方框即为右杆杆坑位置。

以 C1、C2 点为基准,按上述方法定出左杆杆坑位置。

2) 双杆基础用经纬仪分坑

将经纬仪安平在中心桩 O 处，对准辅助桩 D，自中心桩 O 量 $(x-a)/2$ 定出 D1 点，再量 $(x+a)/2$ 定出 D2 点，以 D1、D2 两点为基准，按双杆的半根开分坑法可定出右杆杆坑的坑口范围 1、2、3、4。用上述方法定出左杆的坑口范围。

（4）转角杆基础的分坑

① 如图 3-44 所示。转角杆若为单杆，中心桩为 O，除路径复测时钉立的线路方向桩 F1、F2 之外，应根据线路转角度 $\alpha/2$ 钉 A、B 桩为线路分角线辅桩，再垂直于线路分角线钉 C、D 桩，即内分角线辅桩。有了 A、B、C、D 四个辅桩，即可按单杆分坑法进行分坑。

② 转角杆为双杆且中心桩不需位移时，如同单杆一样，应钉 A、B、C、D 四个辅桩，然后按直线双杆半根开分坑法进行分坑。

③ 设计若对转角杆中心桩有位移要求时，应在内分角方向先进行位移测量，位移值为 S，钉立位移桩 O'，然后以位移桩 O' 为基准进行分坑。

杆塔中心桩移桩的测量精度应符合以下要求：当采用钢卷尺直线量距时，两次测量值之差不得超过量距的 1‰；当采用视距法测距时，两次测量值之差不得超过测距的 5‰；当采用方向法测量角度时，两次测量回角值之差不得超过 1′30″。

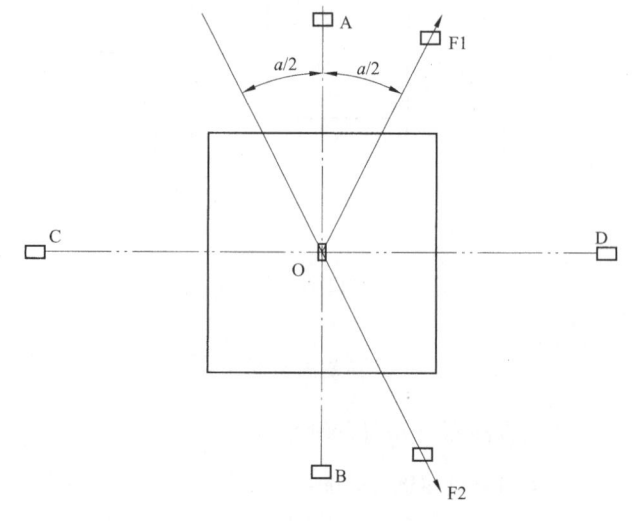

图 3-44 转角单杆基础的分坑

2. 分坑要点

① 分坑前施工人员应熟悉杆塔和基础明细表。首先核对地点、线路方向、桩位、杆号、杆型等是否与杆塔明细表一致，再按照基础施工图要求进行分坑，如图 3-45 所示。

图 3-45　基础放样（依次为电杆、拉线、钢管杆、角钢铁塔）

② 分坑应根据定位的中心桩位，依照规定的尺寸，测量出基础开挖范围，用细白灰在地面上划出白线。为使坑洞明显清楚，同时沿白线内侧暂挖深 100~150 mm。

③ 每基杆位的分坑，除主杆基坑（简称主坑）外，还应包括所有的拉线坑（简称拉坑）的分坑。分坑时，应根据杆塔中心桩位置，做出与中心桩对应施工及质量控制的辅助桩，并做好记录，以便恢复该杆位中心桩。

④ 主坑的马道方向应根据立杆施工要求而定。除特殊情况外，直线杆马道应开在顺线路方向，转角杆的马道应垂直于内侧的二等分线；用固定式抱杆立杆，不开马道。

任务 3.3　杆塔基础施工

3.3.1　电杆埋深

微课：电杆基础施工

在配电线路中，电杆的埋深一般不作验算，可按杆长的（$L/10 + 0.7$）m 来确定。常用电杆埋深见表 3-4。

表 3-4　常用电杆埋深

杆长 L/m	9	10	11	12	13	15	18~21	3.6 套筒
埋深/m	1.6	1.7	1.8	1.9	2	2.2	砼基础	2.2~2.4

如果由于现场条件限制，不能满足埋深要求时，应采用夹盘或浇满混凝土补强。决不允许把电杆根部敲断、缩短后埋入地下的做法，这样将会造成不可估量的严重后果。

3.3.2　基坑开挖

1. 电杆位置确定

对于小街巷（胡同）口、十字路旁、单位及房屋大门等交通要道，软弱土质、河川地、急斜坡等立杆不稳固地带，施工时可能破坏地下管线的路段，与地下管线同路径、用户院落内等不便巡视及不宜立杆的地方，一般按图 3-46 所示确定电杆位置。

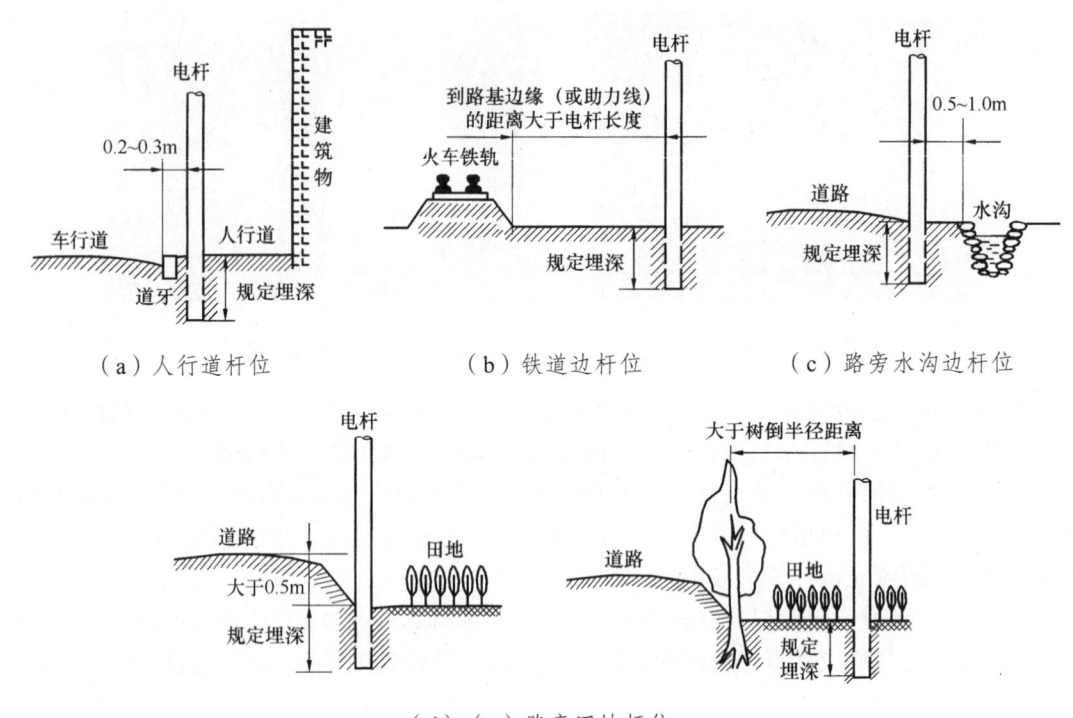

(a)人行道杆位　　(b)铁道边杆位　　(c)路旁水沟边杆位

(d)、(e)路旁田地杆位

图 3-46　电杆基坑位置选择

2. 基坑开挖

(1) 基坑的形式与特点

配电线路杆坑形式可分为圆形坑、方形坑和阶梯形坑，如图 3-47 所示。

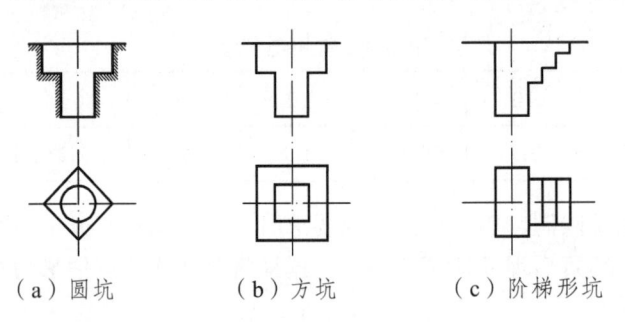

(a)圆坑　　(b)方坑　　(c)阶梯形坑

图 3-47　基坑形式示意图

圆形坑适宜于直线杆塔插入直埋式立杆，不带卡盘和底盘，可充分利用原状土强度，大大减少土方量，回填夯实容易。

方形直坑或长方形阶梯坑适宜于对于杆身重、杆较高的承力杆塔、拉线坑或土质不好的地段，需安装方底盘、卡盘、拉线盘和套筒的基础。

长方形二阶梯或三阶梯坑，安装卡盘方便，采用人力倒落式抱杆立杆时，立杆比较安全省力。对于圆形杆坑，如果用吊车或固定人字抱杆立杆，则不必挖马道；如采用倒杆立杆法，则应在顺电杆起立方向挖马道。对于阶梯形坑,应开挖斜坡马道。马道是在坑口的一侧开挖斜坡,宽度一般取 0.6~0.8 m,以便于人工操作。马道有助于卡盘安装和立杆施工。拉线坑的形状应和拉线盘的形状相适应,并应有马道,矩形混凝土预制块拉线盘应垂直于拉线方向放置,斜嵌入坑内近电杆一侧,更充分利用原状土剪切强度。

(2)基坑挖掘

① 挖坑前,应与有关地下管道、电缆等设施的主管单位取得联系,明确地下设施的确切位置,做好防护措施。

② 各类基坑口边沿 1.5 m 范围内,不得堆放余土、材料、工器具等。对于易积水和冲刷的杆塔基础,应在基坑外修筑排水沟。

③ 在超过 1.5 m 深的基坑内作业时,向坑外抛掷土石应防止土石回落坑内,并做好防止土层塌方的临边防护措施。

④ 开挖圆坑时,当埋深小于 1.8 m 时,一次开挖成形;埋深大于 1.8 m 时,宜采用阶梯形,以便于开挖施工人员立足,再继续开挖中心坑,如图 3-48 所示。杆洞直径宜大于杆根直径 200 mm 以上,以便于电杆组立矫正,如图 3-49 所示。

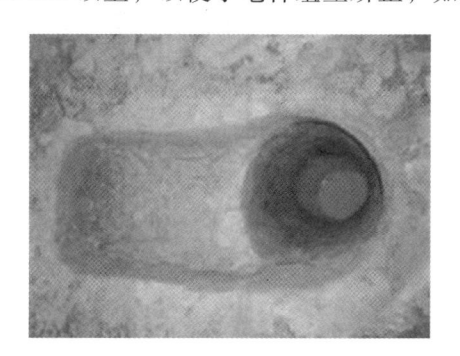

图 3-48 阶梯形杆洞开挖　　　　图 3-49 杆洞直径测量

⑤ 方坑的开挖,以分坑后的坑洞白灰线为边,向下开挖过程中应根据坑深进行放边坡,以防止坍塌,一般黏土取 1∶0.2 坡度为宜。方坑深超过 1.5 m 时,应采用挡土板支撑坑壁,如图 3-50 所示。挖掘过程中应注意挡土板有无变形及断裂现象,如发现应及时更换。更换挡土板支撑应先装后拆。

⑥ 拉线坑的坑底应垂直于拉线方向开挖成斜坡形。拉线棒引上处应开马道,见图 3-51。

图 3-50 挡土保护　　　　图 3-51 拉线坑开挖

(3) 基坑操平

基坑开挖后，应进行基坑操平，检查坑深是否满足设计要求。

1) 单坑操平

一般以坑边四周平均高度为基准用水准尺及塔尺，先测得坑边地面的平均高度 h_2，再将塔尺伸入坑中心测得高度为 h_1，则坑深 $H = h_2 - h_1$，同时用塔尺测坑的四角处的高低差，如图 3-52 所示。坑深允许误差为 + 100 mm ~ - 50 mm。

2) 双杆基坑操平

坑深标准一般以中心桩处的地面为准，两坑高度用水准仪观测，水准仪宜在距两坑中心等距离处观测，其方法与单坑操平相似，如图 3-53 所示。两坑除满足设计坑深误差外，根开的中心偏差不应超 30 mm，两坑相对误差不得大于 20 mm，当大于 20 ~ 100 mm 时，应以较深的一坑为准，挖另一坑使深度相同。

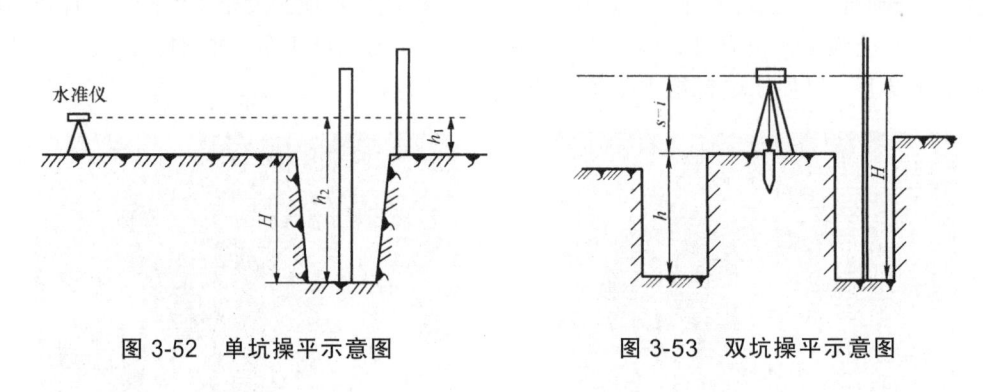

图 3-52 单坑操平示意图　　图 3-53 双坑操平示意图

3. 基础施工

配电线路基础的形式主要有现浇混凝土基础、"三盘"基础和直埋回填基础。

(1) 现浇混凝土基础

现浇混凝土或钢筋混凝土基础是架空线路杆塔基础的主要类型之一。在配电线路中，大跨距杆、钢管杆、铁塔基础大量使用，尤其适合在施工季节暖和，沙、石、水来源方便的情况下采用。

现浇钢筋混凝土基础的基本工序是钢筋制作、模板安装、混凝土配土、搅洋、浇筑与养护等。

① 钢筋混凝土基础中的钢筋一般采用集中加工，运到施工现场进行安装，如图 3-54 所示。要求钢筋网网结密度、回头长度符合设计标准，无断裂等缺陷。钢筋的安装是与模板安装配合进行的，通常是先安装底板钢筋，再安装模板。主柱钢筋的安装是先安装上面模板，再安装钢筋，最后安装四周的模板。

② 混凝土的成型是按照基础设计图纸的要求，用支立的模板实现的，如图 3-55 所示。模板分为木模板和钢模板两种，现在混凝土施工常采用钢模板。混凝土成型后的质量、外貌主要由模板支立的质量和工艺来保证。

图 3-54　钢筋制作　　　　　　　图 3-55　模板安装

③ 混凝土配合比的确定，目前都采用计算和试验相结合的方法，即先根据结构物的技术要求、材料情况及施工条件等，按《混凝土结构工程施工质量验收规范》(GB 50204—2015)的相关规定对混凝土配合比进行计算。计算出理论配合比后，再用施工所用的材料进行试配，并根据试压结果进行调整，最后定出施工用的配合比。

④ 现浇混凝土的搅拌（如图 3-56 所示）分为人工搅拌和机械搅拌两种。在有条件的情况下，尽量使用机械搅拌进行混凝土的浇筑。在城市和有条件的地方，也可以购买相同强度等级的商品混凝土直接灌注。

⑤ 现浇混凝土搅拌均匀灌注入坑，达到一定厚度时进行振捣。混凝土捣实分为人工和机械两种。因施工条件限制，常采用人工捣实的方法。工程中应尽量采用机械振捣。人工振捣混凝土应每浇灌 300 mm 捣固一遍。振捣的重点部位有主筋的下面、钢筋密实处、模板角落处和石子多的地方。使用机械振捣时，一般应垂直插入，要做到"快插慢抽"。

图 3-56　凝土浇筑

无论采用哪种振捣方法，一定要掌握振捣的质量，当振捣到混凝土不明显下沉、不再出现气泡、表面泛出灰浆为止。

⑥ 现浇混凝土基础的养护是保证混凝土质量的最后一道工序，如果养护不当，就会造成混凝土表皮开裂或起皮，降低混凝土强度等级，影响基础的使用甚至报废。

浇筑后，应在 12 h 内开始浇水养护，如图 3-57 所示。对于普通硅酸盐和矿渣硅酸盐水泥拌制的混凝土浇水养护，不得少于 7 天；有添加剂的混凝土养护不得少于 14 天。日平均温度低于 5 ℃，不得浇水养护。

现浇混凝土基础养护达到一定强度后，即可进行模板拆除。拆除模板后，混凝土基础表面应光滑，无蜂窝、麻面、露筋等明显的缺陷。

现场浇筑混凝土基础的最终强度以同等条件养护的试块强度为依据。试块强度的验收评定应符合《钢筋混凝土工程施工及验收规范》(GB J204—83)中的规定。

图 3-57　凝土养护

(2)"三盘"基础

"三盘"基础是指底盘、卡盘和拉线盘,如图3-58所示。

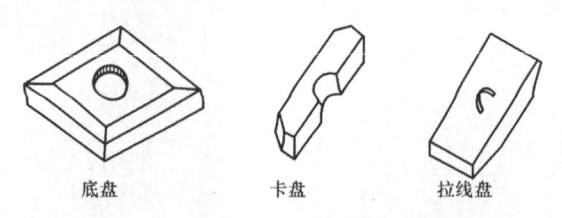

图3-58 底盘、卡盘和拉线盘示意图

1) 底盘安装

底盘安装一般采用滑杆法和吊装法,不允许将底盘推入基坑内,以保证底盘和基坑底面的完整性。质量在300 kg以下的底盘,采用滑杆法,如图3-59所示。300 kg以上的底盘采用人字木抱杆吊装,如图3-60所示。

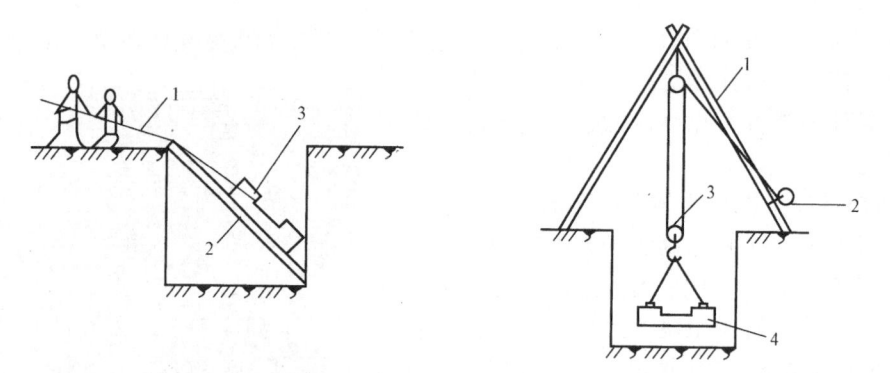

1—人力缓松;2—滑杆;3—底盘。

图3-59 滑杆法安装底盘示意图

1—人字扒杆;2—至牵引绞磨;3—滑轮组;4—底盘。

图3-60 人字扒杆吊入法安装底盘示意图

基坑底盘的圆槽面应与电杆中心线垂直,找正后应回填土夯实至底盘表面。单杆底盘中心找正方法如图3-61所示,移去中心桩之前应定好两个副桩,在两副桩上拉一条细铅线,细铅线正好通过中心桩的上方,并在上方点上一个漆点,解开细铅线挖坑,挖好放入底盘后再恢复细铅线,在漆点处吊一重锤,使重锤对准底盘中心。双杆底盘中心、拉线盘中心的找正和上述方法类似。

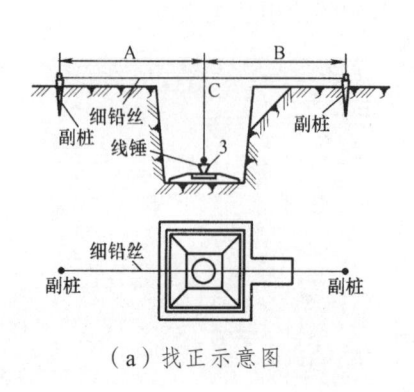

(a)找正示意图　　(b)找正施工图

图3-61 单杆底盘中心的找正

2) 卡盘安装

卡盘一般使用 U 形螺丝固定在电杆上，如图 3-62 所示。单卡盘适用于安装在直线电杆上，卡盘应与线路平行并应在线路电杆左右侧交替埋设。当使用双卡盘时，两卡盘应相互垂直安装。终端杆塔的卡盘安装方向应与线路垂直。转角杆应装设两个相互垂直的卡盘。

卡盘安装可采用吊盘法安装，如图 3-63 所示。安装前应将其下部土壤分层回填夯实，安装位置、方向、深度应符合设计要求，深度允许偏差为 ±50 mm。当设计无要求时，上平面距地面不应小于 500 mm。

图 3-62 卡盘安装

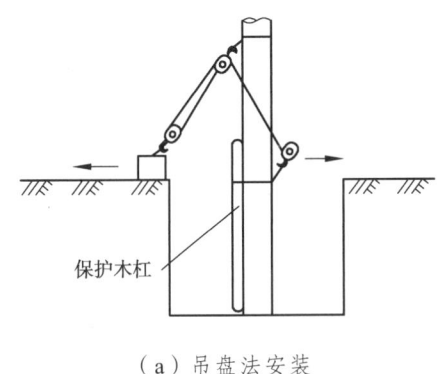

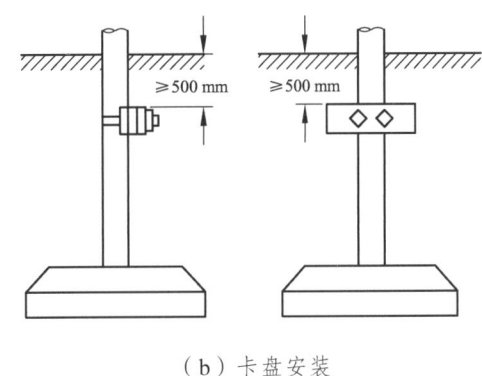

（a）吊盘法安装　　　　（b）卡盘安装

图 3-63 卡盘安装示意图

3) 拉盘安装

拉盘安装方法和底盘安装方法相似。拉盘的安装中心应保证拉线与电杆的夹角不小于 45°，当受地形限制时，不应小于 30°。拉线盘的埋设深度和方向应符合设计要求。拉线棒与拉线盘应垂直，连接处应采用双螺母，其外露地面部分的长度应为 500～700 mm。拉盘安装后应立即回填土并分层夯实，如图 3-64 所示。

（3）普通直埋式基础

在中、低压配电线路中，对于电杆高度不大的直线杆，杆基土质较好，开挖小口径的圆形坑埋杆，采用普通直埋式基础。按普通挖掘方式形成土质杆坑，立杆完成后，利用原状土回填夯实，构筑杆塔基础。

为保证基坑回填质量，开挖施工中，生、熟土应分开堆放，回填时先填熟土，后填生土。回填土时，应注意将土块打碎夯实，35 kV 架空电力线路基坑每回填 300 mm 应夯实一次，10 kV 及以下架空电力线路每回填 500 mm 应夯实一次，并要求夯实程度应达到原状土密实度的 80% 以上。夯土时应在电杆的四周交替进行，防止因回填土不均匀而引起杆塔位移。

动画：电杆基础回填

回填后的电杆基坑应设置防沉土层,土层上部面积不应小于坑口面积,培土高度应超地面 300 mm,如图 3-65 所示。

图 3-64　拉盘安装

图 3-65　基础防沉土台实物图

微课:杆塔基础施工常见缺陷

微课:接地装置安装常见缺陷

任务 3.4　杆塔组立

3.4.1　器材运输

钢筋混凝土电杆是一种细长的特制预制件,在装卸和运输过程中,如果其支撑点和吊装点的位置出现不合适的情况,就有可能导致电杆发生裂纹或断口,破坏电杆的机械强度。

配电线路电杆的运输通常采用机动车、马车、船舶、人力运输等方式。无论采用何种运输方式,必须注意选择恰当的装载支承方法,以满足载运杆件在计算自重作用下,任何部位承受的弯曲力矩不超过规定数值,即要求各支点的反力相等或接近相等。当采用汽车运输时,其装卸点及支撑点一般按图 3-66 和图 3-67 所示进行。

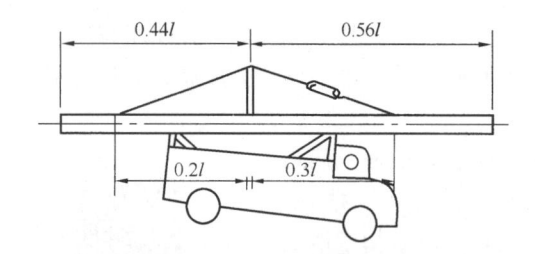

图 3-66　电杆装卸(吊装)示意图

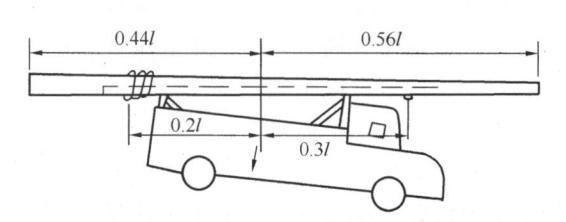

图 3-67　汽车运输电杆示意图

当采用人力对电杆进行抬运时,其着力点则按图 3-68 所示。

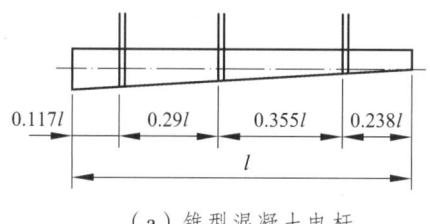

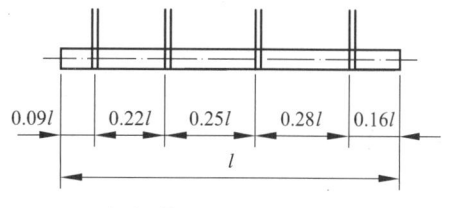

(a) 锥型混凝土电杆　　　　　　　　(b) 等径混凝土电杆

图 3-68　人力抬运电杆着力点示意图

电杆应在平坦的地方、杆身平直呈水平状态存放，现场多层存放时，按锥形排列一般不超过 3~5 层，并均须在杆身下加垫枕木堆放。枕木的支放点应使杆身自重所产生的弯曲最小，并应在钢筋砼杆允许承受的弯矩值之内。

3.4.2　架空线路的杆顶组装

1. 10 kV 单回架空线路

（1）直线杆

杆型采用 Z-M-12 型单回直线水泥单杆，杆头布置采用 Z1-2 型单回直线水泥单杆杆头，如图 3-69 所示。

视频：10 kV 单回架空线路典型设计介绍

（2）直线转角杆

杆型采用 ZJ-M-12 型单回拉线直线转角水泥单杆，杆头布置有两副直线单角钢横担，但采用双头螺栓连接组成，杆头形式与直线水泥单杆相同，如图 3-70 所示。

图 3-69　单回直线水泥单杆杆头　　　　图 3-70　单回拉线直线转角水泥单杆杆头

（3）陶瓷横担直线杆

陶瓷横担直线杆杆顶组装图如图 3-71 所示，图中，1 为杆身，2 为角铁横担，3 为抱铁，4 为抱箍，5 为瓷担抱箍，6 为瓷担绝缘子。

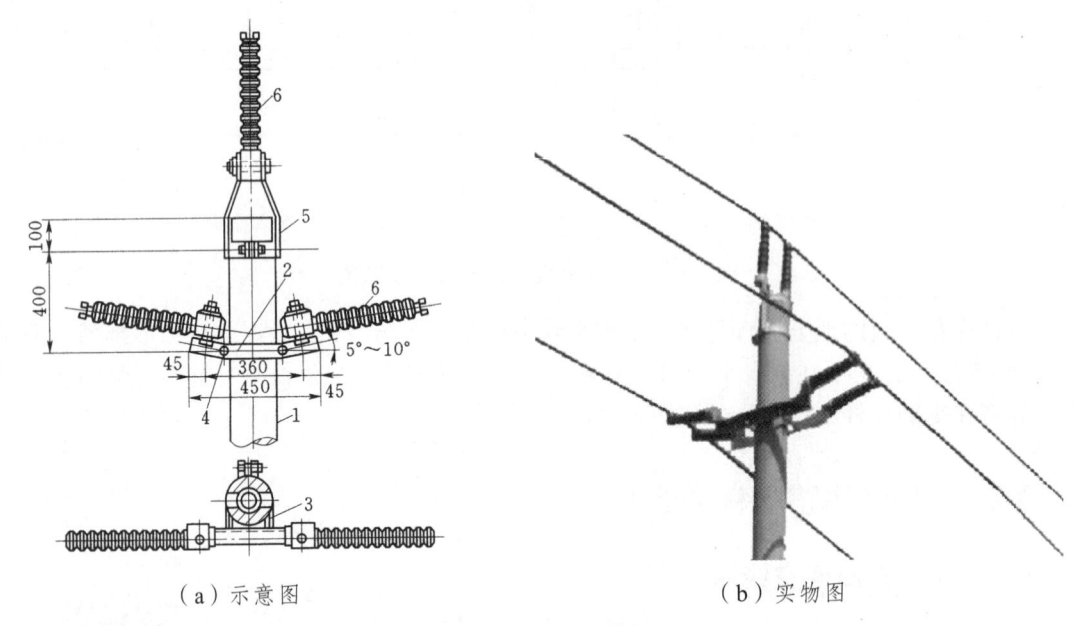

(a)示意图　　　　　　　　　　　(b)实物图

1—杆身；2—角铁横担；3—抱铁；4—抱箍；5—瓷担抱箍；6—瓷担绝缘子（数量为3个）

图 3-71　陶瓷横担直线杆杆头示意图及实物图

（3）直线分支杆

杆型采用 ZF-12-M-S 型单回直线分支（三角）水泥杆，无熔丝支接装置，杆头布置采用 ZF1-2 型单回直线水泥杆杆头，分支线路采用三角形排列方式，如图 3-72 所示。

（4）直线耐张杆

杆型采用 ZNA-M-12 型单回拉线直线耐张水泥单杆，杆头布置采用 NJ1-2 型单回 0°～45° 耐张转角水泥单杆杆头，如图 3-73 所示。

图 3-72　单回直线分支（三角）水泥杆杆头 　　图 3-73　单回拉线直线耐张水泥单杆杆头

（5）30°转角耐张杆

杆型采用 NJ1A-M-12 型单回拉线单排耐张转角水泥单杆，杆头布置采用 NJ1-2 型单回 0°～45° 耐张转角水泥单杆杆头，如图 3-74 所示。

（6）55°转角耐张杆

杆型采用 NJ2A-M-12 型单回拉线双排耐张转角水泥单杆，杆头布置采用 NJ1-4 型单回 45°~90° 耐张转角（兼终端）水泥单杆杆头，如图 3-75 所示。

图 3-74　单回拉线单排耐张转角水泥单杆杆头 　　图 3-75　单回拉线双排耐张转角水泥单杆杆头

（7）经跌落式熔断器引下电缆终端杆

杆型采用单回电缆引下杆（经跌落式熔断器引下），安装跌落式熔断器 1 组，带验电接地环的避雷器 1 组，如图 3-76 所示。

（8）双杆联络开关杆

杆型采用单回双杆柱上断路器杆（外加双侧隔离开关），安装断路器 1 台，隔离开关 2 组，避雷器 2 组，电压互感器（PT）2 台，控制箱 1 台，如图 3-77 所示。

图 3-76　经跌落式熔断器引下电缆终端杆杆头 　　图 3-77　单回双杆柱上断路器杆杆头

2. 10 kV 同杆多回架空线路

（1）同杆双回线路

同杆双回线路宜采用左右对称的双垂直排列杆头布置形式，如图 3-78（a）所示。在路径走廊受限地区采用绝缘导线时，直线双回双垂直排列可采用紧凑型布置形式。杆头布置应采用 Z2-3 型双回直线水泥单杆杆头，杆头各层横担间距为 900 mm。

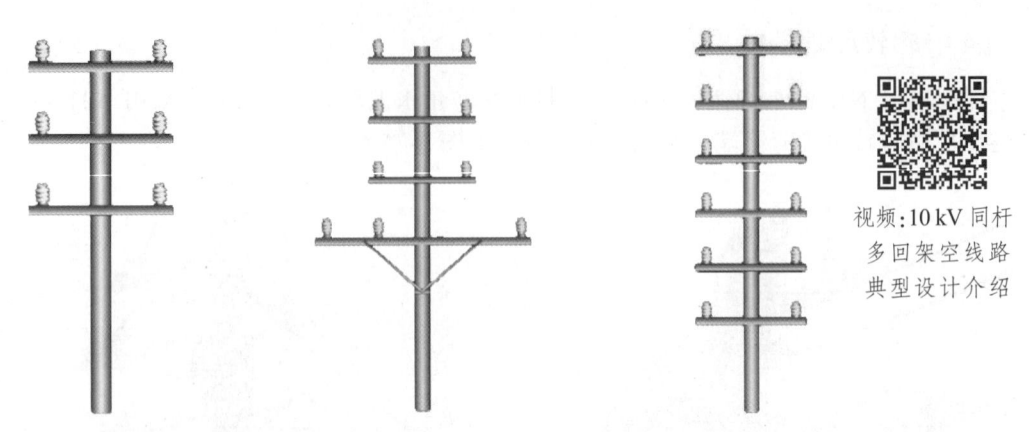

（a）同杆双回线路杆头布置　　（b）同杆三回线路杆头布置　　（c）同杆四回线路杆头布置

图 3-78　10 kV 同杆多回架空线路杆头布置示意图

视频：10 kV 同杆多回架空线路典型设计介绍

（2）同杆三回线路

同杆三回线路宜采用上双垂直下单水平排列的杆头布置形式，如图 3-78（b）所示。杆头布置应采用 Z3-2 型三回直线水泥单杆杆头，杆头各层横担间距为 900 mm。

（3）同杆四回线路

同杆四回线路宜采用上双垂直下双垂直排列的杆头布置形式，如图 3-78（c）所示。杆头布置应采用 Z4-2 型四回直线水泥单杆杆头，杆头各层横担间距为 900 mm。

3.4.3　混凝土电杆的连接

1. 电杆排杆

排杆，即将电杆按设计要求沿全线路排列在地面上，其作用是为了下一道工序，即为电杆的连接创造条件。

在对电杆排杆之前，应根据设计图纸或施工手册核对全线杆号、杆型，并现场核实桩号、杆型、电杆尺寸、数量是否正确。

检查杆段是否符合质量标准的规定，如图 3-79 所示。电杆表面应光洁平整，壁厚均匀，无露筋、跑浆等现象；放置地平面检查时，应无纵向裂缝，横向裂缝的宽度不应超过 0.1 mm；杆身弯曲不应超过杆长的 1/1 000；电杆杆顶应封堵。

杆段的螺栓孔和接地孔的方向应按施工图的要求排放。杆段接头钢板圈互相对齐并留有 2～5 mm 的间隙。

排杆现场应基本平整，可在杆段下面垫枕木、木楔等使杆段保持同一水平状态，防止电杆因自重弯曲引起裂纹。

图 3-79　电杆杆头的检查

在山区或丘陵地带，其场地不能满足排杆所需要的长度时，可在杆顶处支垫电杆，如图3-80 所示。

电杆的排列位置、方向应根据地形条件、组立杆的施工设计来确定。如整体起吊双杆，应使两杆排列时方向在顺线路方向上、根开符合要求，两杆根对准坑口且距离相等；如采用单吊法，则电杆重心应基本放在杆坑中心处，杆根距坑中心一般为 0.5~1 m。

排杆时，直线单杆的杆身应沿线路中心方向放置，杆根距坑中心一般为 0.5~1 m，如图 3-81 所示。直线双杆的杆身中心应与线路中心线平行，如图 3-82 所示。

对于转角杆，杆身的排列轴线应位于该杆转角度数的平分线，如图 3-83 所示。

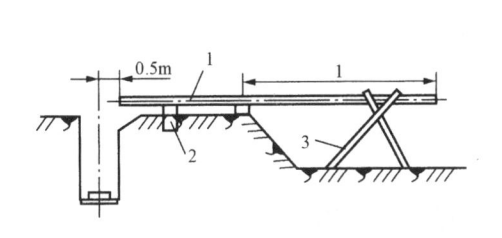

1—电杆；2—垫土；3—支架。

图 3-80　电杆的顶部支架示意图

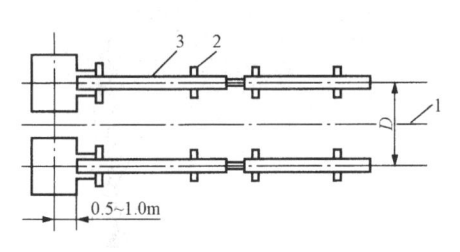

1—垫土；2—电杆。

图 3-81　单杆排杆放置示意图

1—线路中心线；2—垫木；3—电杆；
D—双杆的根开。

图 3-82　双杆排杆放置示意图

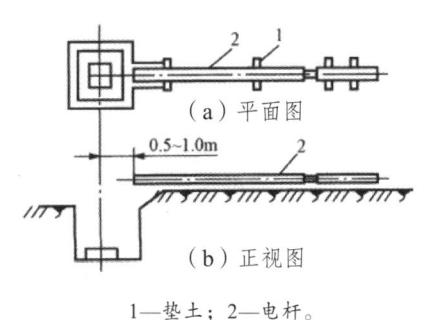

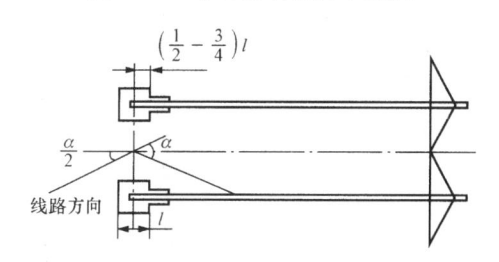

图 3-83　转角杆排杆放置示意图

2. 电杆连接

目前常用的方法主要有法兰盘连接和钢圈对口焊接两种。

（1）法兰盘连接

法兰盘一般用铸钢浇成，然后分别焊在混凝杆的主筋骨架上，在组装时用螺栓连接，如图 3-84 所示。用法兰盘连接混凝土杆时，紧固接头处的连接螺栓要从四周轮换进行，必须保证两杆直立，并力求连接处严紧密合。垂直方向螺栓统一由下向上穿。组装时，允许在法兰盘间加铁垫片调直杆身，但垫片的数量不易太多，一般不应超过 3 个，且总厚度不大于 5 mm。

用法兰盘连接杆段的主要优点是施工简便，适应范围广，并且在接头操作过程中不影响混凝土杆的质量。它的缺点是耗钢量较多，造价较高，运行中容易产生变形。

（a）连接示意图　　　　　　　　　　（b）连接实物图

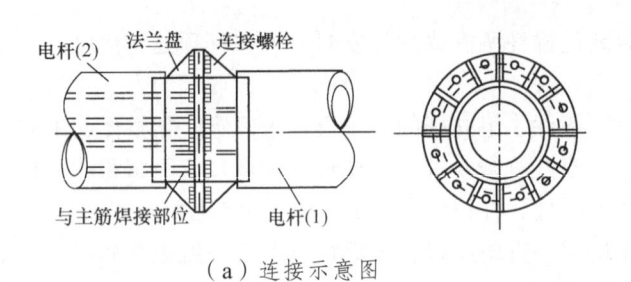

图 3-84　法兰盘连接

（2）钢圈对口焊接

混凝土电杆杆段焊接连接可采用焊接或气焊工艺连接。即在需要连接的杆段连接处，提前将特制的钢圈与电杆主杆主筋焊在一起。电杆现场组装时，将两杆段的钢圈对在一起，然后用氧焊或电焊法将混凝土电杆焊接在一起，如图 3-85 所示。

焊完后，整杆弯曲度应不超过电杆全长的 2/1 000；焊缝表面应平滑美观，鳞纹折皱细致均匀，不得有焊接中断、咬边、焊瘤、夹渣、气泡、陷槽和尺寸偏差等缺陷。焊缝焊好后自然冷却，不能浇水冷。焊接后应清除焊接面焊瘤、焊渣，再涂防腐漆。

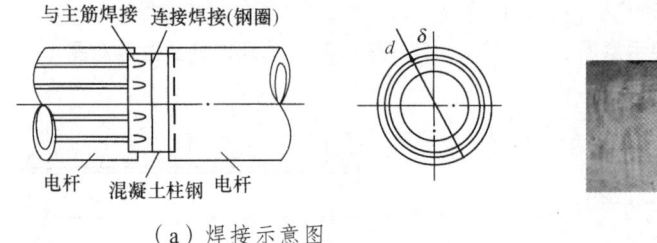

（a）焊接示意图　　　　　　　　　　（b）焊接实物图

图 3-85　钢圈对口焊接

3.4.4　配电线路电杆立杆

配电线路电杆组立的基本步骤是立杆、杆身调直、找正及杆坑回填。

配电线路电杆的立杆方法根据立杆方式分为人工立杆和机械立杆。根据电杆立杆采用抱杆布置形式分为固定式和倒落式。

在交通方便的地段，应尽量采用起重吊车机械立杆，它的最大特点是方便、高效、安全。在环境因素限制无法使用吊车的条件下，采用人工立杆。人工立杆适宜范围广，方法多，但劳动强度大。

微课：电杆组立

1. 起重机（吊车）立杆

起重机（吊车）立杆如图 3-86 所示。这种立杆既经济安全、效率又高，一般条件允许时均采用这种方法整立混凝土电杆、钢管电杆。

起吊前在作业范围内，宜在吊臂高度和旋转距离的 1.2 倍布置警戒隔离线，设置警告标志，防止行人和车辆进入，如图 3-87 所示。

立杆前，先将吊车开到距杆坑适当位置加以稳固。选择起吊地点后应打开支腿，用枕木垫实并进行试压，如图 3-88 所示。

（a）立杆示意图　　　　　　　　　　（b）立杆施工图

图 3-86　起重机（吊车）立杆

图 3-87　吊车布置　　　　　　　　　图 3-88　吊车支腿的布置

起吊钢丝绳绑在离杆顶 1/2～1/3 处，在距杆顶 500 mm 处临时打 3 根（或 4 根）控制绳和 1 根脱落绳，以待校直（扶正）电杆用。

吊钩与杆坑呈直线布置，一般起吊时吊臂和垂线夹角呈 30°，如图 3-86（b）所示。为避免电杆起吊时摇摆，将吊钩与电杆钢丝绳套挂牢，电杆根应由二人扶持，起吊时应缓慢平稳起吊，当电杆顶离地 0.8 m 时，应对杆塔进行一次冲击试验，如图 3-89 所示，确认无问题后继续起吊。

立杆时应有专人指挥。在电杆竖立于杆坑孔上方、吊点确定后，慢慢收紧吊钩，电杆逐渐吊起，两边施工人员扶持电杆根部，对准电杆坑缓慢放下电杆使杆根进坑内，如图 3-90 所示。

待电杆完全竖立后及时调整杆位，使其符合立杆质量要求，然后回填土，每回填 500 mm（10 kV）夯实一次，回填土夯实后应高出地面 300 mm 以备沉降。夯实之后才能松开钢绳套清理现场。

图 3-89 冲击试验 　　　　　　　　　图 3-90 放杆入坑

2. 叉杆立杆法

顶杆及叉杆只能用于竖立 8 m 以下的拔梢杆,不准用铁锹、桩柱等代用。立杆前,应开好"马道"。作业人员要均匀地分配在电杆的两侧,如图 3-91 所示。

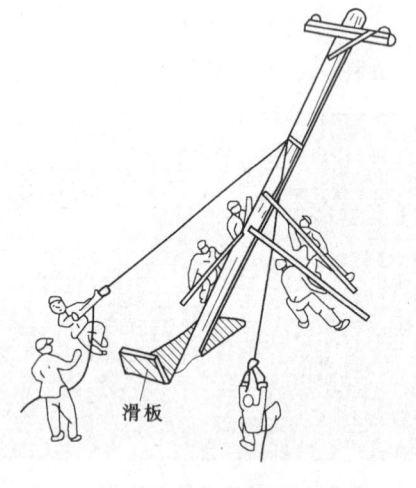

(a) 示意图　　　　　　　　　(b) 施工图

图 3-91 叉杆立杆法

当杆顶和所有挂线金具在地面上组装完毕以后,在电杆头部用活扣栓三条棕绳,两根向立杆前进方向,一根向立杆反方向。向前进方向的两根棕绳帮助电杆起升并防止电杆左右偏斜,向后方向拉绳在电杆基本直立后可防止继续向前倾倒。

立杆时,坑中对准杆根放一滑板,使杆根顺滑板下滑。电杆根部移进坑口,使杆根顶住滑板。

起立时,三副叉杆轮流顶起电杆。立杆后把卡盘固定在电杆根部离地面 500 mm 处,然后回填土。

叉杆立杆时严禁人员在杆下穿行,在立杆过程中至少有一副叉杆底部不得离开地面。

3. 固定(直立式)人字抱杆立杆

固定(直立式)人字抱杆立杆适用于起吊 18 m 及以下的电杆,基本上不受地形的限制,施工比较方便,如图 3-92 所示。

正视图　　　　侧视图

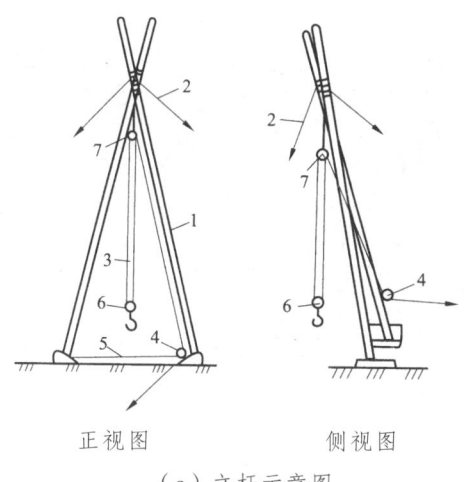

（a）立杆示意图　　　　（b）立杆施工图

1—人字抱杆；2—固定抱杆拉线；3—牵引钢绳；4—地滑车；
5—抱杆根部固定钢绳；6—动滑车；7—定滑车。

图 3-92　固定（直立式）人字抱杆立杆

抱杆的长度宜取杆塔重心高度加 1.5～2 m，前后揽风桩至杆坑中心的距离宜取杆塔高度的 1.2～1.5 倍。

抱杆顶角宜为 23°～25°，如图 3-93 所示。

抱杆根开一般为其高度的 1/2～1/3，两抱杆长度相等，且两脚布置在一个水平面上，当起吊杆（塔）较重时，可在抱杆倾斜的相反方向再增设拉线。

现场土质疏松时，抱杆脚需绑道木或加垫木，以防止抱杆受压后出现下沉情况，如图 3-94 所示。抱杆起立后两抱杆脚要保持水平，必要时两抱杆脚间用钢丝绳连锁。

图 3-93　抱杆顶角布置　　　　图 3-94　垫土布置

总牵引地锚距电杆中心距离应大于 1.5 倍电杆高度。总牵引地锚中心点、电杆重心点、抱杆顶点、揽风绳在同一平面上，如图 3-92（b）所示。

4. 辅杆(旧杆)立杆法

此法是指在待立杆周围，一般距离在 2 m 以内，有辅杆（旧杆）的条件下，采用定滑轮组以辅杆（旧杆）为支撑的简易立杆，如图 3-95 所示。

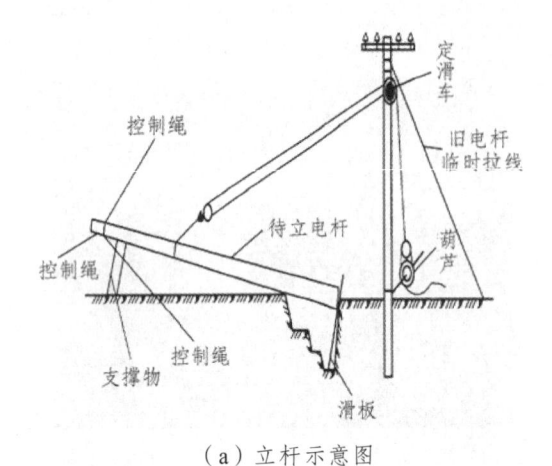

(a)立杆示意图　　　　(b)立杆施工图

图 3-95　辅杆（旧杆）立杆

立杆时必须先检查辅杆（旧杆）是否稳固可靠，可加临时拉线保证安全。定滑车安装在辅杆（旧杆）上靠近杆顶（越高越好）的位置，钢丝绳套套在距待立杆杆尖约 1/3 处，控制绳（防倾倒拉线）安装在钢丝绳套下方，按需要放置好支撑物，为立杆方便就位，杆坑内还应放置滑板。

5. 倒落式人字抱杆组立杆法

倒落式人字抱杆立杆是抱杆随着杆塔的转动（即起立）也不断地绕着地面的某一点转动，整体组立杆塔的施工方式，它适合于高度较高的杆、双门形杆等的组立。

抱杆采用钢管、铝镁合金等高强度材料制成，抱杆长度取电杆长度的 1/2～3/4 为宜；抱杆根开为抱杆长度的 1/4～1/3；根开间用钢丝绳拴牢；抱杆根部连线距杆坑尺寸约为电杆重心高度的 20%～40%；起吊点为电杆重心高度的 1.1～1.2 倍，抱杆初承力时相对地面的角为 60°～70°，同时抱杆失效倒落点应保证电杆起立时对地面的夹角为 55°～60°，如图 3-96 所示。

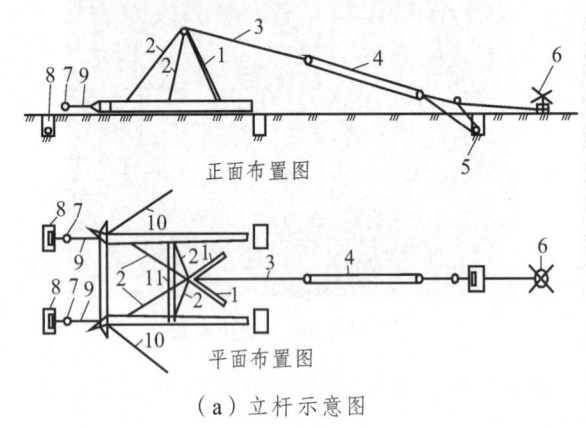

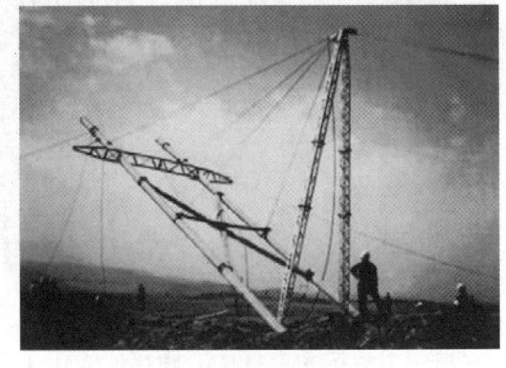

(a)立杆示意图　　　　(b)立杆施工图

1—倒落式人字抱杆；2—起吊钢绳；3—牵引钢绳；4—索引滑轮组；5—主牵引地锚；6—索引设备；7—制动器；8—制动地锚；9—制动钢绳；10—控制绳；11—补强撑木。

图 3-96　倒落式人字抱杆组立杆

目前在国外（如日本、美国等）都已不提倡推广使用倒落式抱杆整体组塔。

6. 立杆的质量要求

单杆立正后应正直，位置偏差应符合下列规定：
① 直线杆的横向位移不应大于 50 mm，如轮廓图 3-97 所示。
② 直线杆的倾斜，不应大于杆梢直径的 1/2，如图 3-98 所示。
③ 转角杆的横向位移不大于 50 mm。
④ 转角杆应向外角预偏，紧线后不应向内角倾斜；向外角的倾斜，其杆梢位移不大于杆梢直径。
⑤ 终端杆立好后，应向拉线侧预偏，其预偏值不应大于杆梢直径。紧线后不应向受力侧倾斜。

微课：杆塔组立常见缺陷

图 3-97　直线杆的横向位移　　　　图 3-98　直线杆的倾斜

双杆立好后应正直，位置偏差应符合下列规定：
① 直线杆结构中心与中心桩之间的横向位移，不应大于 50 mm 或小于 50 mm。
② 两杆的高、低差不大于 20 mm。
③ 迈步不应大于 30 mm。
④ 根开的中心偏差不应超过 ±30 mm。

任务 3.5　金具、绝缘子安装

3.5.1　电杆横担的安装

为了方便施工，一般都在竖杆前在地面上将电杆顶部全部的横担、金具等组装完毕，然后整体立杆。若因某种原因要在竖立电杆后组装，则应从电杆上端开始。

微课：横担安装

横担安装的基本要求如下：
① 架空配电线路的特点是在同一电杆上架设有各种电力线路，架设时它们自上而下的排列顺序是：高压电力线路→低压电力线路→通信和广播线路。为了确保运行与检修安全，各层导线间应有一定的距离。同杆架设线路各层横担间的最小距离应符合

设计图纸规定，参见"项目1"中的表1-8。

② 线路横担安装应平正，横担端部上下倾斜不大于 20 mm，左右扭斜不大于 20 mm，如图 3-99 所示。

图 3-99　直线横担安装

③ 双杆的横担，横担与电杆连接处的高差不应大于连接距离的 5/1 000；左右扭斜不应大于横担总长度的 1/100。

④ 螺栓连接的构件应符合下列规定：

a. 螺杆应与构件面垂直，螺头平面与构件间不应有间隙。

b. 螺栓紧固后，螺杆丝扣露出的长度，单螺母不应少于两个螺距，如图 3-100 所示；双螺母可与螺母平齐。

c. 当必须加垫圈时，每端垫圈不应超过两个。

图 3-100　螺栓连接　　　　图 3-101　螺栓垂直穿入方向

⑤ 螺栓的穿入方向应符合下列规定：

a. 对立体结构：垂直方向由下向上，如图 3-101 所示；水平方向由内向外。

b. 对平面结构：顺线路方向，双面构件由内向外，单面构件由送电侧穿入或按统一方向，如图 3-102 所示；横线路方向，两侧由内向外，中间由左向右（面向受电侧）或按统一方向，如图 3-103 所示。

图 3-102　螺栓顺线路穿入方向 　　　　图 3-103　螺栓横线路穿入方向

⑥ 单横担的组装位置，直线杆装在受电侧，如图 3-104（a）所示；分支杆、转角杆及终端杆装在受力方向内侧（即装在拉线侧），如图 3-104（b）所示。

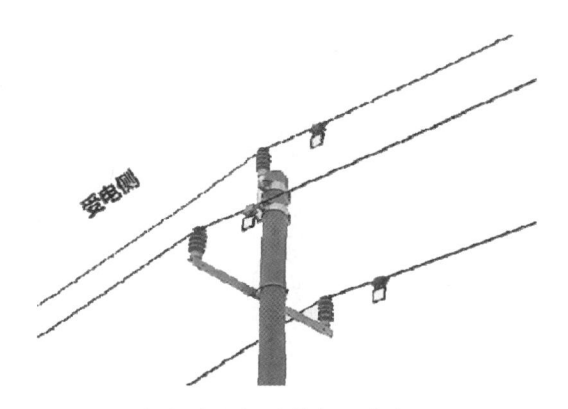

（a）直线杆单横担组装位置 　　　　（b）终端杆单横担组装位置

图 3-104　单横担的组装

⑦ 耐张转角在 45°及以下的单杆采用单排双横担结构，安装于内角角平分线上，如图 3-105 所示；耐张转角为 45°~90°的采用双排双横担结构，上层横担与上层线路方向垂直，下层横担与下层线路方向垂直，如图 3-106 所示。

图 3-105　单排耐张双横担安装 　　　　图 3-106　双排耐张双横担安装

3.5.2 线夹的安装

线夹主要有悬垂线夹、耐张线夹以及并沟线夹和设备线夹（如铜铝过渡线夹、纯铝制线夹等）、拉线金具和拉线绝缘子等。下面主要介绍悬垂线夹、耐张线夹的安装。

1. 悬垂线夹的安装

悬垂线夹的安装，是先将导（地）线放入线夹的船体线槽内，再装上压舌，然后紧固U形螺栓，通过压舌将导（地）线固定在线夹的体内，最后将线夹的挂板与悬式绝缘子串的碗头挂板连接在一起，通过悬垂绝缘子将导线固定在电杆的横担上，如图3-107所示。

（a）安装示意图　　（b）安装实物图

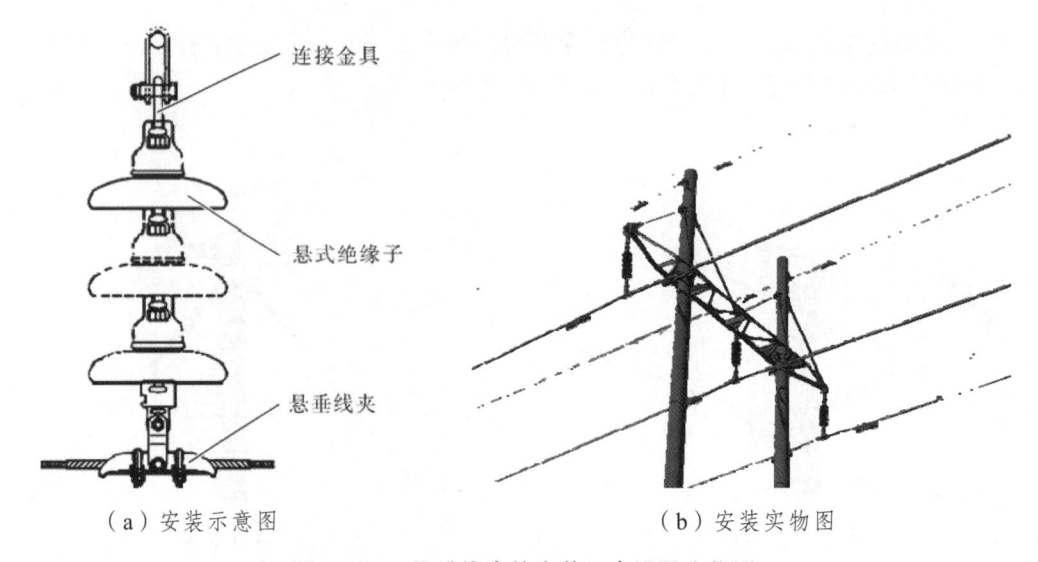

图3-107　悬垂线夹的安装示意图及实物图

地线的固定与导线相同，只是不加绝缘子，将悬垂线夹直接固定在电线支架上。

为了防止悬垂线夹压接时对导线造成机械损伤，放入线夹船体内的导线段通常要缠绕10 mm×1 mm规格的铝包带加以保护。铝包带的缠绕长度应以线槽两端均长出50~100 mm为宜。

2. 耐张线夹的安装

耐张线夹是用来将导线与绝缘子串接在一起的金具，用于耐张杆、终端杆、分支杆及45°~90°的转角杆。

为了防止导线损伤，安装前先将固定处缠绕一段铝包带加以保护后，再将导线安装于耐张线夹的线槽内，并在导线上放上压舌，然后装上U形螺丝并拧紧螺栓，通过压舌将导线牢牢地固定在线槽内，最后通过线夹的连接螺丝把耐张线夹和悬式绝缘子串上的碗头挂板连接在一起，如图3-108所示。

绝缘导线安装时，绝缘线应剥去绝缘层，其长度和铝合金耐张线夹等长，误差不大于5 mm。剥离绝缘层应采用专用的切削工具，不得损伤导线。安装后应加装绝缘罩，如图3-109所示。

采用绝缘导线专用耐张线夹时可不剥皮安装。

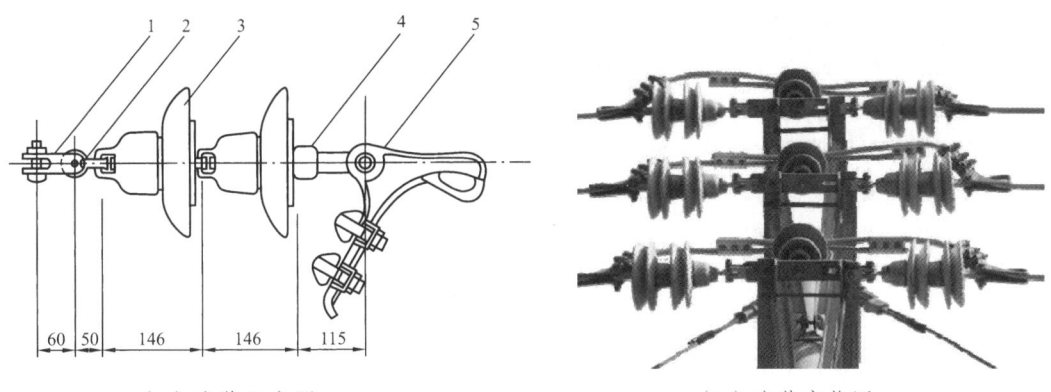

（a）安装示意图　　　　　　　　　　　　　　（b）安装实物图

1—直角挂板；2—球头挂环；3—悬式绝缘子；4—碗头挂板；5—耐张线夹。

图 3-108　耐张线夹的安装示意图及实物图

图 3-109　绝缘导线耐张线夹的安装

3.5.3　绝缘子的安装

① 绝缘子安装应符合下列规定：
　　a. 安装应牢固，连接可靠，防止积水。
　　b. 安装时应清除表面污垢及其他附着物。
　　c. 绝缘子裙边与带电部位的间隙不应小于 50 mm。
② 直线杆安装柱式绝缘子时，采用一平一弹单螺母紧固，弹簧垫片应紧平，如图 3-110 所示。耐张杆导线采用瓷拉棒绝缘子或悬式绝缘子串固定，跳线用柱式瓷绝缘子或针式绝缘子固定，如图 3-111 所示。

图 3-110　直线杆安装柱式绝缘子 　　　　　图 3-111　耐张杆安装绝缘子

③ 悬式绝缘子串安装应符合以下规定：

 a. 电杆与导线金具连接处无卡压现象。

 b. 绝缘子串组合时，连接金具的弹簧销子、螺栓及穿钉等必须符合现行国家标准，且应完整，其穿向应一致，耐张绝缘子串的碗口应向上，绝缘子串的球头挂环、碗头挂板及锁紧销等应互相匹配。

 c. 耐张绝缘子串上的弹簧销子、螺栓及穿钉应由上向下穿入。当有困难时可由内向外或由左向右穿入。

 d. 悬垂绝缘子串上的弹簧销子、螺栓及穿钉应向受电侧穿入。两边线应由内向外，中线应由左向右穿入。

微课：金具、绝缘子安装常见缺陷

任务 3.6 拉线安装

3.6.1 拉线的制作

拉线的制作过程，重点在于钢绞线作回头和回头尾线的固定绑扎。

微课：拉线制作及安装

1. 拉线制作前的检查工作

① 检查钢绞线的股数、直径（不应小于 25 mm²）、镀锌层等，不得有缺股、松股、交叉、折叠、硬弯、断股及锈蚀等缺陷。

② 检查拉线线夹及连接金具等是否符合设计要求，拉线金具不得有裂纹、砂眼、气孔、锌皮脱落、锈蚀等缺陷。

2. 制作拉线上把

拉线上把如图 3-112 所示。

（1）制作拉线上把的工艺要点

① 画印。选一平坦地面，根据拉线下料长度，将钢绞线摆平、拉直，用钢尺量出割线位置以及弯点的位置（用制作长度控制），标记划印，用 20 号镀锌铁丝将其端部绑牢后割断。下料后的拉线应及时挂上标签，注明桩号、安装位置及下料长度。

图 3-112 拉线上把实物图

② 楔形线夹套入钢绞线，由线夹出口端穿入，方向正确。

③ 弯曲钢绞线：

 a. 脚踩主线，一只手拉住钢绞线线头，另一只手控制钢绞线的弯曲部分，进行弯曲，如图 3-113 所示。

 b. 将钢绞线线尾及主线弯成张开的开口销模样，如图 3-114 所示。

 c. 将钢绞线线尾穿入线夹，注意方向应正确。

任务 3.6 拉线安装

图 3-113 弯曲方法 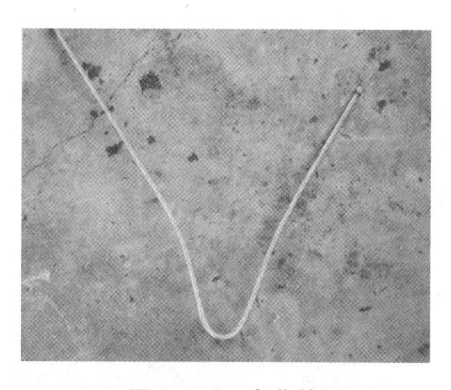　　　　　　　　图 3-114 弯曲效果

④ 放入楔子：拉紧凑。
⑤ 用木锤敲打：牢固、无缝隙。
⑥ 尾线长度：300 mm，允许 + 10 mm 的误差。
⑦ 扎铁丝：在钢绞线尾线处用 12 号铁丝扎 55 mm，允许 ± 5 mm 的误差，每圈铁丝应扎紧并且无缝隙。

（2）拉线上把制作的具体步骤（如图 3-115 所示）

画印（从钢绞线头量出 420~430 mm）　　线夹穿入钢绞线

左脚踩住主线,右手拉住线头,左手控制钢绞线画印处进行弯曲（将钢绞线线尾及主线弯成张开的开口销模样）

主线　　尾线头
尾线头穿入线夹凸肚

1. 放入楔子并拉紧凑
2. 用木锤敲打

牢固、无缝隙，弯曲处无散股现象

右手握钢丝钳，左手扶住钢绞线，人站位方向在钢绞线的左侧

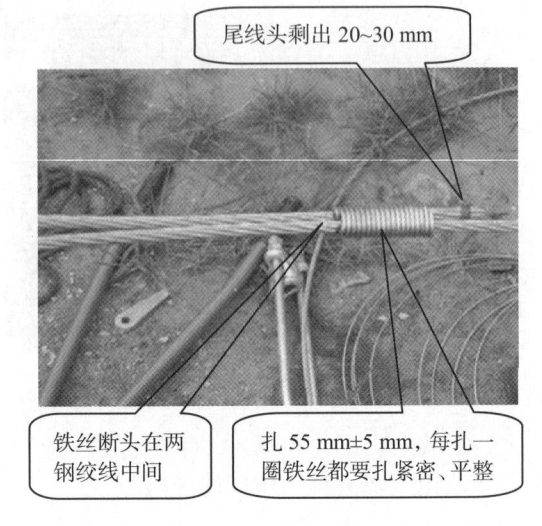

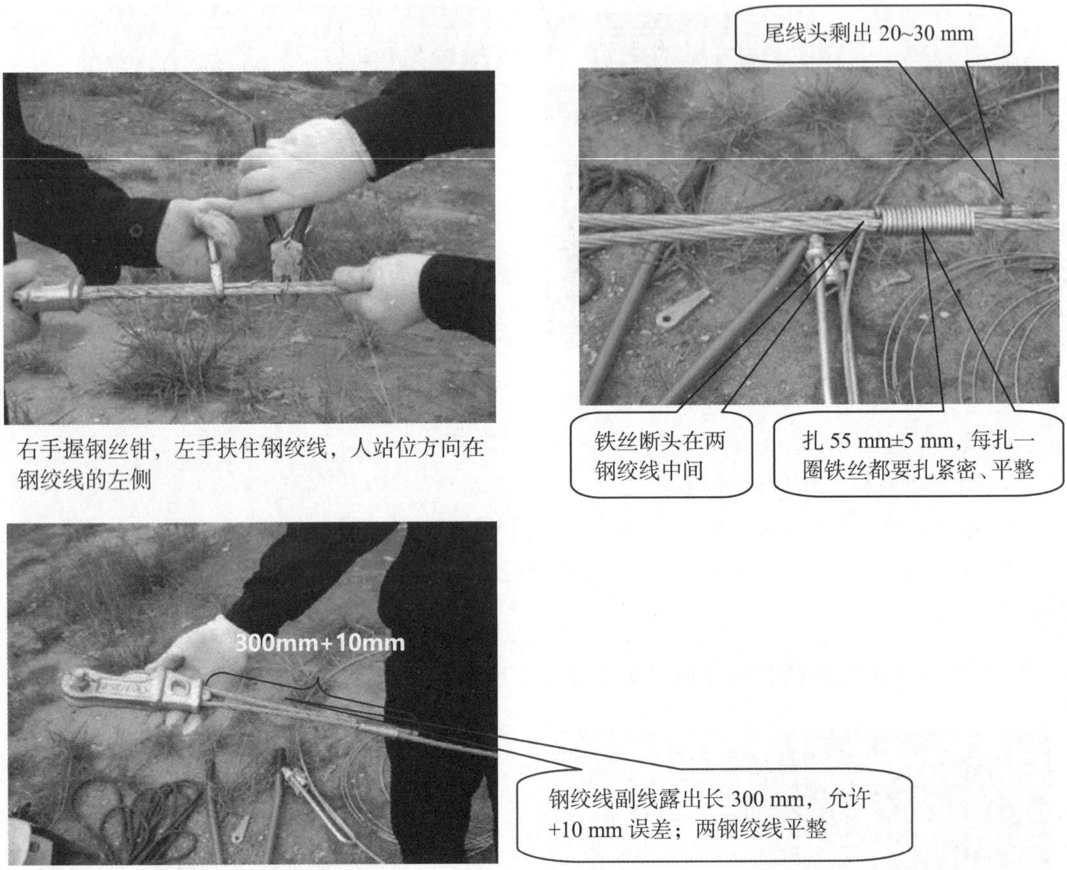

尾线头剩出 20~30 mm

铁丝断头在两钢绞线中间

扎 55 mm±5 mm，每扎一圈铁丝都要扎紧密、平整

300mm+10mm

钢绞线副线露出长 300 mm，允许 +10 mm 误差；两钢绞线平整

图 3-115　拉线上把制作的具体步骤

3. 制作拉线下把

拉线下把如图 3-116 所示。

（1）制作拉线下把的工艺要点

① 观察电杆是否倾斜。

② 画印：a. UT 形线夹拆开，U 形螺栓穿进拉线棒环，比出钢绞线的所需长度并划印；b. 一人配合进行，划印正确。

③ 量出钢绞线剪断位置：位置正确。

④ 剪断钢绞线：剪断前用 20 号细铁丝将剪断处两侧扎紧。

图 3-116　拉线下把实物图

⑤ 线夹套入钢绞线：方向正确。

⑥ 弯曲钢绞线：同前。

⑦ 放入楔子：拉紧凑。

⑧ 用木锤敲打：牢固、无缝隙。

⑨ 钢绞线尾线绑扎正确（先顺钢绞线平压一段铁丝，再缠绕压紧该端头）。

⑩ 扎铁丝：在钢绞线尾线处用 12 号铁丝扎 55 mm ± 5 mm，每圈铁丝都扎紧且无缝隙。

⑪ 铁丝两端头的处理：两端头绞紧，3 个绞麻花不能超过尾线头。

⑫ 铁丝绞头的处理：压置于两钢绞线中间，平整。
⑬ 尾线位置：a. 线夹的凸肚位置应与尾线同侧；b. 凸肚位置均朝向地面。
⑭ 尾线长度：300 mm，允许 + 10 mm 误差。
⑮ 结合部检查：钢绞线与线夹的舌板半圆弯曲结合处不得有死角和空隙。

（2）拉线下把制作的具体步骤（如图 3-117 所示）

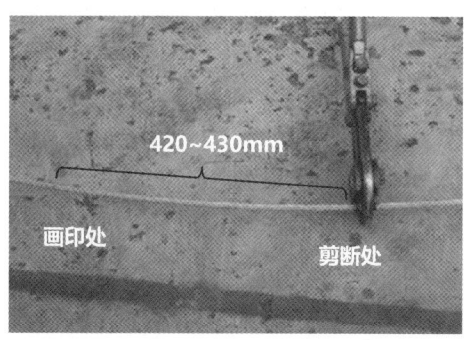

量出钢绞线剪断位置并剪断钢绞线（画印处延长 420~430 mm 处断）

画印：沿拉线受力方向拉紧拉线棒，比出钢绞线弯曲部分的所需长度（U 形螺栓穿进拉线棒环有效丝纹的 2/3 处）

从小口侧穿入钢绞线

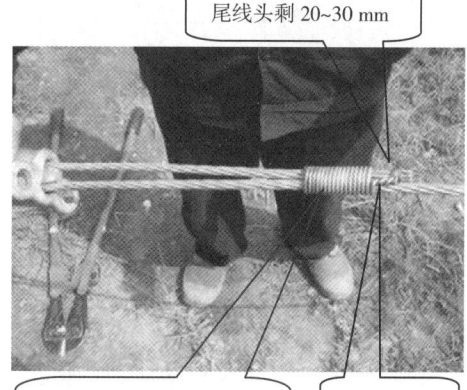

扎 55 mm ± 5 mm，每扎一圈铁丝都要扎紧密、平整；3 个绞麻花；尾线头剩 20~30 mm

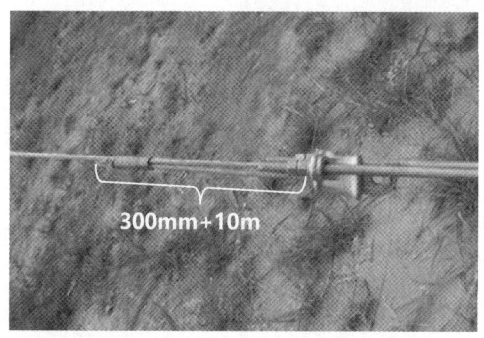

尾线位置（线夹的凸肚位置应与尾线同侧，凸肚位置均朝向地面），尾线（长度为 300 mm，允许误差为 +10 mm）

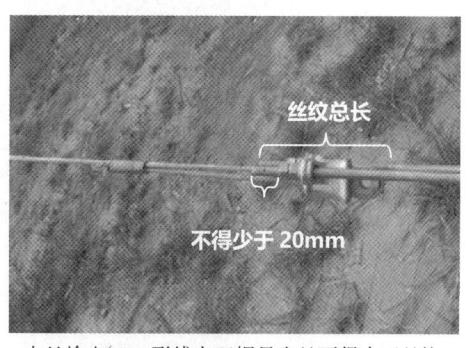

出丝检查（UT 形线夹双螺母出丝不得大于丝纹总长的 1/2，不得少于 20 mm）

图 3-117　拉线下把制作的具体步骤

3.6.2 拉线的安装

① 拉线装设的方向应与电杆的受力方向相反且在同一条直线上。承力拉线应与线路方向的中心线对正；分角拉线与线路分角线对正；防风拉线应与线路垂直。

② 拉线与电杆的夹角宜采用 45°，受地形限制可适当减少，且不应小于 30°。10 kV 及以下架空线电力线路，安装后对地面平面夹角与设计值的允许偏差不应大于 3°。

③ 跨越道路的拉线，应满足设计要求，且对通车路面边缘的垂直距离不应小于 5 m。

④ 高桩拉线的安装，当设计无要求时，应符合下列规定：

    a. 采用坠线的，不应小于拉线柱长的 1/6。
    b. 采用无坠线的，应按其受力情况确定。
    c. 拉线柱应向张力反方向倾斜 10°~20°。
    d. 坠线与拉线柱夹角不应小于 30°。
    e. 坠线上端固定的位置距拉线柱顶端的距离应为 250 mm。

⑤ 拉线棒与拉线盘应垂直，连接处应采用双螺母，其外露地面部分的长度应为 500~700 mm，如图 3-118、图 3-119 所示。

微课：拉线安装常见缺陷

图 3-118 拉线盘拉线棒的安装

图 3-119 拉线棒外露部分

⑥ 拉线抱箍一般装设在相对应的横担下方，距横担中心主线 100 m 处，如图 3-120 所示。高、低压线路同杆架设时，穿过低压线的拉线应加绝缘子。

图 3-120 杆上拉线抱箍安装

⑦ 安装后的拉线绝缘子，应与上段拉线抱箍保持 3 m 的距离。在断拉线的情况下，距地面不应小于 2.5 m，如图 3-121、图 3-122 所示。

图 3-121 拉线绝缘子的安装

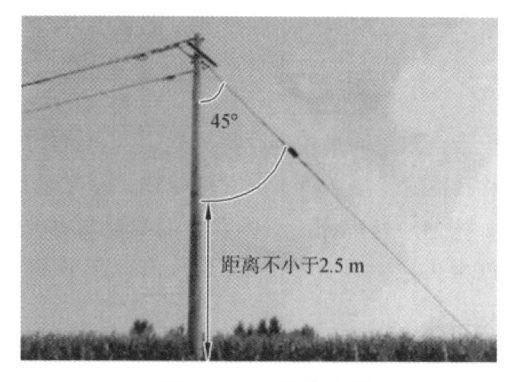

图 3-122 拉线布置

⑧ 拉线安装完毕后，城区或村镇的 10 kV 及以下架空线路的拉线，应配置拉线警示管，拉线警示管应使用黑黄反光漆涂刷，间距 200 mm。拉线警示管应紧贴地面，安装顶部距离地面垂直距离不得小于 2 m，如图 3-123 所示。

图 3-123 地面警示管的安装

任务 3.7　导线架设

导线架设是指将导（地）线按设计施工图纸的要求，架设于已组立安装好的杆塔上。导线架线包括放线、紧线、导（地）线连接、弧垂观测、附件安装、交叉跨越距离测量等工序。

3.7.1　现场检查与布置

1. 现场检查

微课：导线架设　　微课：导线架设常见缺陷

放线前，应对导线进行外观检查，导线应符合下列规定：
① 线材表面应光洁，不得有松股、交叉、折叠、断裂及破损等缺陷。
② 钢绞线、镀锌铁线表面的镀锌层应良好、无锈蚀。

③ 架空绝缘线（见图 3-124）表面应平整光滑、色泽均匀、无爆皮、无气泡；端部应密封，并应无导体腐蚀、进水现象；绝缘层表面应有厂名、生产日期、型号等清晰的标志。

2. 搭设跨越架

架空线路通过的走廊称为通道，通道内应清理高大的树木、房屋及其他障碍物，对于交叉跨越物，通常采用搭设跨越架的方法。

跨越架有单侧、双侧和龙门跨越架等形式，根据需要，双侧跨越架可以封顶，也可以不封顶。部分跨越架结构实物图如图 3-125 所示。

图 3-124 绝缘导线检查

跨越架搭设分为一般搭设和带电搭设。

毛竹跨越架 　　索道封网跨越架 　　钢管跨越架

图 3-125 部分跨越架结构实物图

（1）一般跨越架

一般跨越架适合于跨越铁路、公路、通信线路及停电线路；使用材料有毛竹、圆木、金属丝、绳索或钢管。一般跨越架结构的基本要求是：立柱间距 1.5 m，横杆上下间距 1 m，跨越架平面有 X 形的斜杠并伸出 1.5～2.0 m 的羊角，有拉线或支撑，交叉封顶，跨越架宽度比施工线路两边各宽出 1.5 m（带电 2 m）；跨越架对构筑物的最小安全距离要满足有关规定（见表 3-5）。

表 3-5　跨越架与被跨越物的最小安全距离

被跨越物	公 路	铁 路	通信线及低压配电线
最小水平距离/m	0.6	3.0	0.6
最小垂直距离/m	5.5	6.0	0.6

（2）不停电搭设跨越架

当施工线路需要跨越不停电线路时，就需要不停电搭设跨越架。不停电搭设跨越架属于临近带电作业，安全要求比较高。材料最好采用不导电的杉木杆或毛竹，必须在天气良好的条件下搭设，跨越架必须有封顶及安全网，同时一定要制定好周全的措施，且跨越架与带电体之间的最小安全距离要满足有关规定（见表 3-6）。

表 3-6　跨越架与带电体之间的安全距离

被跨越电力线路的电压/kV	10 及以下	35
跨越架与带电体的垂直距离或水平距离/m	1.5	1.5
跨越架与避雷线的垂直距离/m	0.1	0.5

有条件时尽量采用停电搭设，不能停电时考虑带电作业，应降低被跨越线路的横担高度，以减少搭设跨越架的工作量。

3. 线轴布置

线轴应放置在角钢或槽钢做成的三脚架上，线轴安放好以后，必须要由有经验的电工看管，防止线轴在放线过程中倾倒，还要控制线轴的转动速度。线轴的出线端应从线轴上方引出，对准拖线方向，要有制动装置，如图 3-126 所示。

（a）布置示意图 　　　（b）布置实物图

图 3-126　线轴布置方式

导、地线线轴布置的原则如下：
① 尽量将长度或质量相同的线轴集中放在各段耐张杆处。
② 架空线的接头尽量靠近导线最低点。
③ 导线接头避免在不允许有导线接头的档距内出现。
④ 尽量考虑减少放线后的余线。
⑤ 考虑创造有利条件。

4. 滑车布置

在每基杆塔或导线展放牵引的转角处，必须设置合适匹配的滑车（如图 3-127 所示）。展放导线的挂线滑轮应使用铝质滑轮，架空地线应使用钢质滑轮，通常放线滑轮均为单滑轮，导线截面大于 240 mm² 时应使用双滑轮及四滑轮。

图 3-127　滑车布置

施线滑轮的使用应符合下列规定：
① 轮槽尺寸及所用材料应与导线或架空地线相适应。
② 导线放线滑轮轮槽底部的轮径应符合的规定。展放镀锌钢绞线架空地线时，其滑轮轮槽底部的轮径与所放钢绞线直径之比不宜小于 15。
③ 张力展放导线用的滑轮，其轮槽宽应能顺利通过接续管及其护套。轮槽应采用挂胶或其他韧性材料。滑轮的磨阻系数不应大于 1.01。
④ 对严重上扬、下压或垂直档距很大处的放线滑轮应进行验算，必要时应采用特制的结构。

5. 放线的组织工作

放线作业由于施工人员较多，又在一个较长距离的施工现场进行，为了确保放线工作的顺利进行和人身、设备的安全，现场工作负责人应做好相应的组织工作，对下述各工作岗位，应指定专人负责，并将具体工作任务交代明确：
① 每只线轴的看管人员。
② 每根导、地线拖线时的负责人员。
③ 每基杆塔的登杆人员。
④ 各重要交叉跨越处或跨越架处的监视人员。
⑤ 沿线通信负责人员。
⑥ 沿线检查障碍物的负责人员。

6. 施线通信联系

由于放线时有很多作业人员同时工作，要服从统一指挥，所以放线的通信联系极为重要。当放线的工作段较短时，一般口头指挥就可以；当放线的工作段较长时，可以利用旗号或者对讲机作为通信联系的方式。

3.7.2 放线

1. 放线方法

按照展放导线的受力方式，放线分为无张力放线（又称拖地放线）、张力放线以及其他放线施工。

无张力放线（拖地放线）也称为普通放线。在放线过程中，导线沿地面移动展放，基本不受力。按展放导线的原动力，无张力放线又分为人力放线和机动牵引放线。一般电压为 110 kV 及以下的电力线，且导线截面为 240 mm^2 及以下，钢绞线截面为 70 mm^2 及以下的线路，多采用传统人力放线方式。一般电压为 220 kV 及以下的电力线，且导线截面为 400 mm^2 及以下，钢绞线截面为 70 mm^2 及以下线路，多采用机动牵引放线方式。

（1）拖放线法放线

配电架空线路放线通常是在一个耐张段进行，一般常采用拖放线法放线。该放线法是将线轴安放在放线架上，从放线架线轴上方将线头引出，与牵引绳（白棕绳、尼龙绳）连接，用人力或汽车、拖拉机等作为牵引力,然后顺线路方向在地面上拖着展放导线。

人力拖地放线时,牵引人员依次有序地排列在一根牵引绳上,将绳顺线路拉向前方。导线过档距时,由专人将牵引绳或导线送上电杆穿越滑轮并将活门关好锁牢,再依次向前拖放,如图 3-128 所示。人力放线,在平地时人均可负重约 30 kg,在山地时人均可负重 20 kg。拉线人之间要保持适当的距离,以不使导线拖地为宜,防止导线出现拖地擦伤磨损、死弯(背花)和断股等问题。放线中每相导线不得交叉,随时注意信号,控制拉线速度。

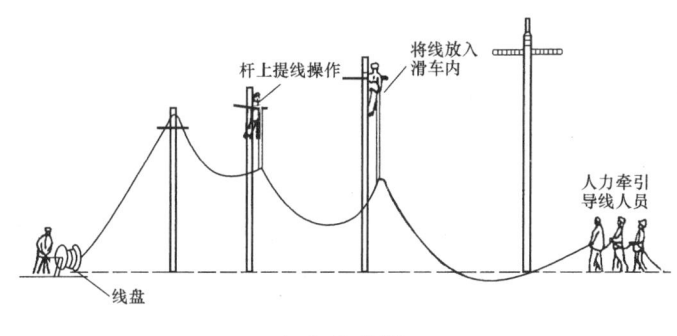

(a)示意图　　(b)施工图

图 3-128　人力放线

大型号的钢芯铝绞线采用机械放线。采用机动车机械牵引导线时,牵引钢绳与导线连接的接头通过滑车时,应设专人监视,牵引速度不宜超过 20 m/min,如图 3-129 所示。

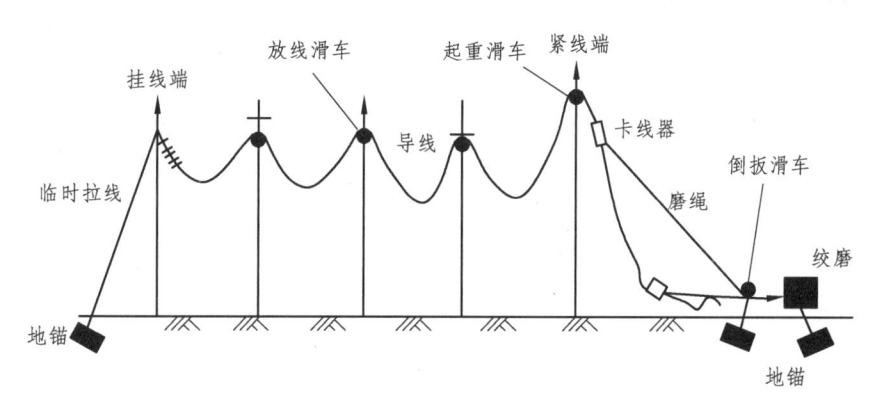

图 3-129　机械放线施工现场布置示意图

当导线牵放到每基杆下时,由登杆人员将导线挂入预先装在横担上的滑车的滑轮槽内,然后继续逐杆牵引、悬挂,直到本耐张段终端。

放线完成后应及时适度收紧,不能影响行人、铁路、公路交通。特别是双回路线路,上层有电,下层放线,一定要采取可靠、有效的安全措施,防止放线过程中导线弹跳碰及有电线路。

拖放线法放线不受施工场地的限制,需要的施工器具较少,比较简单可行。缺点是需耗用人工劳动量大,必须强调纪律秩序和组织分工,同时导地线在地面上拖动,磨损严重,对线路正常运行影响较大,并且拖放线所经过区域的农作物、经济林等有大面积损坏。所以,在电压等级超过 220 kV 的输电线路中严禁使用拖地展放。

(2) 张力放线

张力放线施工方法使导线腾空地面，在空中牵引，多回导线同时展放，在整个放线的过程中导线始终都处于不落地架空状态，从而避免了导线与地面的摩擦，在展放中始终承受到一个较低的张力，所以叫张力放线。

导线从安装在线轴车的导线盘上放出，经过张力机，通过蛇皮套、旋转连接器与走板连接起来，走板又通过旋转连接器与牵引绳连接起来，而牵引绳穿过中间杆塔的放线滑车，其另一端经过牵引机，到牵引绳卷车，形成一个完整的力的传递体系，如图3-130所示。牵引绳盘在牵引机的大轮上。当牵引机转动时，通过摩擦将牵引力传递给牵引绳，牵引力又经过诸多的放线滑车、连接器、走板传递给导线。导线盘在张力机的大轮上，导线又受到大轮传递来的摩擦阻力，于是导线就带上一定的张力。

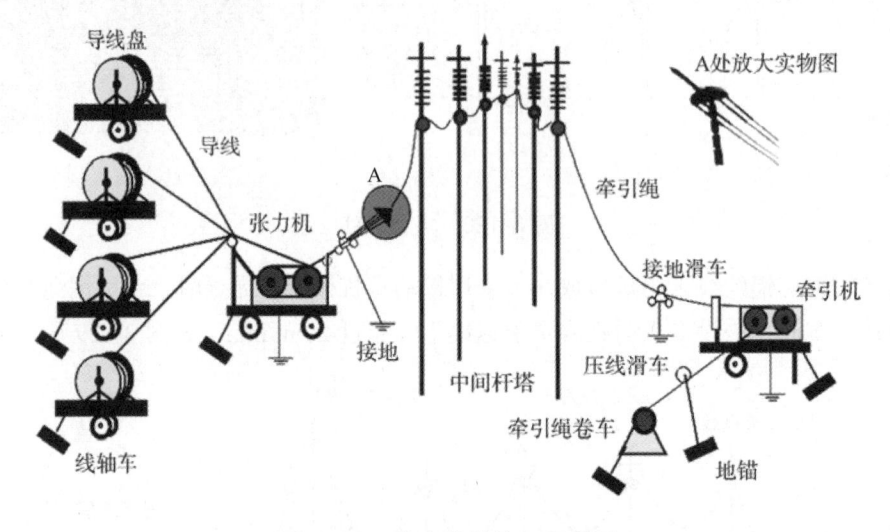

图 3-130 张力放线施工示意图

张力架线有诸多优点：可以避免对农作物损伤；放线质量好；减少劳动用工量，机械化程度高；放线速度快、效率高。因此，330 kV 及以上的输电线路必须使用张力架线施工；良导体架空地线 220 kV 线路的导线展放也采用张力放线；110 kV 导线也宜采用张力放线。

张力放线施工工艺较复杂，施工机具较多，施工场地较大，在中、低压配电线路施工中较少采用。

(3) 线引线放线

在配电线路旧线路改造换线时或大修调新线工程中，采用旧线牵引新线和预放牵引线的方法放线，如图3-131所示，这种方法类似于张力放线，在跨越物较多，树线、房线矛盾严重，交通行人量大的繁忙地段施工中使用简单、方便，有利于放线工作的安全。

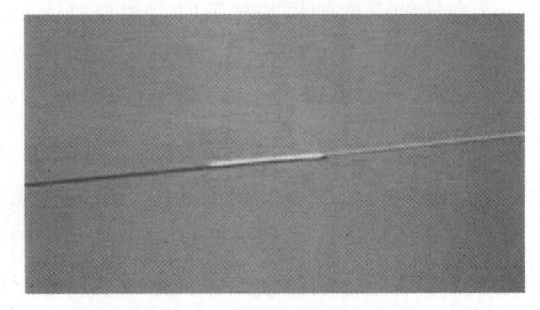

图 3-131 旧线牵引新线

采用旧线牵引新线展放导线的方法是:将旧线从原直线杆绝缘子绑扎处解开,放入放线滑车,然后将旧线两端从耐张杆上松开用绳索放下,新线与旧线的一端对接,接头应平滑、牢固,以利于导线接头通过滑轮;然后用旧线作为牵引,在拉动旧线下杆的同时新线被牵引上杆;放线结束,处理好记号缺陷并检查全线无异常后,可将导线适度收紧,使导线不影响交通和其他交跨物的正常运行。

2. 绝缘线展放

架设绝缘线宜在天气干燥时进行,气温应符合绝缘线施工的规定。

展放绝缘线过程中,应将绝缘线放在塑料滑轮或套有橡胶护套的铝滑轮上。滑轮直径不应小于绝缘线外径的 12 倍,槽深不小于绝缘线外径的 1.25 倍,槽底部半径不小于 0.75 倍绝缘线外径,轮槽槽倾角为 15°。

展放线时,宜采用网套牵引绝缘线,牵引绳之间用旋转连接器或抗弯连接器连接贯通,如图 3-132 所示,绝缘线不得在地面、杆塔、横担、绝缘子或其他物体上拖拉,以防损伤绝缘层。

图 3-132 绝缘导线牵引

3. 导地线连接

(1) 导线的连接方法

架空配电线路的导线连接和绑扎是架空施工中必不可少的工艺,该施工技术的常用方法有捻接法、缠接法、插接缠绕法、压接等。

① 捻接法和缠接法一般用于小截面的单股线或接户线的连接,如图 3-133、图 3-134 所示。

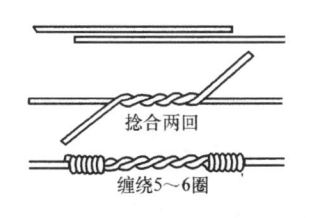

图 3-133 捻接法示意图　　图 3-134 缠绕法示意图

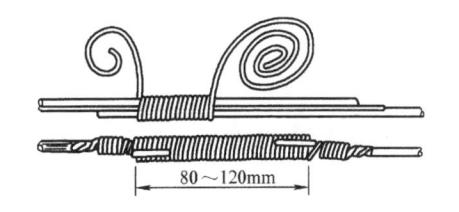

② 插接缠绕法用于较小截面的多股铜导线的连接,如图 3-135 所示。

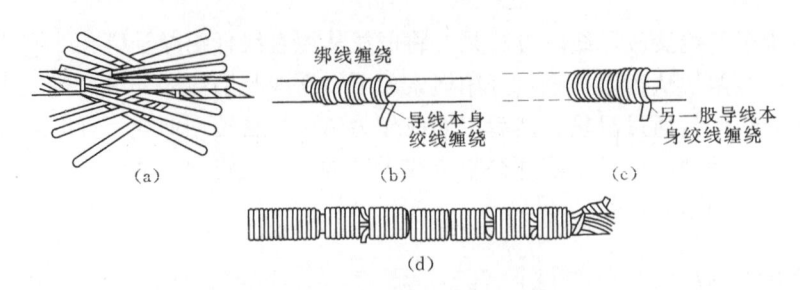

图 3-135 插接缠绕法连接示意图

③ 管接法用于低压、较小截面的多股绞线的连接，如图 3-136 所示。

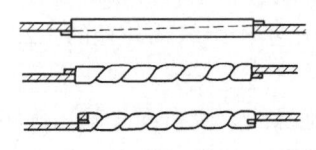

图 3-136 管接法连接示意图

④ 钳压连接是用钳压设备将钳压连接管与导、地线进行直接接续的压接操作。钳压器按使用操作及动力来源可分为机械杠杆和液压顶升两种。钳压连接的基本原理是利用钳压器将作用力传给钳压钢模，把被接的导线两端头和钳压管一同压成间隔状的凹槽，借助管壁和导线的局部变形，获得摩擦阻力，从而达到把导线接续的目的。钳压的压接方法如图 3-137、图 3-138 所示。

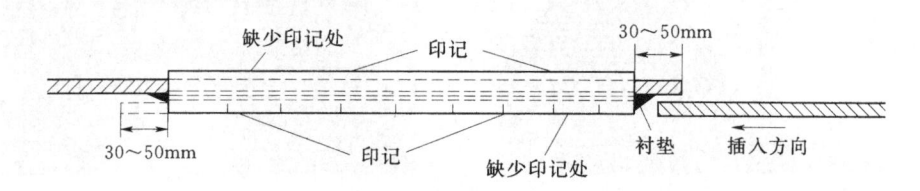

图 3-137 压接时导线塞入方向

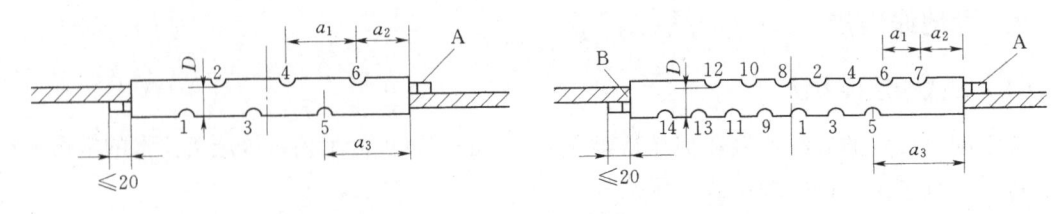

(a) LJ-35 型铝绞线钳压顺序　　(b) LGJ-35 型钢芯铝绞线钳压顺序

A—绑扎；B—衬垫；1，2，3…—钳压操作顺序。

图 3-138 导线钳压连接时的钳压顺序

由于钳压后连接管表面不甚光滑，易引起电晕，所以钳压连接适用于中、小截面导线的直线接续。

⑤ 液压连接是将液压管用液压机和钢模把架空线连接起来的一种传统工艺方法。架空线路的直线接续、耐张连接、跳线连接以及损伤补修等，都可以用液压连接。液压连接主要用于 240mm² 以上的大截面导线和钢绞线。钢芯铝绞线钢管对接式液压连接如图 3-139 所示。

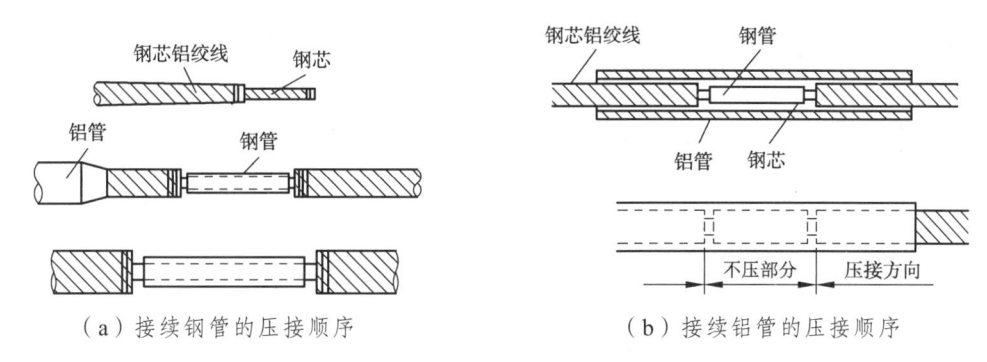

(a) 接续钢管的压接顺序　　　　　(b) 接续铝管的压接顺序

图 3-139　钢芯铝绞线钢管对接式液压连接示意图

（2）绝缘线的连接和绝缘处理

1) 绝缘线连接的一般要求

① 绝缘线的连接不允许缠绕，应采用专用的线夹、接续管进行连接。

② 不同金属、不同规格、不同绞向的绝缘线，无承力线的集束线严禁在档内作承力连接。

③ 在一个档距内，分相架设的绝缘线每根只允许有一个承力接头，接头距导线固定点的距离不应小于 0.5 m。低压集束绝缘线非承力接头应相互错开，各接头端距不小于 0.2 m。

④ 铜芯绝缘线与铝芯或铝合金芯绝缘线连接时，应采取铜铝过度连接。

⑤ 剥离绝缘层、半导体层应使用专用的切削工具，不得损伤导线。切口处绝缘层与线芯宜有 45° 的倒角。

⑥ 绝缘线连接后必须进行绝缘处理。绝缘线的全部端头、接口都要进行绝缘护封，不得有导线、接头裸露，防止绝缘线内进水。

⑦ 中压绝缘线接头必须进行屏蔽处理。

2) 绝缘线接头的相关规定

① 线夹、接线管的型号与导线规格相匹配。

② 压缩连接接头的电阻不应大于等长导线的电阻的 1.2 倍；机械连接接头的电阻不应大于等长导线电阻的 2.5 倍；档距内压缩接头的机械强度不应小于导体计算拉断力的 90%。

③ 导线接头应紧密、牢靠、造型美观，不应有重叠、弯曲、裂纹及凹凸现象。

（3）导线承力接头的连接和绝缘处理

① 承力接头的连接采用钳压法、液压法施工，在接头处安装辐照交联热收缩管护套或预扩张冷缩绝缘套管（通称绝缘护套），其绝缘处理示意图如图 3-140～图 3-142 所示。

② 绝缘护套管径一般应为被处理部位接续管的 1.5～2.0 倍。中压绝缘线使用内外两层绝缘护套进行绝缘处理，其各部分长度如图 3-140～图 3-142 所示。

③ 有半导体屏蔽层的绝缘线的承力接头，应在接续管外面先缠绕一层半导体自粘带，和绝缘线的半导体层连接后再进行绝缘处理。每圈半导体自粘带间搭压带宽的 1/2。

④ 绝缘线钳压法施工：

　　a. 将钳压管的喇叭口锯掉并处理平滑。

　　b. 剥去接头处的绝缘层、半导体层，剥离长度比钳压接续管长 60～80 mm。线芯端头用绑线扎紧，锯齐导线。

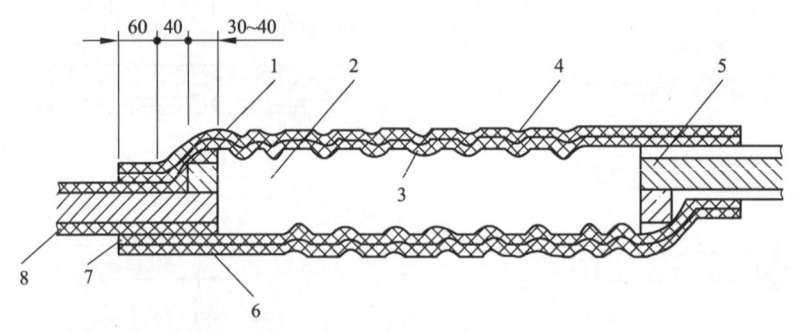

1—绝缘粘带；2—钳压管；3—内层绝缘护套；4—外层绝缘护套；
5—导线；6—绝缘层倒角；7—热熔胶；8—绝缘层。

图 3-140　承力接头钳压连接绝缘处理示意图（单位：mm）

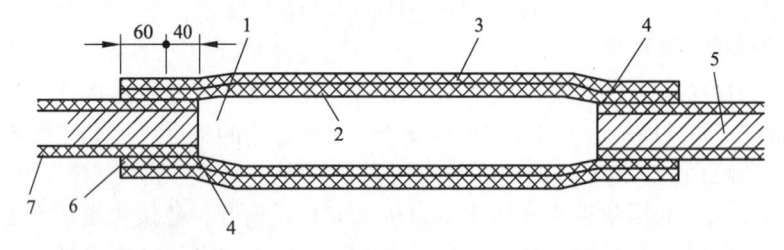

1—液压管；2—内层绝缘护套；3—外层绝缘护套；4—绝缘层倒角，绝缘粘带；
5—导线；6—热熔胶；7—绝缘层。

图 3-141　承力接头铝绞线液压连接绝缘处理示意图（单位：mm）

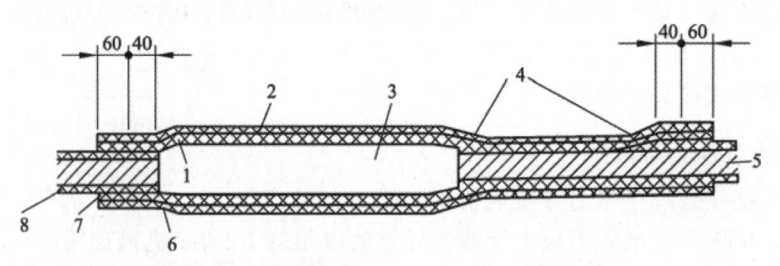

1—内层绝缘护套；2—外层绝缘护套；3—液压管；4—绝缘粘带；5—导线；
6—绝缘层倒角，绝缘粘带；7—热熔胶；8—绝缘层。

图 3-142　承力接头钢芯铝绞线液压连接绝缘处理示意图（单位：mm）

　　c. 将按续管、线芯清洗并涂导电膏。
　　d. 按图 3-138 所示的压口数和压接顺序压接，压接后按钳压标准矫直钳压接续管。
　　e. 将需进行绝缘处理的部位清洗干净，在钳压管两端口至绝缘层倒角间用绝缘自粘带缠绕成均匀弧形，然后进行绝缘处理。
⑤ 绝缘线液压法施工：
　　a. 剥去接头处的绝缘层、半导体层，线芯端头用绑线扎紧，锯齐导线，线芯切割平面与线芯轴线垂直。
　　b. 铝绞线接头处的绝缘层、半导体层的剥离长度，每根绝缘线比铝接续管的 1/2 长 20~30 mm。
　　c. 铝绞线接头处的绝缘层、半导体层的剥离长度，当钢芯对接时，其一根绝缘线比铝续接管的 1/2 长 20~30 mm，另一根绝缘线比钢接续管的 1/2 和铝续接管的长度之和长 40~60 mm；当钢芯搭接时，其中一根绝缘线比钢接续管和铝接续管长度之和的 1/2 长 20~30 mm，另一根绝缘线比钢接续管和铝接续管的长度之和长 40~60 mm。

d. 将接续管、线芯清洗并涂导电膏。

e. 按图 3-139 所示的接续管的液压部位及操作顺序压接。

f. 液压的压痕应为六角形，对边尺寸应为接续管外径的 0.866 倍，对边尺寸最大允许误差值为：$0.993D \times 0.866 + 0.2$ mm，其中 D 为接续管施压前外径，三个对边中只允许有一个达到最大值，接续管不应有肉眼看出的扭曲及弯曲现象，校直后不应出现裂缝，应锉掉飞边、毛刺。

g. 将需要进行绝缘处理的部位清洗干净后进行绝缘处理。

（4）导线非承力连接的绝缘处理

① 非承力接头包括跳线、T 接时的接续线夹（包含穿刺型接续线夹）和导线与设备连接端子。

② 接头的裸露部分须进行绝缘处理，安装专用的绝缘护罩。

③ 绝缘罩不得磨损、划伤，安装位置不得颠倒，有引出线的要一律向下，需紧固的部位应牢固严密，两端口需绑扎的必须用绝缘自粘带绑扎两层以上。

3.7.3 紧线

紧线施工段通常以耐张段作为基本单元，包括一个或数个耐张段，放线结束并在首端耐张杆上固定导线一端后，开始准备在末端耐张杆紧线，以耐张杆塔做紧线操作塔。

1. 紧线准备

① 应派专人进行现场检查，查看导线有无损伤、有无三相交叉混绞，所有连接是否符合工艺标准，有无障碍物卡住或钩牢等情况。

② 紧线施工前应根据施工荷载验算耐张杆塔和转角型杆塔强度，必要时应装设临时拉线或进行补强。采用直线杆塔紧线时，应采用设计允许的杆塔做紧线临锚杆塔，如图 3-143、图 3-144 所示。

图 3-143 临时地锚　　图 3-144 临时拉线布置

③ 紧线所必需的牵引设备和工器具齐全完好，准备就绪。

④ 须对工器具进行质量检查和尺寸校核，然后根据不同的紧线方式进行场地布置。如图 3-145 所示。

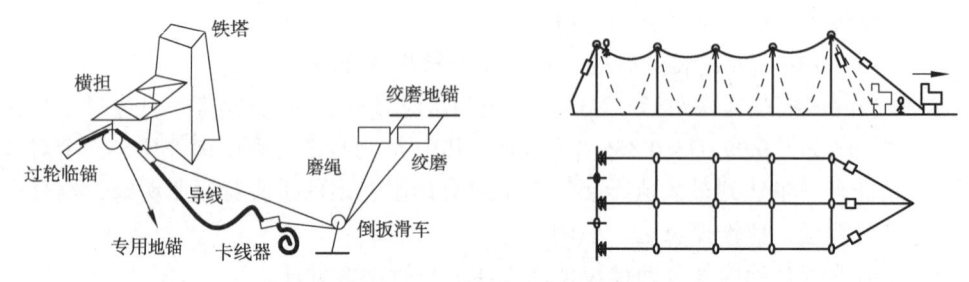

图 3-145 紧线施工示意图

⑤ 负责紧线的操作人员、通信人员、观测弧垂人员和护线人员均应到位做好准备。

⑥ 所有交叉跨越线路的防护措施稳定可靠，主要交叉处有专人负责。

2. 紧线方法

架空配电线路的紧线方法有单线紧线法、双线紧线法和三线紧线法。

（1）单线紧线法

紧线时一般先紧中相，后紧两边相。中相紧线略紧，这样在两边相紧线后可使导线水平，弧垂容易一致。两边相紧线时，第一相紧线不能过紧，以免横担拉斜，待第二相紧好后再逐相调节。这种方法的优点是所需设备少，所需的牵引力小，要求紧线人数不多，施工时不易发生混乱，比较容易施工；其缺点是施工的进度慢，紧线时间长。

（2）双线紧线法

两边相导线同时收紧后再紧中相，三相全部紧起后再逐相调节平衡，如图 3-146 所示。

（3）三线紧线法

紧线时同时紧起三根导线，如图 3-147 所示。该紧线方式与单线紧线法相比，不仅施工进度提高了 3 倍，而且也克服了单相紧线导致三相不平衡的缺点。但由于三线紧线法准备工作较多，效果并不理想，故一般不采用或很少采用。

图 3-146 双线紧线法示意图　　图 3-147 三线紧线法示意图

3. 紧线操作

① 紧线前要先收紧余线，用人力或用牵引设备牵引钢绳紧线，待架空线脱离地面约 2~3 m，即开始在耐张操作杆前面某处套上紧线器，如图 3-148 所示。

② 紧线时使用与导、地线规格匹配的紧线器。推动线夹张开，夹入导线，使线夹夹紧导线。绝缘线紧线时不宜过牵引，应使用牵引网套或面接触的卡线器，并应在绝缘线上缠绕塑料或橡皮包带。

③ 紧线宜按先上层、后下层，先地线、后导线，先中线、后两边导线的次序，如图3-149所示。

图3-148　紧线器紧线　　　　　　　　图3-149　边相紧线

④ 采用机动绞磨或人力绞磨牵引紧线钢绳进行紧线时，负责指挥紧线的人员应随时注意拉力表及导、地线离地情况。若发现不正常或前方传来停止信号，应迅速停止牵引，查明原因并处理后再继续牵引。

⑤ 架空线收紧接近弧垂要求值时，应减慢牵引速度，待前方通知已达到要求弧垂值或张力值时，立即停止牵引，待1min无变化时，在操作杆塔上进行划印。

⑥ 划印后，由杆塔上的施工人员在高空立即将导、地线卡入耐张线夹，然后将导、地线挂上杆塔，最后松去紧线器。此种操作方法因架空线不需要再行松下落地，所以称为一次紧线法。

⑦ 若高空划印后，再将导、地线放松落地，由地面人员根据印记操作卡线，同时组装好绝缘子串，再次紧线。高空操作人员待绝缘子串接近杆塔上的球头挂环时，立即将球头套入绝缘子碗头，插入弹簧销完成挂线操作，即为二次紧线。

⑧ 耐张线夹内的导线应包两层铝包带，在线夹两端应各露出50 mm，铝带尾端必须压在线夹内，包扎时从中心开始包向两端；第二层从两端折回包向中间为止。

3.7.4　观测弧垂

导线架放在杆塔上，应当具有符合设计要求的应力，这种应力反映在导线紧线时的弧垂是否符合规定的数值上。三相导线弛度误差不得超过 – 5% 或 + 10%，一般档距内弛度相差不宜超过 50 mm。架线施工时的弧垂，均由设计部门提供工程所使用的导、地线张力曲线和弧垂曲线图表，施工部门根据曲线图表查用。

1. 观测档的弧垂

（1）观测档的选择

① 紧线耐张段连续档在5档及以下时，靠近中间选择一档。

② 紧线耐张段连续档在 6～12 档时，靠近两端各选择一档。
③ 紧线耐张段连续档在 12 档以上时，靠近两端和中间各选择一档。
④ 观测档宜选择档距大和悬点高差小的档距，且耐张段两侧不宜作观测档。

（2）观测档弧垂的计算

观测档的档距与代表档的档距不同，弧垂数值也不同，需要由查得的代表档的弧垂数值换算成观测档的弧垂，即

$$f_{观} = f_{代} \left(\frac{l_{观}}{l_{代}} \right)^2 \tag{3-1}$$

式中　$f_{观}$、$f_{代}$——观测档和代表档的弧垂值，m；

　　　$l_{观}$、$l_{代}$——观测档和代表档的档距，m。

若一个耐张段内有两个以上观测档时，应依各观测档分别计算弧垂。

2. 导线弧垂的测法

（1）等长法（即平行四边形）

等长法为配电线路架线施工最常用的观测弧垂的方法。此法施工班组容易掌握，观测精度高。如图 3-150 所示，在 A、B 杆上各挂弧垂尺（弧垂绳），从架空线悬挂点起始向下量出需测弧垂数值 f，结扎一横观测板，调整架空线张力至 A、B 杆的横尺与导线最低点目测呈一直线，此时架空线的弧垂即为要求的 f 值。在两杆塔悬挂点高低差不大的情况下，采用等长法观测弧垂比较精准；若悬点高差较大，宜采用异长法观测弧垂。

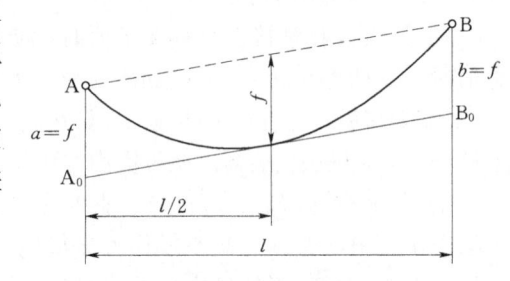

图 3-150　等长法观测弧垂示意图

（2）异长法

采用异长法测弧垂比等长法多一步计算过程。如图 3-151 所示，A、B 两杆悬挂的弧垂板数值与弧垂 f 值的关系为：

$$\begin{cases} \sqrt{a} + \sqrt{b} = 2\sqrt{f} \\ f = 1/4(\sqrt{a}+\sqrt{b})^2 \\ a = (2\sqrt{f}-\sqrt{b})^2 \end{cases} \tag{3-2}$$

在 B 杆挂弧垂板，选择适当的 b 值，目的是使视线切点尽量接近架空线弧垂的底部，根据要求的 f 值，由式（3-2）即可算出 A 杆弧垂板的 a 值。再用与等长法相同的测视方式调整导线张力，使 A、B 杆的弧垂板与架空线的最低点底部呈一直线，此时弧垂即为要求的 f 值。

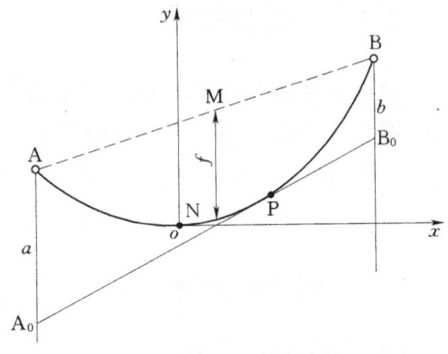

图 3-151　异长法观测弧垂示意图

3.7.5 导线固定绑扎

绑线方法有顶扎法、侧绑法、终端绑扎法等。铝绞线和钢芯铝绞线导线的绝缘子绑线材料与导线材料相同，铝镁合金导线应使用铝绑线。铝绑线的直径应在 2.6~3.0 mm 内。铝导线在绑扎之前，应将导线与绝缘子接触的地方缠裹宽 10 mm、厚 1 mm 的铝包带，其缠绕长度要超出接触部分 30 mm，如图 3-152 所示。

绝缘导线应使用有外皮的绑线。绝缘线在绝缘子上固定应缠绕绝缘自粘带，缠绕长度应超出绑扎处两侧各 30 mm，如图 3-153 所示。

图 3-152 裸铝导线顶绑实物图 　　　　图 3-153 绝缘导线顶绑实物图

1. 顶扎法

直线杆一般情况下都采用顶扎法绑扎，如图 3-154 所示。

动画：单十字顶绑法

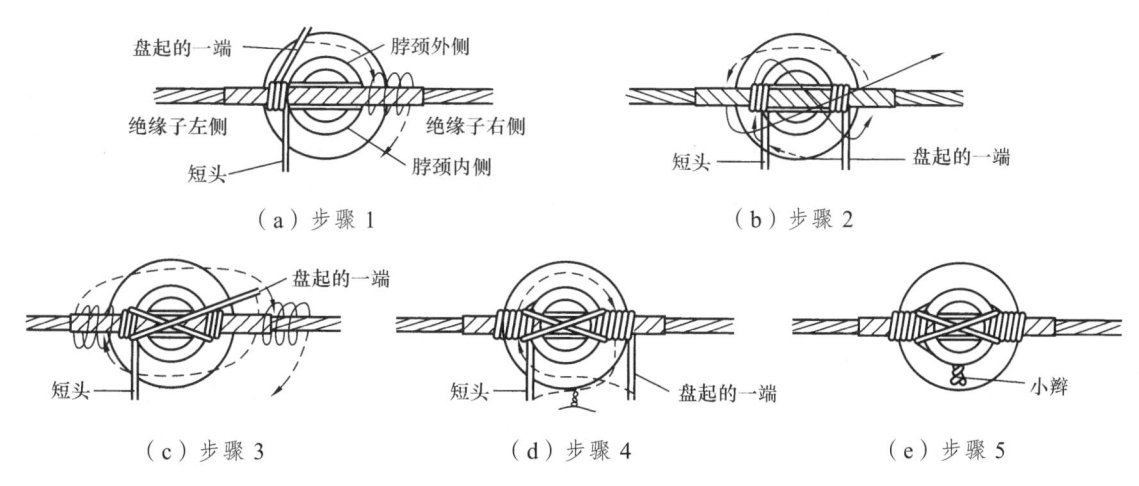

（a）步骤 1　　（b）步骤 2

（c）步骤 3　　（d）步骤 4　　（e）步骤 5

图 3-154 顶扎法绑扎示意图

顶扎法绑扎的步骤如下（以裸导线为例）：

① 绑扎处的导线上缠绕铝包带（若为铜线则不缠绕铝包带），将绑线盘成一圆盘状，留出一个短头，其长度为 250 mm 左右，用短头在绝缘子侧面的导线上绕 3 圈，方向是从导线外侧经导线上方向导线内侧，如图 3-154（a）所示。

② 将盘起来的绑线自绝缘子脖颈内侧绕到绝缘子右侧导线上，并再绑 3 圈，其方向是由导线下方经外侧绕向导线上方，如图 3-154（b）所示。

③ 将盘起来的绑线自绝缘子脖颈内侧绕到绝缘子右侧导线上，并再绑 3 圈，其方向是由导线下方经内侧绕到导线上方，如图 3-154（c）所示。

④ 将盘起来的绑线自绝缘子脖颈内侧绕到绝缘子右侧导线上，并再绑 3 圈，其方向是由导线下方经外侧绕到导线上方，如图 3-154（d）所示。

⑤ 将盘起来的绑线自绝缘子外侧绕到左侧导线下面，并自导线内侧上来，经过绝缘子顶部交叉压在导线上，然后从绝缘子右侧导线外侧绕到绝缘子脖颈内侧，并从绝缘子左侧的导线下侧经过导线外侧上来，经绝缘子顶部交叉压在导线上，此时已有一个十字压在导线上。

⑥ 重复⑤的方法再绑一个十字（如果是单十字绑法，此步骤略去），把盘起来的绑线从绝缘子右侧的导线内侧，经下方绕到绝缘子脖颈外侧，与绑线短头在绝缘子外侧中间拧一小辫，将其余绑线剪断并将小辫压平，如图 3-154（e）所示。

⑦ 绑扎完毕后，绑线应在绝缘子两侧导线上绕够 6 圈。

2. 侧绑法

侧绑法适用于转角杆，此时导线应放在绝缘子脖颈外侧，如图 3-155 所示。

绝缘子侧绑的步骤如下（以裸导线为例）：

① 在绑扎处的导线上缠绕铝包带，若是铜线则可不缠铝包带。

② 把绑线盘成一个圆盘，在绑线的一端留出一个短头，其长度为 250 mm 左右，用绑线的短头在绝缘子左侧的导线上绑 3 圈，方向上自导线外侧经导线上方绕向导线内侧，如图 3-156（a）所示。

图 3-155　绝缘导线侧绑实物图

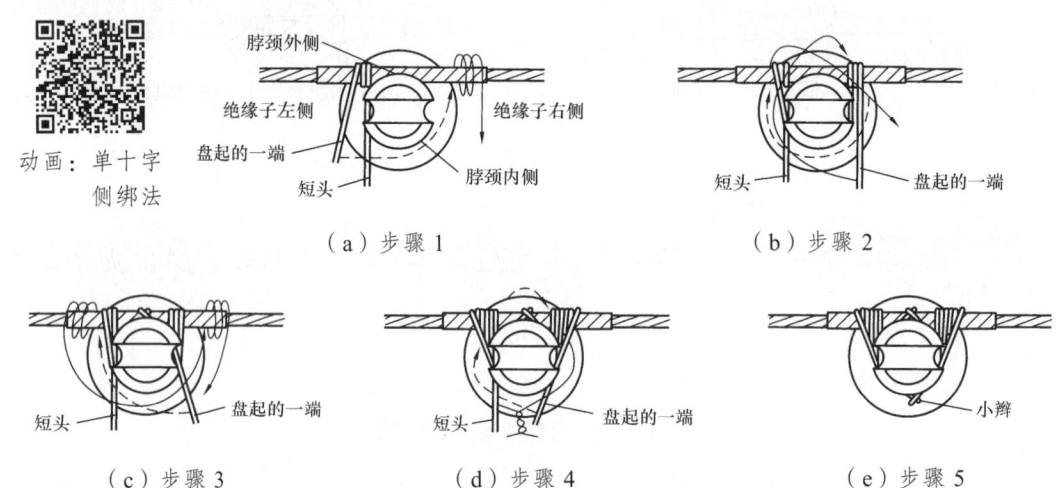

（a）步骤 1　　（b）步骤 2

（c）步骤 3　　（d）步骤 4　　（e）步骤 5

图 3-156　侧绑法绑扎示意图

③ 用盘起来的绑线自绝缘子脖颈内侧绕过，绕到绝缘子右侧导线上方，即交叉在导线上

方，并自绝缘子左侧导线外侧经导线下方绕到绝缘子脖颈内侧，再将绝缘子内侧的绑线绕到绝缘子右侧导线下方，交叉在导线上，并自绝缘子左侧导线上方绕到绝缘子脖颈内侧，如图3-156（b）所示。此时，导线外侧已有一个十字。

④ 重复③的方法再绑一个十字（如果是单十字绑法，此步骤略去），用盘起来的绑线绕到绝缘子右侧导线上，再绑3圈，方向是自导线上方绕到导线外侧，再到导线下方，如图3-156（c）所示。

⑤ 用盘起来的绑线从绝缘子脖颈内侧绕回到绝缘子左侧导线上，并再绑3圈，方向是从导线下方经过外侧绕到导线上方；然后再经过绝缘子脖颈内侧回到绝缘子右侧导线上，并再绑3圈，方向是从导线上方经外侧绕到导线下方，如图3-156（d）所示；最后回到绝缘子脖颈内侧中间，与绑线短头拧一个小辫，剪去余线并压平，如图3-156（e）所示。

⑥ 绑扎完毕后，绑线应在绝缘子两侧导线上绕够6圈。

3. 终端绑扎法

终端绑扎法适用于蝶式绝缘子（茶台），如图3-157所示。

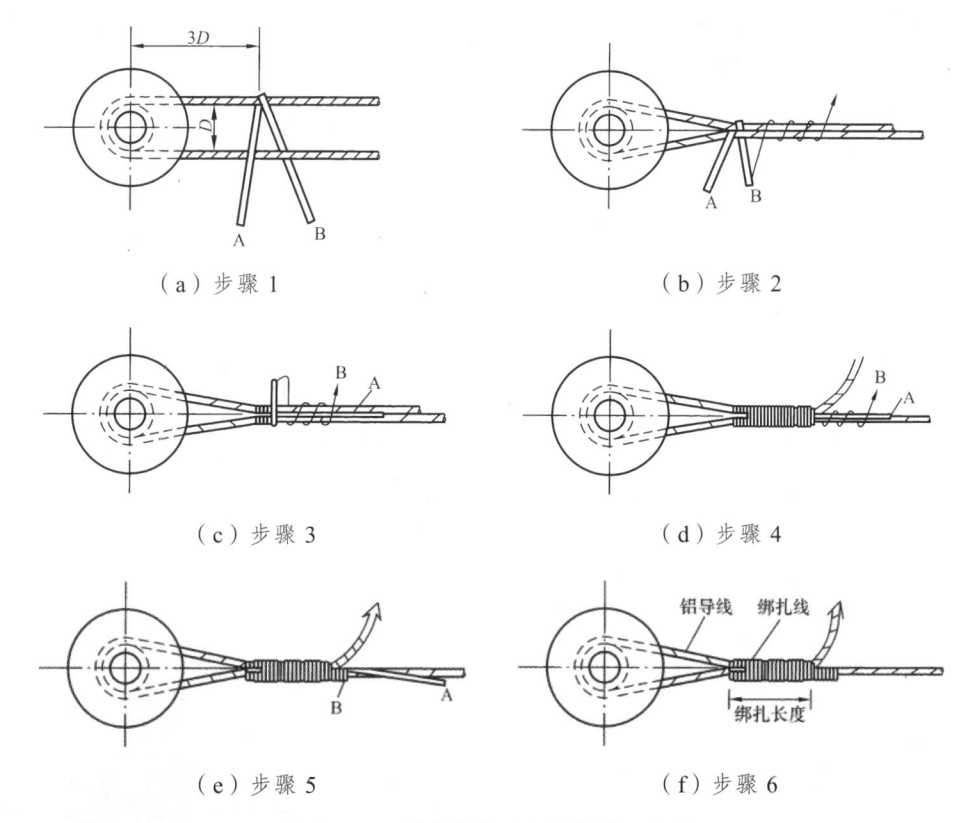

（a）步骤1　　　　　　　　　（b）步骤2

（c）步骤3　　　　　　　　　（d）步骤4

（e）步骤5　　　　　　　　　（f）步骤6

图 3-157　蝶式绝缘子上的绑扎示意图

绝缘子终端绑扎法的步骤如下：

① 导线与蝶式绝缘子接触部分，用宽10 mm、厚1 mm的软铝带包缠，若是铜线可不绑铝包带。

② 导线截面积小于 LJ-35 型、TJ-35 型的导线，绑扎长度为 150 mm；导线截面积大于 LJ-50 型、TJ-50 型的导线，用钢线卡子固定。

③ 把绑线绕成圆盘，在绑线一端留出一个短头，长度比绑扎长度多 50 mm。

④ 把绑线端头夹在导线与折回导线中间凹进去的地方，然后用绑线在导线上绑扎，如图 3-157（a）~（d）所示。

⑤ 绑扎到规定长度后，与端头拧 2~3 下，呈小辫状并压平在导线上，如图 3-157（e）所示。

⑥ 把导线端部折回，压在扎线上，如图 3-157（f）所示。

⑦ 绑扎方法的统一要求是绑扎平整、牢固，并防止使用钢丝钳时伤及导线和扎线。

3.7.6　附件安装

1. 接地环安装

绝缘线路的干线、耐张段、分支线路的首端和末端，以及有可能反送电的分支线的导线上，应设置绝缘接地线夹。同杆架设的线路，若上方线路在该基杆上已设置接地装置，下方线路也应在该基杆上相应设置接地环。线路与其他高电压等级线路的交跨点处应设置接地环。

如图 3-158 所示，根据使用导线的规格和电压等级，选用合适规格的穿刺接地线夹，安装点与耐张线夹的位置距离应不小于 0.5 m；将线夹上的螺母松开，无须剥去导线绝缘层，然后将线夹卡在导线上；使用专用力矩扳手拧紧穿刺接地线夹上部的螺母，使螺栓紧固，使验电环与导线平行。

2. 故障指示器安装

故障指示器的安装位置应根据线路距离、地形、地貌进行选择，要达到实用方便的效果，如图 3-159 所示。对于 10 kV 主干线路，应在 2 km 左右的耐张杆或有线路断路器的前一基杆处安装一组故障指示器。依此类推，一般主干线路以安装 3 组为宜。另外，还应考虑在交通方便的杆塔上安装故障指示器，便于故障时观察，这样就把主干线路分成了 4 个自然段。故障时，故障点至电源之间所装设的故障指示器会有红色标记指示，巡线人员可根据各故障指示器动作与否来正确判断故障线路区段。

图 3-158　穿刺接地线夹安装　　　　图 3-159　故障指示器安装

一般在分支线路与主干线路的连接处都装设有跌落式保险或断开设备,可在分支线的断路器出线上装设一组故障指示器。假如分支线较长时,可在该分支线路的 1/2 距离处再装设一组故障指示器。线路故障时,首先观察各分支线连接处的故障指示器的动作情况,若发现异常,应首先断开该线路,恢复好其他线路的供电,并继续检查中段线路的故障指示器动作情况。若中段线路的故障指示器有指示,则故障点在该线路的后半部分;若中段线路的故障指示器无异常,则故障点就在该线路的前半部分。缩小故障范围后,就很容易查出故障点了。

故障指示器在导线上悬挂时应垂直地面,不能倾斜。倾斜会使指示器转动困难,不能正确动作,或故障消除后指示器不回位,造成误判断。

故意指示器应安装在杆塔的电源侧,一般为距离杆塔绝缘子 700 ~ 1 000 mm 处,不能装设在杆塔的负荷侧,以横担为分界点,目的是当杆塔上的设备元件有故障时,也在该指示器的指示范围内。

3. 引流线的安装

耐张杆塔两面的导线紧好以后,必须将耐张杆塔两侧导、地线连接,螺栓式耐张线夹宜用铝并沟线夹将尾线连接,如图 3-160 所示。

铝并沟线夹与导线的连接部分,在连接前必须经过净化处理,用汽油擦净并用钢丝刷刷去导线和线夹的污垢,涂抹一层电力复合脂。每相不少于两只铝并沟线夹连接,尾线太短需另加搭接线时,必须满足过电流的要求。

绝缘架空线耐张杆处的引流线不宜从主导线处剥离绝缘层搭接,应从线夹延伸的尾线处进行搭接。同时对于起点、终端杆耐张线夹处的尾线,预留长度应充足,打圈迂回与主导线进行绑扎。铝并沟线夹加绝缘罩使用,如图 3-161 所示。绝缘罩内有积聚凝结水的空间,排水孔应在下方。绝缘罩的进出线口应具有确保与所用架空绝缘导线密封的措施。绝缘罩应锁紧各机构,该锁紧机构应能在各种气候条件下使两部分可靠结合且不会自动松开。

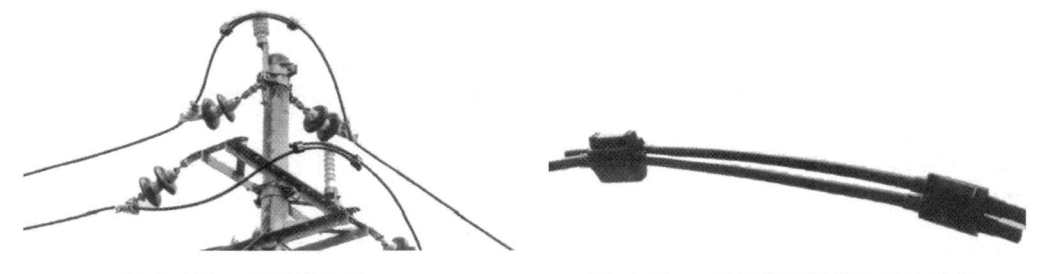

图 3-160 引流线安装　　　图 3-161 带绝缘罩铝并沟线夹安装

任务 3.8　配电设备安装

3.8.1　配电变压器的安装

1. 配电变压器的安置形式

配电变压器一般情况下都安装在露天场所,通常有柱式变压器台、落地式变压器台和台墩式变压器台等安装方式。

（1）柱式变压器台

柱式变压器台又可分为单柱式变压器台、双柱式变压器台和三柱式变压器台三种。

图 3-162 所示为单柱式变压器台。它是将变压器、高压跌落式熔断器和高压避雷器装在一根电杆上。单柱式变压器台适用于安装 50 kV·A 及以下的配电变压器。

图 3-163 所示为双柱式变压器台。根据设计经验及有关资料表明，双柱式变压器台适用于 320 kV·A 以下的变压器，两根电杆的中间距离一般为 2.5 m。此安装方式的结构简单，占地面积少，比三柱式变压器台少用一根电杆及其他材料。

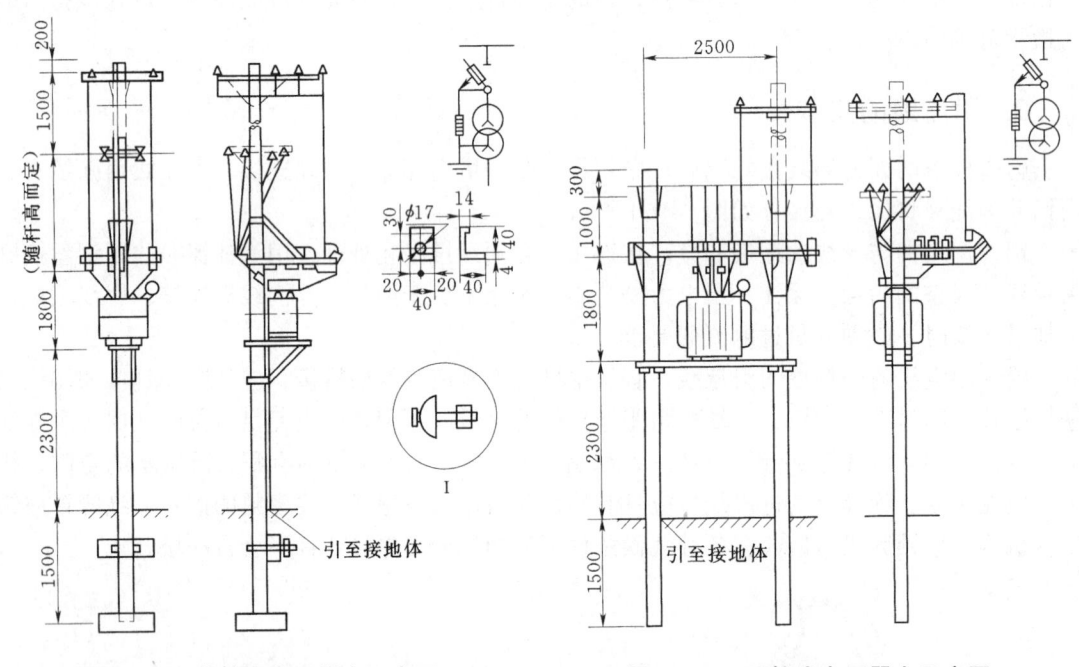

图 3-162 单柱式变压器台示意图　　图 3-163 双柱式变压器台示意图

图 3-164 所示为三柱式变压器台，它一般由电力线路终端杆和另外两根副杆组成，通常在终端杆只装设高压跌落式熔断器，另外两根副杆组成的台架供安装变压器之用。此安装方式的优点是维修和更换变压器方便，可以在 10 kV 线路不停电的情况下检修和更换变压器及变压器台的其他部件；缺点是造价高，采用三根电杆，占地面积大。

（2）落地式变压器台

对于容量在 50 kV·A 以上的变压器，安装方式可采用落地式变压器台。变压器直接放在距地面 20 ~ 30 cm 的砖石或混凝土四方墩台上，高压引下线及跌落式熔断器、避雷器等均安装在线路终端杆上；低压出线端及配电箱安装在对应的较低的电杆上。为了防止人、畜接近带电部分而发生触电事故，变压器台周围应设有高度不小 1.7 m 的围栏，与变压器之间的距离应为 1.5 ~ 2.0 m。安装完毕及竣工后，应设置警告牌，以防人、畜接近触电。

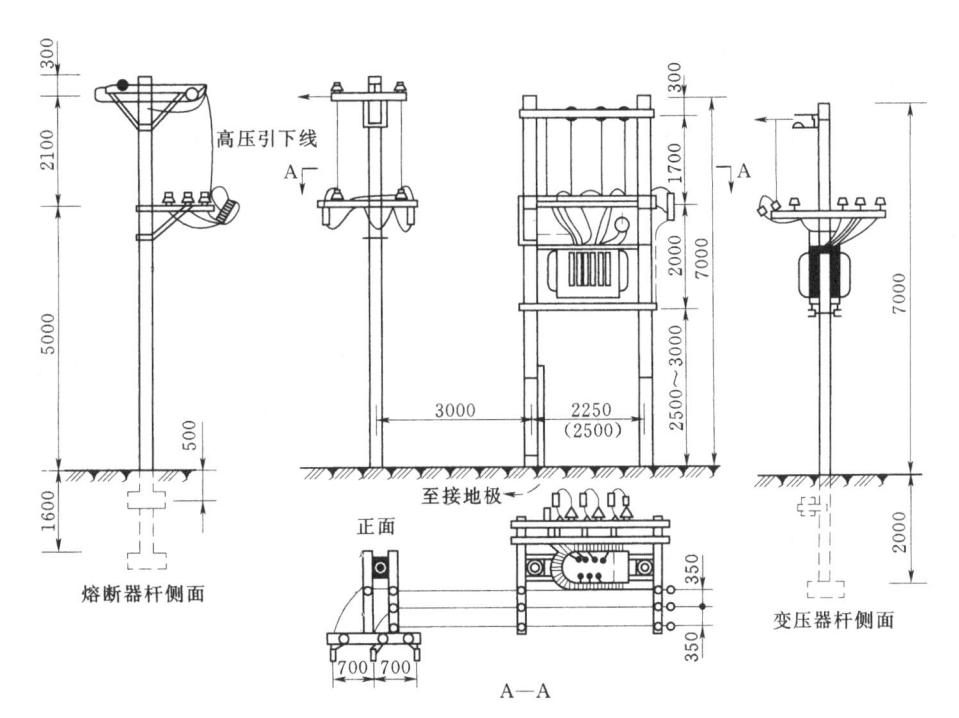

图 3-164　三柱式变压器台示意图

（3）台墩式变压器台

在变压器杆的下面，用砖石砌成面积为 0.5~1 m² 的四方墩台，将变压器放置其上，变压器杆兼作高压线的终端杆并引下线，同时也作为低压出线的终端。台墩式变压器的安装尺寸大致与杆上变压器相同。安装完毕后，应在电杆或围墙周围悬挂"高压危险，不许攀登！""生命危险，不许靠近"等警告牌，以防止人、蓄接近触电。

2. 台架及横担安装（以双杆变压器台的组装为例）

① 检查双杆组立是否正直，埋深是否符合规范要求，双杆根开误差不应超过 ±30 mm，双杆高差不应超过 ±20 mm，如图 3-165 所示。

② 变压器台架横担宜采用槽钢，槽钢厚度应大于 10 mm，如图 3-166 所示。

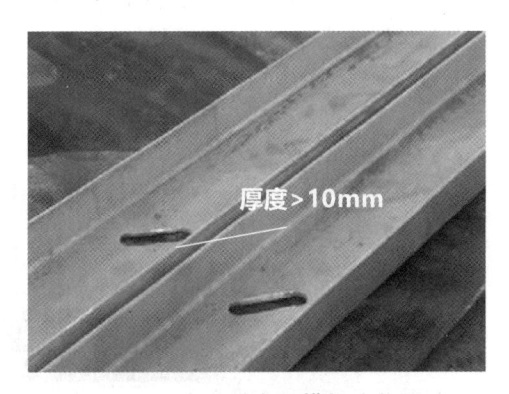

图 3-165　双杆位置检查　　　　图 3-166　变压器台架横担实物图

③ 变压器台的水平倾斜不应大于台架根开的 1/100，如图 3-167 所示。变压器安装平台对地高度不应小于 2.5 m。

④ 安装杆顶支架和线路横担，如图 3-168 所示，横担安装应牢固，符合相关规定。

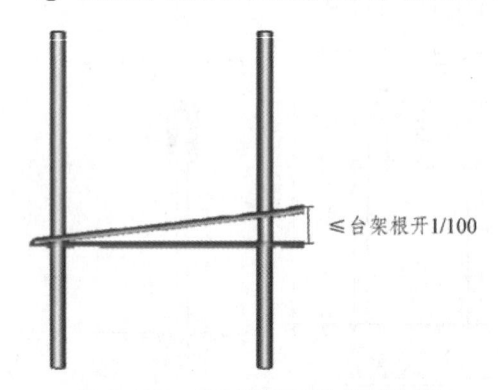

图 3-167　变压器台架安装示意图

图 3-168　杆顶支架和线路横担安装

⑤ 安装跌落式熔断器和避雷器横担，如图 3-169 所示，横担安装应按照从上到下的顺序安装，安装工艺应符合相关规定。

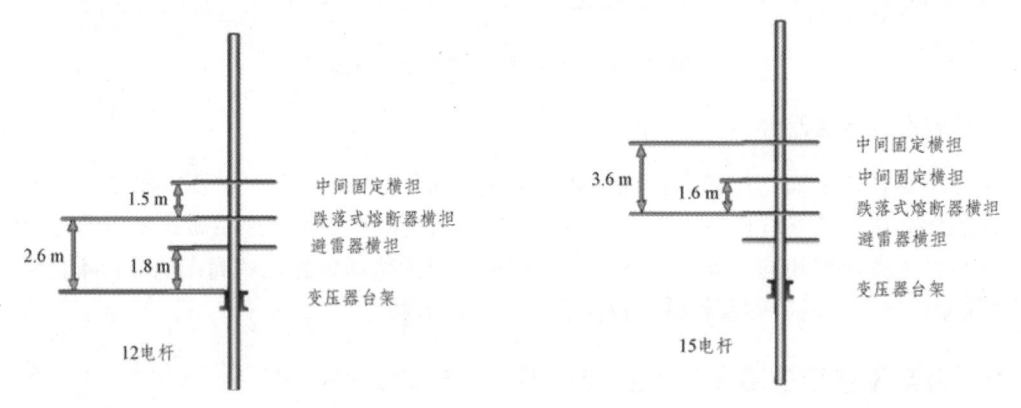

（a）12 m 电杆横担安装示意图　　　　（b）15 m 电杆横担安装示意图

图 3-169　横担安装示意图

⑥ 安装低压出线横担，如图 3-170 所示，横担安装工艺应符合相关规定。

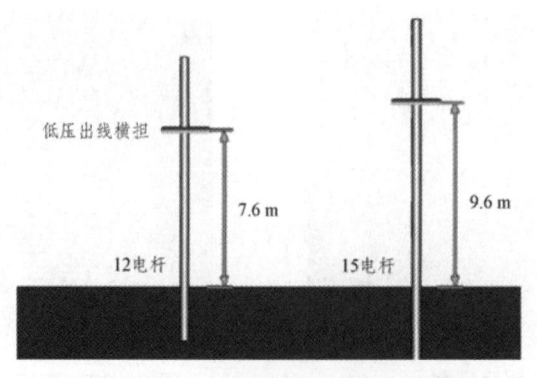

图 3-170　低压出线横担安装示意图

3. 变压器安装

① 先对变压器进行外观检查,确保各部件完好,油位正常,外壳干净,呼吸通道畅通,符合运行要求。

② 根据变压器重量及地形情况,确定吊装方案。选取与变压器重量相符的钢丝绳套,并挂接在变压器的起重挂点上,不得吊在冷却片或油箱上,避免对变压器造成损伤。起吊时应保持水平,如图 3-171 所示,在吊装过程中应谨慎小心,避免碰伤油箱或壳体,起吊钢索夹角应不大于 60°,严禁超载起吊。

③ 变压器离地约 0.1 m 时应暂停起吊并由专人进行检查,确认正常后方可继续起吊。

④ 变压器采用夹铁固定安装在槽钢上,变压器离地距离不小于 2.5 m。

⑤ 配电变压器安装应正直,水平倾斜不大于根开的 1/100,与水泥杆保持适当距离。

⑥ 在变压器两侧的醒目位置加挂变压器命名牌和警示标志。

⑦ 变压器安装好后,变压器各带电部位与周边构筑物、树、竹等之间的距离应符合要求,套管不应有裂纹、破损等现象,油位符合要求,外壳干净,如图 3-172 所示。

视频:柱上配电变压器安装

图 3-171 变压器吊装

图 3-172 变压器安装

4. 配电箱安装

① 先进行配电箱外观检查,确保各部件完好、接线正确。

② 根据配电箱重量及地形情况,确定吊装方案。选取与配电箱重量相符的钢丝绳套,起吊时应保持配电箱水平,在吊装过程中应谨慎小心,避免碰伤箱体,起吊钢索夹角应不大于 60°,严禁超载起吊。

③ 配电箱离地约 0.1 m 时应暂停起吊并由专人进行检查,确认正常后方可继续起吊。

④ 配电箱采取悬挂式居中安装,安装应平正、牢固,如图 3-173 所示。配电箱下沿距离地面不小于 2 m,如图 3-174 所示。

⑤ 配置无功补偿装置的低压交流配电箱,当电流互感器安装在箱内时,接线、投运正确性要求应符合相关规定,如图 3-175 所示。

⑥ 设备接线应牢固可靠,电线线芯破口应在箱内,进出线孔洞应封堵,如图 3-176 所示。

⑦ 在配电箱两侧醒目位置粘贴台区名称和警示标志。

图 3-173 配电箱安装

图 3-174 配电箱离地距离

图 3-175 配电箱出进线安装

图 3-176 进出线封堵

5. 引流线连接

① 引流线应排列整齐，间距适当，引流线连接应采用接线端子，连接处涂电力复合脂。

② 引流线与架空线路的连接应采用并沟线夹或绝缘穿刺线夹，线夹的数量不应少于 2 个，线夹型号应与导线相匹配，搭接前应先清除导线及引流线连接部分的氧化层，确保接触紧密良好，如图 3-177 所示。

③ 跌落式熔断器、变压器及避雷器的高压引流线宜采用绝缘线连接，截面不宜小于 35 mm^2，如图 3-178 所示。

图 3-177 引流线与导线搭接

图 3-178 高压引流线安装（一）

④ 变压器中性点和外壳、配电箱外壳及避雷器接地引下线宜采用多股铜芯线连接，保护接地与工作接地应分开接地，截面不宜小于 25 mm²。

⑤ 高、低压引流线相序正确，连接紧密。引流线与变压器桩头的连接宜采用抱杆线夹连接，如图 3-179 所示，变压器一、二次侧引流线不应使变压器的套管直接承受应力。低压出线采用绝缘软铜导线，200 kV·A 及以下的变压器的导线截面为 150 mm²，400 kV·A 及以下的变压器的导线截面为 300 mm²，如图 3-180 所示。绝缘导线在出线支架蝶式绝缘子上固定后，引入综合配电箱。

图 3-179　高压引流线安装（二）　　图 3-180　低压引流线安装

⑥ 综合配电箱侧面采用电缆出线，电缆沿副杆外侧向上引至低压横担。12 m 电杆在台架和低压横担之间，从下向上每隔 1.5 m 用电缆卡箍固定一次；15 m 电杆在台架和低压横担之间，从下向上每隔 1.6 m 用电缆卡箍固定一次，如图 3-181 所示。

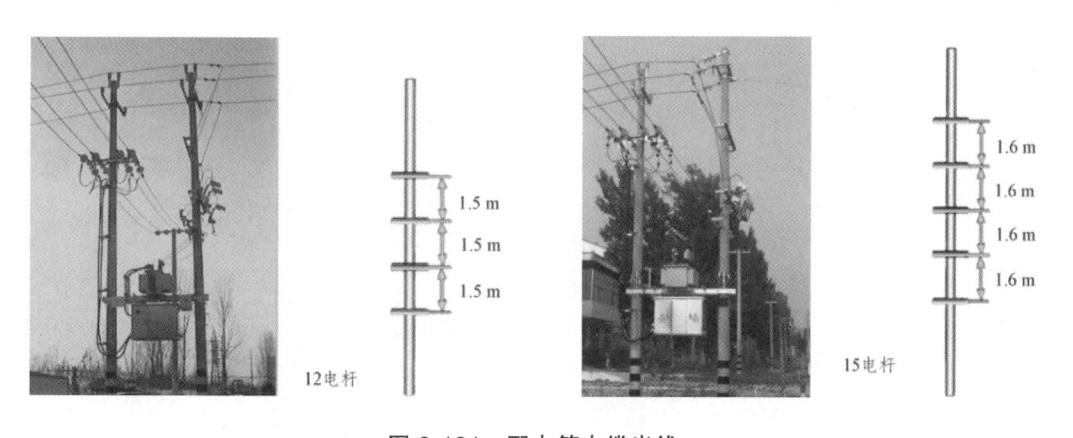

图 3-181　配电箱电缆出线

6. 接地装置安装

① 沿配电变压器台架开挖接地装置环形沟槽，如图 3-182 所示，其深度要求为 0.6 ~ 0.8 m，宽度为 0.3 ~ 0.4 m。通过耕地的线路，接地体应埋设在耕作深度以下，且不宜小于 0.6 m。

② 接地体敷设成围绕变压器的闭合环形。城市安装受环境限制可采用带形接地装置，但接地电阻应满足要求。接地装置设水平和垂直接地的复合接地网，垂直接地极采用镀锌角钢，数量不少于两根；水平接地极一般采用镀锌钢材，埋深不应小于 0.6 m，且不应接近煤气管道及输水管道。接地极之间采用焊接连接，如图 3-183 所示。焊接面应防腐处理。

图 3-182　环形接地沟开挖　　　　图 3-183　接地体焊接

③ 配电变压器均装设避雷器，其接地引线应与变压器二次侧中性点及变压器的金属外壳连接，如图 3-184 所示。

④ 考虑防盗要求，接地极汇合处设置在主杆离地 3.0 m 处，分别与避雷器接地、变压器中性点接地、变压器外壳接地和不锈钢低压综合配电箱外壳进行有效连接，如图 3-185 所示。

图 3-184　变压器外壳与避雷器接地线连接　　　　图 3-185　接地线连接

⑤ 接地体距地面 1.5 m 范围内喷涂黄绿漆标识，喷涂黄绿漆的间隔应保持宽度一致、顺序一致，如图 3-186 所示。

⑥ 接地装置安装完成后，应测量接地电阻，应符合相关要求。

图 3-186　接地体喷涂黄绿漆标识

3.8.2　柱上电器设备的安装

1. 断路器安装

视频：柱上设备安装

断路器安装如图 3-187 所示。

① 支架安装尺寸应符合设计要求，组装尺寸允许偏差应在 ±20 mm 范围内。支架保持水平，其水平倾斜不大于支架长度的 1%，如图 3-188 所示。

图 3-187　断路器安装　　　　　　　　图 3-188　断路器支架安装

② 根据断路器重量及地形情况，确定吊装方案。选取与断路器重量相符的绳套，并牢靠地连接在断路器的起重挂点，使起吊时能保持水平，严禁超载起吊。

③ 在电力线附近吊装时，吊车必须接地良好。与带电体的最小安全距离应符合安全规程的规定。

④ 断路器离地约 0.1 m 时应暂停起吊并进行检查，确认正常后方可正式起吊。断路器应平稳缓慢吊装至支架，就位推进要平稳，调整水平时，不允许抬、扛（拉）瓷套管，不得碰伤或撞坏器件。在调整好断路器位置后，安装固定铁，紧固螺栓。

⑥ 断路器安装应垂直，固定应牢靠，相间套管在同一水平面上，如图 3-189 所示。断路器水平倾斜不应大于托架长度的 1%。

⑦ 断路器电源侧应装隔离开关，分闸后应形成明显断开点，其隔离点在开关电源侧。

⑧ 引流线连接使用铜镀锡接线端子，引流线连接应紧密，引流线相间距离不小于 300 mm，对地（钢构架）距离不小于 200 mm。

⑨ 断路器安装后，操作应方便灵活，分、合位置指示应清晰可见、便于观察。电压互感器安装在支架上应稳固，螺栓应拧紧。电控制箱安装在适当高度，便于操作，如图 3-190 所示。外壳接地应可靠，接地电阻值应符合设计要求。

图 3-189　断路器安装

图 3-190　电控制箱安装

2. 跌落式熔断器安装

① 先对熔断器进行外观检查，确保设备完好。

② 跌落式熔断器支架安装在线路下方，距上层横担应不小于 0.6 m，距地面不小于 4.5 m，如图 3-191 所示。

③ 地面组装熔断器，拧紧各部件螺栓，调整小抱箍，使熔断器与连接铁保持同一平面。安装熔管熔丝，熔丝配置应按照载流量选择，安装时应拉紧安装，避免接触不良烧断。

④ 熔断器杆上安装时应先取下熔管，逐相进行安装，熔断器安装应牢固、排列整齐，熔管轴线与地面的垂线夹角为 15°～30°，如图 3-192 所示，方便熔丝熔断时自然落下。

图 3-191　跌落式熔断器支架安装

图 3-192　跌落式熔断器安装

⑤ 熔断器相间距离不小于 500 mm。引流线连接使用铜镀锡接线端子，引流线连接应紧密，引流线相间距离不小于 300 mm，对地（钢构架）距离不小于 200 mm。

⑥ 若分支是采用电缆或绝缘导线接出的，还需在熔断器下桩头加装接地环，以方便检修挂接地线，接头接触应紧密良好。

⑦ 熔断器安装后，操作应灵活可靠，接触紧密，合熔丝管时上触头应有一定的压缩行程，如图 3-193 所示。

图 3-193　跌落式熔断器的操作

3. 隔离开关安装

① 隔离开关装设应牢固，分闸时，应有足够的空气间隙，如图 3-194 所示。
② 隔离开关水平相间距离：20 kV 不小于 400 mm，10 kV 不小于 300 mm。
③ 中相隔离开关应装设在易于引流线安装的一侧。
④ 静触头安装在电源侧，动触头安装在负荷侧。
⑤ 水平安装的隔离开关，分闸时，应使静触头带电，如图 3-195 所示。

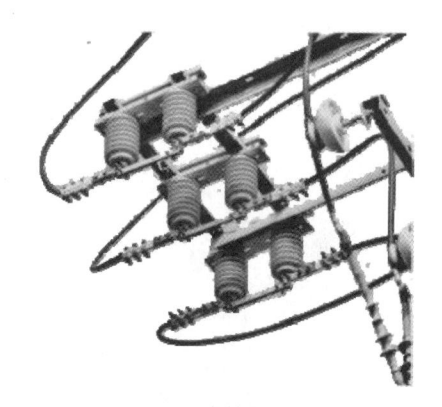

图 3-194　隔离开关安装　　　　图 3-195　隔离开关水平安装

⑥ 引流线连接使用铜镀锡接线端子，引流线连接应紧密，引流线相间距离不小于 300 mm，对地（钢构架）距离不小于 200 mm。
⑦ 隔离开关安装完毕后，应进行三次拉合试验，操作机构应灵活，动、静触头结合紧密牢靠。

4. 避雷器安装

① 避雷器各连接处的金属接触表面应除去氧化膜及油漆，并涂一层电力复合脂。
② 避雷器应垂直安装在支架上，如图 3-196 所示，应排列整齐，固定可靠，螺栓应紧固。相间距离：20 kV 不小于 450 mm，10 kV 不小于 350 mm，1 kV 及以下不小于 150 mm。
③ 与电气部分连接，不应使避雷器产生外加应力。

④ 避雷器引流线短而直、连接紧密，应采用绝缘线，其截面应符合规定。引上线：铜线不小于 16 mm²，铝线不小于 25 mm²。引下线：铜线不小于 25 mm²，铝线不小于 35 mm²。

⑤ 在线路上每隔 300 m 装设 1 组带间隙的氧化锌避雷器，在线路上每 3 基左右电杆加装 1 组防雷绝缘子，多雷区应逐基加装防雷绝缘子，如图 3-197 所示。

图 3-196　避雷器安装

图 3-197　防雷绝缘子安装

5. 电容器安装

① 各台电容器编号应在通道侧，顺序符合设计，相色完整。

② 电容器的布置应使铭牌向外，以便于工作人员检查，电容器外壳与固定电位连接应牢固可靠。

③ 箱式电容器安装必须按厂家说明进行，带电体与外壳的距离应符合要求，如图 3-198 所示。

图 3-198　电容器安装

微课：杆上电气设备安装常见缺陷

任务 3.9　接户线安装

接户线是将电能输送和分配到用户的最后一段线路，也是用户线路的终端部分。它是从架空配电线路到用户电源进户点前第一支持物之间的一段导线。

3.9.1　高压接户线

高压接户线一般适用于较大的工厂、企业、用电量较多的单位等专用变的用户。供电部门与用户的线路分界处应装设开关（按需要安装跌落式熔断器、隔离开关或柱上开关），如图 3-199 所示。

对于高压接户线的要求如下：

① 根据《架空绝缘配电线路设计标准》（GB 51302—2018），高压接户线的截面面积应根据允许载流量选择，且不宜小于表 3-7 所列数值。

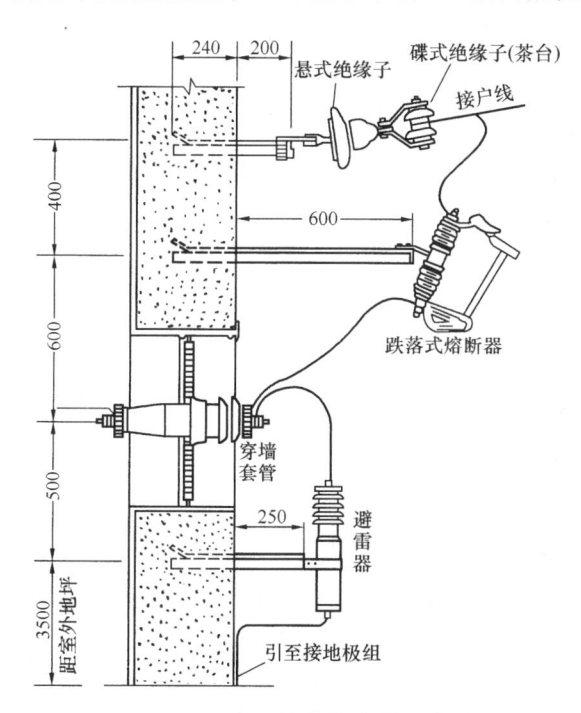

表 3-7　绝缘导线截面面积

绝缘导线		截面面积 /mm²
1 kV～10 kV 接户线	铜芯绝缘导线	25
	铝芯绝缘导线	35
1 kV 及以下 接户线	铜芯绝缘导线	10
	铝芯绝缘导线	16

图 3-199　高压接户线安装示意图

② 高压接户线的档距不宜大于 30 m，线间距离不应小于 0.4 m。

③ 高压接户线受电端对地面的垂直距离不应小于 4.0 m。高压接户线至地面的最小距离：在人口密集地区为 6.5 m，人口稀少地区为 5.5 m，交通困难地区为 4.5 m。

④ 当接户线导线截面积较小时，一般使用悬式绝缘子与蝶式绝缘子串联的方式固定在建筑物的支持点上；当导线截面积较大时，则使用悬式绝缘子和耐张线夹的方式固定在建筑物的支持点上。支持点应安装牢固，能承受接户线的全部拉力。

⑤ 高压接户线引入室内时，必须采用穿墙套管而不能直接引入，以防导线与建筑物接触漏电伤人及接地故障的发生。

⑥ 高压接户线一般不宜跨越道路，如必须跨越道路时，应设高压接户杆。
⑦ 不同金属、截面的接户线在档距内不应连接，档距内不允许有接头。

3.9.2 低压接户线

低压（380/220 V）线路供电的低压接户线的档距不宜大于 25 m，否则按低压架空配电线路设计。图 3-200 所示为低压接户线安装示意图。

视频：接户线施工

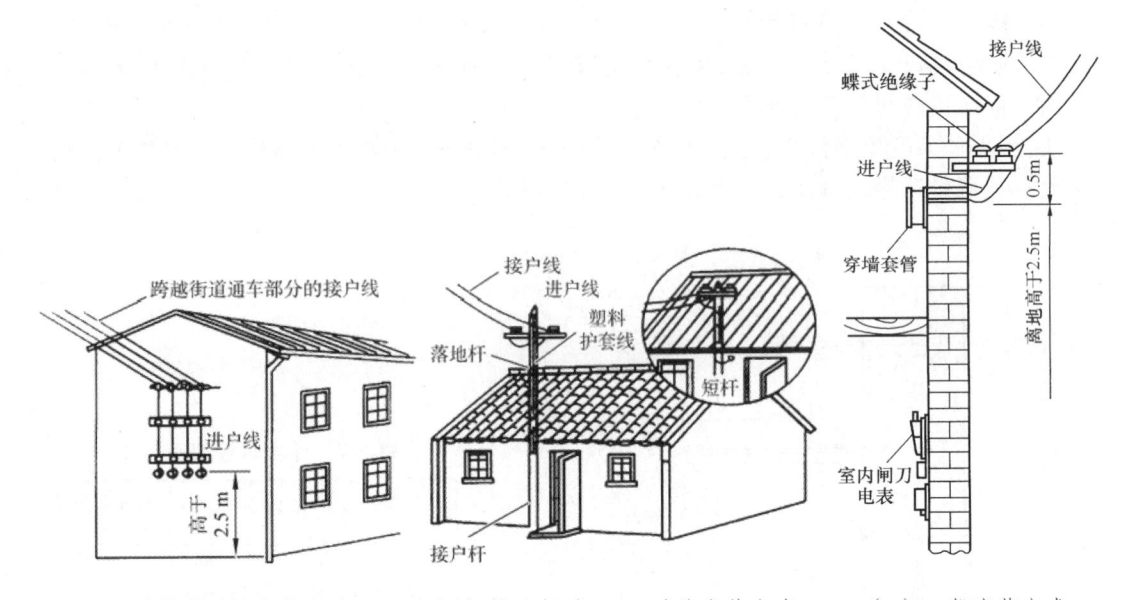

（a）跨越街道的安装方式　　（b）档距超过 25 m 时的安装方式　　（c）一般安装方式

图 3-200　低压接户线安装示意图

① 380/220 V 接户线的施工安装，按照国家电网公司的典型设计要求，包括 7 种常见的接户线方案，分别为：380 V 分裂导线架空接户方式，220 V 分裂导线架空接户方式，380 V 集束导线架空接户方式，220 V 集束导线架空接户方式，电缆直埋接户方式，电缆悬挂接护方式，沿墙敷设接户方式，如图 3-201 所示。

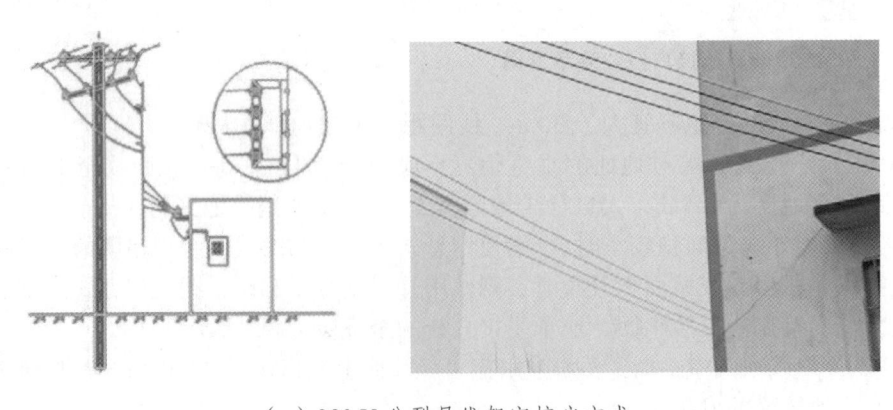

（a）380 V 分裂导线架空接户方式

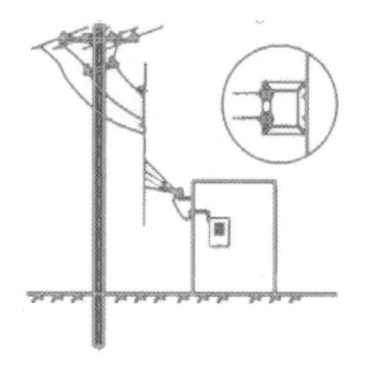

任务3.9 接户线安装

（b）220 V分裂导线架空接户方式

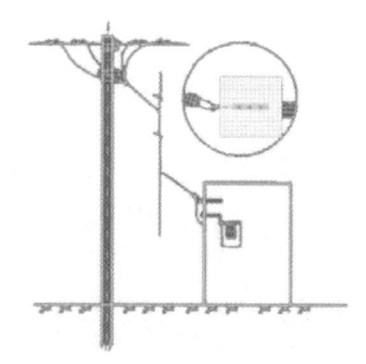

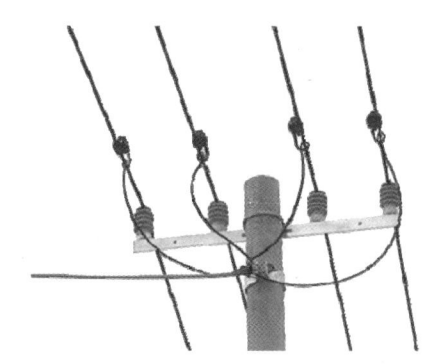

（c）380 V集束导线架空接户方式

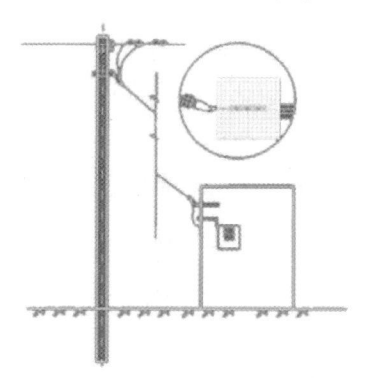

（d）220 V集束导线架空接户方式

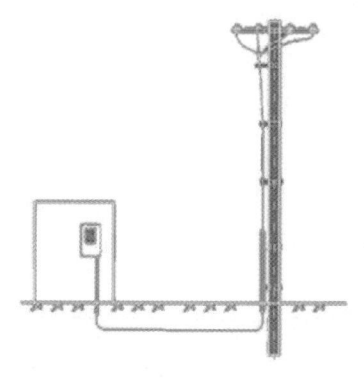

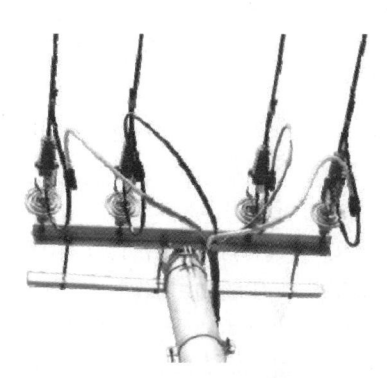

（e）电缆直埋接户方式

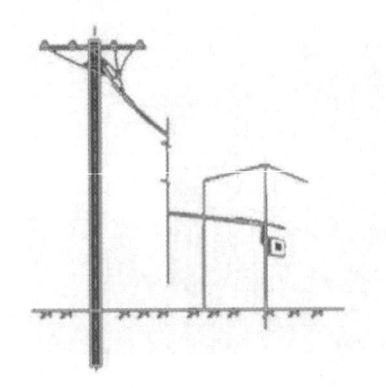

(f）电缆悬挂接户方式

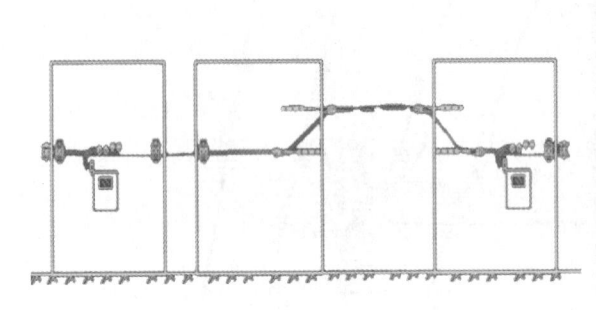

(g）沿墙敷设接户方式

图 3-201　常见的接户线方案示意图及实物图

② 低压接户线在房檐处引入线对地面的距离不应小于 2.5 m，不应高于 6 m，不足 2.5 m 者应升高接户杆。接户杆宜采用钢筋混凝土杆，杆径不应小于 100 mm。

③ 低压接户线的受电端对地面垂直距离不应小于 2.7 m。跨越街道的低压接户线至路面中心的垂直距离应符合下列规定：

　　a. 通车街道不应小于 6 m。
　　b. 通车困难的街道、人行道不应小于 3.5 m。
　　c. 不通车的胡同（里、弄、巷）不应小于 3 m。

④ 低压接户线与建筑物有关部分的距离应符合下列规定：

　　a. 与接户线下方窗户的垂直距离不应小于 0.3 m。
　　b. 与接户线上方阳台或窗户的垂直距离不应小于 0.8 m。
　　c. 与窗户或阳台的水平距离不应小于 0.75 m。
　　d. 与墙壁、构架的距离不应小于 0.05 m。

⑤ 低压接户线不得从高压引下线间穿过，也不应跨越铁路。低压接户线与弱电线路的交叉距离应符合下列规定：

　　a. 低压接户线在弱电线路上方不应小于 0.6 m。
　　b. 低压接户线在弱电线路下方不应小于 0.3 m。
　　c. 如不能满足上述要求，应采取加强绝缘措施。

⑥ 低压接户线的固定应符合下列规定：

　　a. 接户线在杆上的一端应采用绝缘子固定；用户墙上或房檐处也应用绝缘子固定，

如图 3-202 所示。

b. 接户线在用户墙上的固定点至接户线进户之前应做防水弯，防水弯应有 200 mm 的弛度，防止雨水灌入用户墙体。

c. 接户线横担宜采用镀锌角钢制作，角钢截面不应小于 40 mm × 4 mm。

d. 接户线横担宜采用穿透墙壁的螺丝固定，为防止拔出，内端应有垫铁。混凝土结构的墙壁可不穿透，但应用水泥浇灌牢固，禁止采用木塞固定。

e. 接户线最小线间距离不应小于表 3-8 中的规定，且支持瓷瓶应整齐、美观。

（a）接户线电源侧安装　　　　　（b）接户线负荷侧安装

图 3-202　接户线安装

表 3-8　低压接户线的最小线间距离

架设方式		档距/m	线间距离/m
自电杆上引下		25 及以下	0.30
沿墙敷设	水平排列	3 及以下	0.10
	垂直排列	6 及以下	0.15

f. 低压接户线与同杆上的低压接户线交叉、接近时的最小净空距离不应小于 0.1 m。不能满足时应套上绝缘管。

g. 配电线路接户线固定端当采用绑扎固定时，其接线固定端绑扎长度应按下述要求执行：导线截面 10 mm² 及下，绑扎长度不小于 50 mm；导线截面在 10 ~ 16 mm² 之间，绑扎长度不小于 80 mm；导线截面在 25 ~ 50 mm² 之间，绑扎长度不小于 120 mm；导线截面在 70 ~ 120 mm² 之间，绑扎长度不小于 200 mm。

微课：接户线安装　　　　　视频：标示安装　　　　　微课：标识安装
　　常见缺陷　　　　　　　　　　　　　　　　　　　　常见缺陷

项目 4　电力电缆线路认知及操作

任务 4.1　电力电缆认知

电力电缆线路是将电缆敷设在地下、沟道或管道中，从地下传输电能的输电方式。在大城市的交通枢纽和建筑物密集、通信和电力线路繁多、各种管道纵横交错、不易架设架空线路的区域，多采用电缆线路供电。

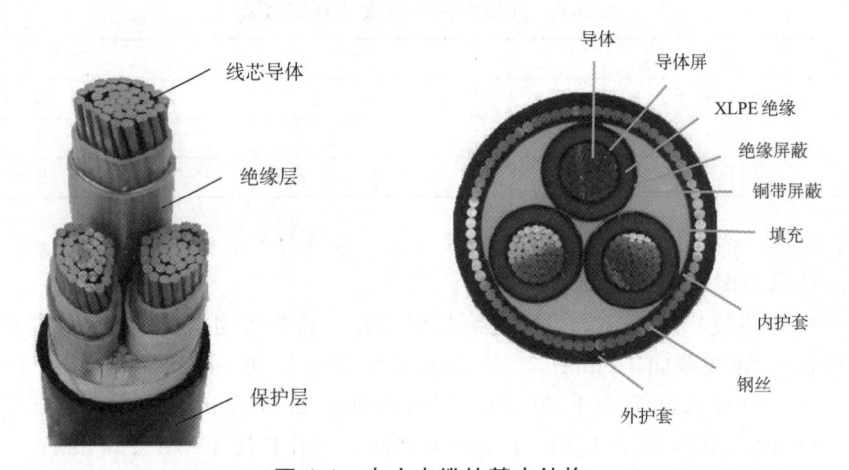

4.1.1　电力电缆的基本结构

电力电缆的基本结构包括导线、绝缘层、保护层三部分，如图 4-1 所示。额定电压 1.8/3 kV 及以上的电缆应有金属屏蔽层，对于 6 kV 及以上电缆，绝缘层内外还各有一层屏蔽层。

动画：电缆输电　　微课：电力电缆的结构和种类

图 4-1　电力电缆的基本结构

1. 线芯导体

电缆的缆芯（导体）用来传输电流（交流或直流），是电缆的主要部分。一般由多股铜或铝股线绞合而成，这样的电缆比较柔软。

电缆线芯截面有圆形、扇形、腰圆形和中空圆形等多种结构，如图 4-2 所示。10 kV 及以上交联聚乙烯电缆和 20 kV 及以上油纸电缆均采用圆形绞合导体结构，圆形绞合导体的几何形状固定，表面电场较均匀；扇形、腰圆形绞合导体多用于 10 kV 及以下多芯油纸电缆和 1 kV 及以下挤包电缆，能减少电缆直径，节约材料消耗；中空圆形绞合导体多用于自容式充油电缆。

（a）圆形　　　　　　　　（b）扇形　　　　　　　　（c）腰圆形

图 4-2　导体形状

对于大截面导体，如电压等级在 66 kV 及以上的电力电缆，通常将其加工成由几个相互绝缘的独立部分构成的导体，即分割导体结构，使每部分的尺寸减小，如图 4-3 所示，可达到减小集肤效应引起的交流电阻的目的。

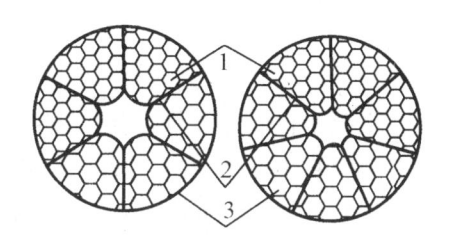

1—铜单线；2—绝缘带；3—半导电带。

图 4-3　扇形分割导体结构

2. 绝缘层

电力电缆绝缘层具有耐受电网电压的特点。电缆运行时应具有较高的绝缘电阻、击穿强度，优良的耐树枝放电和局部放电能力，能长期稳定，有一定的柔软性和机械特性。绝缘材料包括油浸纸绝缘、挤包绝缘和压力电缆绝缘三种。

3. 保护层

电力电缆保护层包裹在电缆绝缘层外面，能保护电缆绝缘层在使用过程中免受水分、潮气及其他有害物质的侵入，防止机械外力损伤，减少环境因素（如紫外线、火灾、蚁害等）的破坏，以保证长期稳定的物理性能和电气性能。

电缆保护层结构包括内护层和外护层（外护套）两部分。

（1）内护层

内护层紧贴绝缘层，电缆护套按所用材料不同，分为金属护套、非金属护套和组合护套。110 kV 及以上交联聚乙烯电缆应采用金属护套，所用材料有铅、铝和钢；非金属护套用于以本身具有较高耐湿性的高分子聚合物为绝缘的电缆；组合护套一般用薄铝带纵向绕包，带边重叠，然后涂以沥青为基础的防蚀涂料，再挤包添加炭黑 2%～3% 的低密度聚乙烯护套。组合护套仍具有塑料电缆柔软、轻便的特性，但由于铝带的隔潮作用，其透水性比单一的塑料护套要低得多。

（2）外护层

外护层包裹在内护层外面，由里向外分为内衬层、铠装层和外被层三个同心圆层。内衬层的作用是保护护套不被铠装轧伤；铠装层可承受电缆的压力或拉力，使电缆具备必需的机械强度。铠装层的材料主要是钢带或钢丝。钢带铠装能承受压力，适合地下直埋辐射，钢丝铠装能承受拉力，适合水底或垂直敷设；外被层位于最外层，能防止铠装层和金属护套遭受电化学腐蚀。一般用聚氯乙烯或聚乙烯通过挤包法制成，对外被层材料经过适当特殊处理，可制成与某些特定环境相适应的电缆，如阻燃电缆、防白蚁电缆等。

铅套充油电缆的特种外护层比普通电缆增加了一个"加强层"。"加强层"为绕包径向铜带或径向不锈钢带，可以承受充油电缆的内部油压力。

4. 屏蔽层

交联聚乙烯电缆屏蔽层包括半导电屏蔽层和金属屏蔽层。

（1）半导电屏蔽层

电缆屏蔽层是电阻率很低且较薄的半导电层。作为改善电缆绝缘内电力线分布的一项措施，屏蔽层分为导体屏蔽（也称为内屏蔽）和绝缘屏蔽（也称为外屏蔽）。

导体屏蔽与被屏蔽的导体等电位，并与绝缘层良好接触，使导体和绝缘界面表面光滑，消除界面处空隙对电气性能的影响，避免在导体与绝缘层之间发生局部放电。

绝缘屏蔽与被屏蔽的绝缘层有良好接触，与金属护套（金属屏蔽层）等电位，避免因绝缘层与护套之间存在间隙可能导致的局部放电。在高压充油电缆的绝缘屏蔽外，还要用铜带和编织铜丝带扎紧绝缘层，使绝缘屏蔽与金属护套有良好的接触。

绝缘屏蔽层有可剥离屏蔽和不可剥离屏蔽两种。由于可剥离层的存在可能产生气隙，发生局部放电，因此 35 kV 及以下电缆一般为可剥离屏蔽，110 kV 及以上电缆应为粘结屏蔽。

（2）金属屏蔽层

绝缘屏蔽外有金属屏蔽层，它将电场限制在电缆内部，保护电缆免受外界电气干扰，主要起到静电屏蔽的作用。金属屏蔽层有铜带和铜丝两种，35 kV 及以上电缆应采用铜丝屏蔽。采用铅包或铝包金属套时，金属套可作为金属屏蔽层。

4.1.2 电力电缆的特点

电缆线路与架空线路相比，其特点十分鲜明：

1. 主要优势

① 电缆敷设在地下，不形成占地庞大的架空线路走廊，不受空间和地面位置的限制，有利于市政布局和市容美观，尤其适用于在城镇居民密集的地方，机场、港口、高层建筑群、

工厂区内，或一些不宜架设架空线路的特殊场所。这是电缆突出的优点。使用电缆供电是城市供电线路的发展方向。

② 按电力电缆的结构，一条电缆线路相当于一台移相电容，故电缆线路能有效地改善系统的功率因数、提高线路输送功率、降低线路损耗，这是电缆线路的另一突出的优点。

③ 电缆线路除了露出地面的户外终端部分外，其余部分敷设于地下，自然环境和人为损坏造成的事故率很小。带电部分在接地屏蔽部分内，无论突发何种故障，不会对人员有任何伤害，因此供电可靠，运行安全，使用年限长。

④ 电缆线路敷设在地下，一般情况（充油电缆线路除外）下只需定期进行路面观察防止外损，2～3年做一次预防性试验即可，日常运行、维护工作简单方便，费用低。

2. 主要的不足

① 投资高。电缆的本体、附件和敷设的综合投资远高于输送容量相同的架空线路。

② 线路变更较难。电缆线路在地下一般是固定的安装，电缆的机械保护层在地下易腐蚀，所以线路变更的工作量和耗资很大，安装后再搬迁和变更较难。

③ 线路不易分支。电缆线路敷设于地下，需对地隔离、相间隔离，中间分接的绝缘和密封处理困难，线路不易分支，在多用户的供配电网络中受到限制。

④ 故障测寻难、修复工期长。电缆线路故障点无法及时测寻，确定故障点后还需开挖，做接头和进行试验，一般修复工期较长。

⑤ 接头附件的制作工艺复杂。电缆导电部分对地和相间的距离都很小，为保证电缆线路的绝缘强度和密封要求，电缆接头的制作工艺复杂、要求严格。

4.1.3 电力电缆的类型

电力电缆的品种规格很多，通常按照电压等级、导体芯数、绝缘材料等进行分类。

1. 按电压等级分类

电力电缆都是按一定电压等级制造的。通常将 1 kV 电压等级的电缆称为低压电缆，6～35 kV 电压等级的电缆称为中压电缆，110 kV 电压等级的电缆称为高压电缆，220～500 kV 电压等级的电缆称为超高压电缆，如图 4-4 所示。

| 1 kV 低压交联电缆 | 10 kV 中压交联电缆 | 110 kV 高压交联电缆 | 220 kV 超高压交联电缆 |

图 4-4　电力电缆按电压等级分类

2. 按导体芯数分类

电力电缆的芯数有单芯、二芯、三芯、四芯和五芯共五种，如图 4-5 所示。单芯电缆通常用于传送单相交、直流电，也可在特殊场合使用，如高压电机引出线等。一般中低压大截面电力电缆和高压充油电缆多为单芯；二芯电缆多用于传送单相交流电或直流电；三芯电缆主要用于三相交流电网中，在 35 kV 及以下各种中小截面的电缆线路中得到广泛应用；四芯和五芯电缆多用于低压配电线路。只有电压等级为 1 kV 的电缆才有二芯、三芯、四芯和五芯。

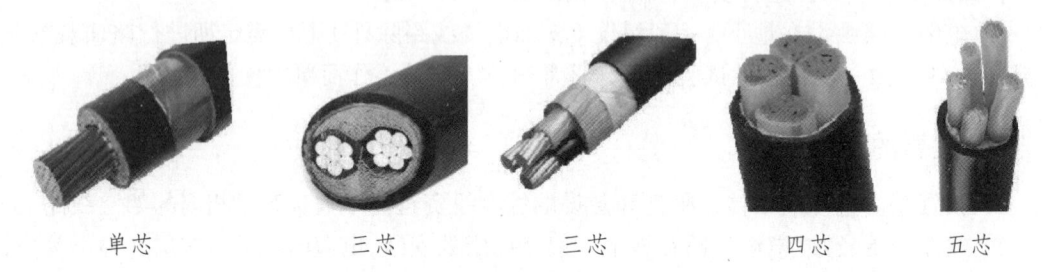

单芯　　　　三芯　　　　三芯　　　　四芯　　　　五芯

图 4-5　电力电缆按导体芯数分类

3. 按绝缘材料分类

电力电缆按绝缘材料可分为油浸纸绝缘电缆、挤包绝缘电缆和压力电缆三大类。

（1）油浸纸绝缘电缆

油浸纸绝缘电缆是以油浸纸为绝缘的电缆，分为黏性浸渍纸绝缘电缆、不滴流浸渍纸绝缘电缆。根据绝缘层中电缆的分布，可分为径向和非径向两种。统包型电缆是在每相导体上分别绕包部分带绝缘后，加适当填料经绞合成缆，再绕包带绝缘，然后挤包金属护套的电缆，多作为径向型电力电缆，绝缘层电力线方向不垂直于绝缘纸带表面，电气性能较低，多用于 10 kV 及以下电压等级，如图 4-6 所示。而分相屏蔽和分相铅包电缆是在每相绝缘芯制好后，包覆屏蔽层或挤包铅套，然后成缆，其电力线沿绝缘芯径向分布，击穿强度较高，主要适用于 20~35 kV 电压等级中，如图 4-7 所示。

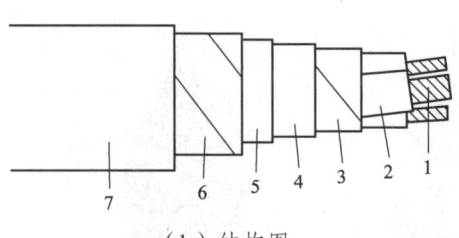

（a）实物图　　　　　　　　（b）结构图

1—导体；2—绝缘层；3—统包绝缘；4—铅包；5—内衬层；6—钢带铠装；7—外护套。

图 4-6　统包油浸纸绝缘电缆

（a）实物图 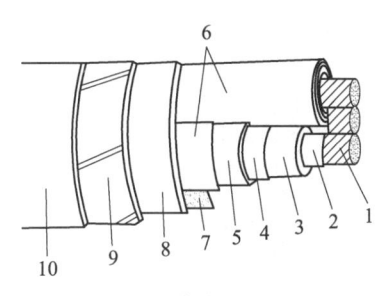　　　　　　　　（b）结构图

1—导体；2—屏蔽层；3—绝缘层；4—屏蔽层；5—铅包；6—PVC 带；7—麻填料；
8—内衬层；10—钢带铠装；11—外护套。

图 4-7　分相铅包油浸纸绝缘电缆

（2）挤包绝缘电缆

以橡胶或塑料等高分子聚合物为绝缘层，经挤出成型的电缆称为挤包绝缘电缆。目前常用的挤包绝缘电缆有聚氯乙烯绝缘（PVC）电缆、聚乙烯绝缘（PE）电缆、交联聚乙烯绝缘（XLPE）电缆、橡胶电缆等。

聚氯乙烯绝缘（PVC）电缆（如图 4-8 所示）的绝缘性能、抗腐蚀性能较好，又有一定的机械强度，与浸渍纸绝缘电缆相比，没有铅护套和浸渍剂，其制造安装工艺简单；聚氯乙烯化学稳定性高，具有非燃性，材料来源充足。因此它多用于高落差、10 kV 及以下的电缆线路中。

（a）实物图 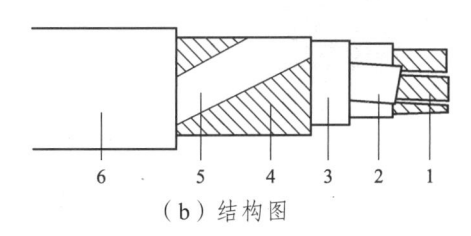　　　　　　　　（b）结构图

1—导体；2—聚氯乙烯绝缘；3—内护套；4—镀锌扁铁线铠装；5—螺旋钢带；6—聚氯乙烯外护套。

图 4-8　聚氯乙烯绝缘（PVC）电缆

聚乙烯电气性能好于聚氯乙烯，它具有耐压强度高、介质损耗低、化学性能稳定、耐低温性能好、机械加工性能好、**重量轻**、成本低等优点，其缺点是在高温时击穿场强将急剧降低，耐电性能较差，容易产生**应力龟裂**、易燃烧，因此在使用上受到一定限制。聚乙烯电缆用于 1～400 kV 的电缆线路中。

交联聚乙烯是由聚乙烯经辐射或化学方法进行交联而成的一种新型材料，如图 4-9 所示。其容许温升较高，耐热性能好，故电缆的允许载流量较大，可制造高电压电缆。交联聚乙烯电缆有优良的介电性能，不易发生相间故障，机械性能好，敷设方便，适宜于高落差和垂直敷设。目前，交联聚乙烯电缆已逐步取代了油浸纸绝缘电缆，广泛用于 1～500 kV 电压等级的线路中。

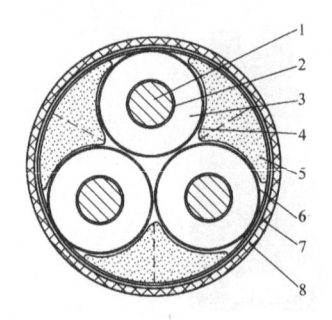

(a) 实物图　　　　　　　　　　(b) 结构图

1—导体；2—屏蔽层；3—交联聚乙烯绝缘；4—屏蔽层；5—填料；6—铜屏蔽；7—包带；8—外护套。

图 4-9　交联聚乙烯绝缘（XLPE）电缆

橡胶绝缘电缆（如图 4-10 所示）是由天然橡胶加不同的添加剂组成的各种橡胶绝缘层构成的电缆。电缆导体和绝缘表面均有屏蔽层。橡胶绝缘电缆的护套有聚氯乙烯、氯丁橡胶和铅护套三种，该绝缘层柔软性最好，敷设安装简便，适用于落差较大和弯曲半径较小的场合。它可用于固定敷设的电力线路，也可用于定期移动的电缆敷设线路。但是橡胶绝缘电缆耐电晕、耐臭氧、耐热、耐油性能较差，在高压作用下容易受电晕作用产生裂缝。橡胶绝缘电缆主要用于额定电压 10 kV 及以下电压等级中固定敷设的交流配电线路。

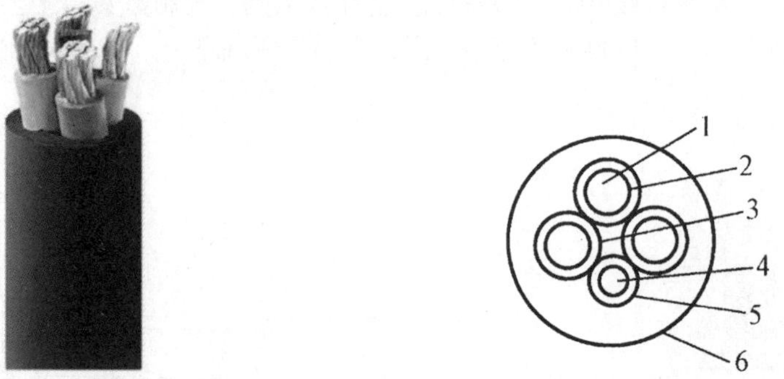

(a) 实物图　　　　　　　　　　(b) 结构图

1—导体；2—橡胶绝缘；3—橡胶填芯；4—接地线芯；5—橡胶绝缘；6—橡胶护套。

图 4-10　橡胶绝缘电缆

（3）压力电缆

在电缆中充以能够流动、具有一定压力的电缆油或气体的电缆，称为压力电缆。压力电缆的结构特点是利用补充浸渍剂原理消除绝缘层中形成的气隙，或者用一定压力的油或气体填充或压缩绝缘纸层间的气隙，从而提高绝缘工作场强。压力电缆有自容式充油电缆、钢管充油电缆两类。

自容式充油电缆（如图 4-11 所示）利用线芯中心与补充浸渍设备相连接的油道，通过温度变化产生的热胀冷缩使浸渍剂在油道与补充浸渍设备之间流动。当电缆温度升高时，浸渍剂受热膨胀，膨胀出来的浸渍剂经过油道流至补充浸渍设备中；当电缆温度下降时，浸渍剂收缩，补充浸渍设备中的浸渍剂经过油道对绝缘层进行补充浸渍，这样可消除绝缘层中气隙的产生，同时防止在电缆中产生过高的压力。自容式充油电缆有单芯和三芯两种结构。单芯电缆的电压等级为 110 ~ 750 kV，三芯电缆的电压等级一般为 35 ~ 110 kV。

（a）实物图　　　　　　　　　　　（b）结构图

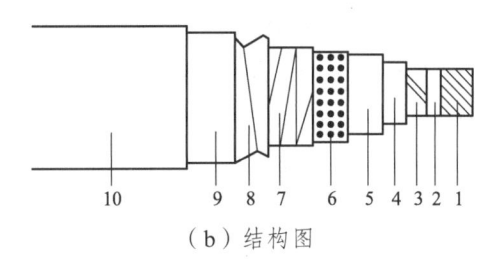

1—导体；2—屏蔽层；3—保护层；4—屏蔽层；5—绝缘层；6—金属屏蔽层；
7—保护层；8—铝护套；9—衬垫层；10—外护套。

图 4-11　自容式充油电缆

钢管充油电缆是将没有铅包的三个电缆芯置于无缝钢管中，然后注入绝缘油。

4. 按电缆特殊用途分类

（1）管道充气电缆（GIC）

管道充气电缆（GIC）是以压缩的六氟化硫气体为绝缘材料的电缆，也称六氟化硫电缆。这种电缆适用于电压等级在 400 kV 及以上的超高电压、传送容量达 1 000 000 kV·A 以上的大容量电能传输，比较适用于高落差和防火要求较高的场所。由于安装技术要求较高，成本较大，对六氟化硫气体的纯度要求严格，仅用于电厂或变电站内短距离的电气联络线路。

（2）低温有阻电缆

低温有阻电缆（如图 4-12 所示）是采用高纯度的铜或铝作导体材料，将其处于液氮温度（77 K）或者液氢温度（20.4 K）状态下工作的电缆。在极低温度下，导体材料的电阻随绝对温度急剧降低。利用导体材料的这一性能，将电缆深度冷却，从而满足传送大容量电力的需要。

（3）超导电缆

超导电缆（如图 4-13 所示）是以超导金属或超导合金为导体材料，将其处于临界温度、临界磁场强度和临界电流密度条件下工作的电缆。超导状态下导体的直流电阻为零，可大大提高电缆的输送容量。

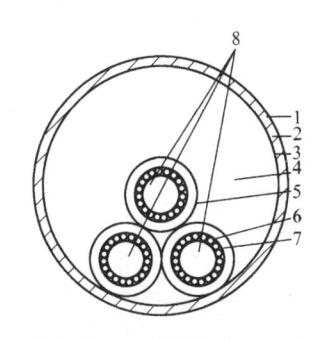

1—外护层；2—热绝缘层；3—钢管；
4、8—冷却媒质通道；5—静电屏蔽层；
6—绝缘层；7—线芯。

图 4-12　低温电缆结构示意图

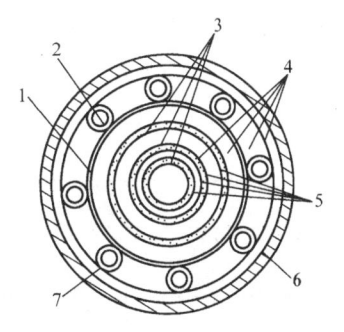

1—热绝缘层；2—液氮管道；3—液氦管道；
4—真空；5—超导合金；6—防腐蚀钢管；
7—超级绝缘层。

图 4-13　超导电缆结构示意图

（4）光纤复合电力电缆

光纤复合电力电缆（如图 4-14 所示）是将光纤组合在电力电缆的结构层中，使其同时具有电力传输和光纤通信功能的电缆。光纤复合电力电缆集两方面功能于一体，因而降低了工程建设投资和运行维护总费用，具有明显的技术经济意义。

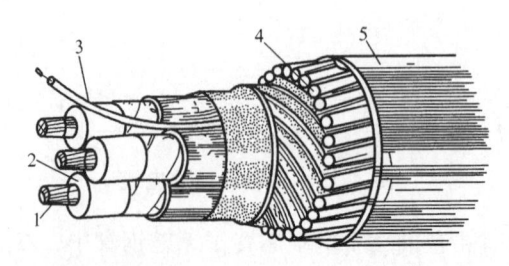

1—导体；2—交联聚乙烯绝缘；3—光纤；4—钢丝铠装；5—聚乙烯护套。

图 4-14　20 kV 带光纤的三芯交联聚乙烯海底电缆结构示意图

4.1.4　电力电缆的型号

电力电缆的型号表示方法如图 4-15 所示。

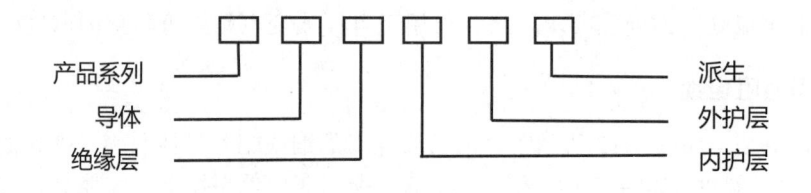

图 4-15　电力电缆的型号标识

电力电缆的型号含义见表 4-1。

表 4-1　电力电缆的型号含义

用途	导体材料	绝缘	内护层	特性	外护层
电力电缆（不表示）	L—铝芯	Z—纸绝缘	H—橡套	P—屏蔽	1—麻皮
K—控制电缆	铜芯省略	X—橡皮绝缘	Q—铅包	D—不滴流	2—钢带铠装
P—信号电缆		V—聚氯乙烯绝缘	L—铝包	F—分相	20—裸钢带铠装
B—绝缘电线		Y—聚乙烯	V—聚氯乙烯套	C—重型	3—细钢丝铠装
Y—移动电缆		YJ—交联聚乙烯	Y—聚乙烯护套		30—裸细钢丝铠装
					5—单层粗钢丝铠装

产品系列代号：电缆绝缘层代号一般与产品系列代号相同，产品系列代号可省略。
导体代号：以 L 作为铝导体代号，铜导体代号 T 可省略。

绝缘层代号：其符号与产品系列代号符号相同。
内护层代号：内护层与外被层结构基本相同，在型号中一般不表示。
外护层代号：外护层按铠装层和外被层结构顺序，其代号由两位数字组成。而充油电缆外护层按加强层、铠装层和外被层顺序以三位数字组成。其含义见表 4-2。

表 4-2 电缆外护层代号的含义

代号	加强层	铠装层	外被层
0	—	—	—
1	径向钢带	联锁钢带	纤维外被
2	径向不锈钢带	双钢带	聚氯乙烯外套
3	径、纵向铜带	细圆钢丝	聚乙烯外套
4	径、纵向不锈钢带	粗圆钢丝	弹性体护套
5		波纹钢带	
6		双铝带或铝合金带	
7		铝或铝合金丝	

派生代号：派生代号表示电缆产品具有某种物理特性。例如：TH 表示温热地区用；DD 表示低卤代烟；WD 表示无卤代烟的阻燃电缆。

例如：ZLQ20-10 3×95-200，表示铝芯，纸绝缘，铅包，裸钢带铠装，三芯，截面积为 95 mm²，额定电压 10 kV，长度为 200 m 的电力电缆。

YJLV22-3×120-10-300，即表示铝芯，交联聚乙烯绝缘，聚氯乙烯内护套，双钢带铠装，聚氯乙烯外护套，三芯，截面积为 120 mm²，电压为 10 kV，长度为 300 m 的电力电缆。

任务 4.2 电力电缆敷设

电力电缆根据安装的场所不同有多种敷设方式，一般根据工程条件、环境特点、电缆种类与数量以及运行可靠、维护方便和经济技术合理等原则来选择。电力电缆线路常用的敷设方式有直埋敷设、沟道敷设、排管敷设、支架敷设、隧道敷设、水下敷设，竖井中敷设等。而在实际工程中，一条电缆线路往往需要采用上述几种敷设方式交互结合。

微课：电力电缆的敷设方式

4.2.1 直接埋地敷设

1. 方式与特点

沿已选定的线路开挖壕沟，把电缆埋敷在里面，电缆周围填入砂土，加盖保护板，如图 4-16 所示。直埋电缆必须埋于冻土层以下。为了防止

视频：电缆直埋敷设

电缆遭受地面重物的损坏,直埋电缆直接埋地深度不应小于 0.7 m,穿越农田时应不小于 1 m。

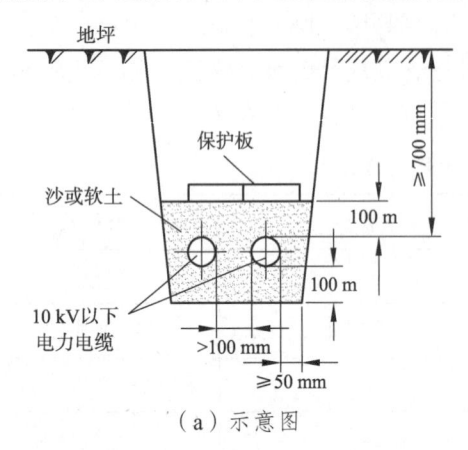

(a)示意图　　　　　　　　　(b)施工图

图 4-16　直接埋地敷设

直埋敷设具有施工简便、投资省、散热良好的显著优点,是使用较为广泛的敷设方式。其缺点是电缆检修、更换不便,安全性较差,不能可靠防止外来的机械损伤,易受土壤中酸碱物质的腐蚀和电蚀。直埋敷设现在一般不作为电缆永久性敷设方式,只作临时过渡线路。在电缆数量少(根数应少于 8 根)且敷设线路较长的供电环网中也可以采用直埋形式。

2. 直埋敷设技术要点

① 直埋敷设在地下的电缆,一般应使用钢丝铠装电缆。线路路径的周围泥土不应含有腐蚀电缆金属包皮的物质。

② 敷设前,检查电缆有无机械损伤,封端是否良好,核实电缆型号、规格、长度是否满足设计要求,测量绝缘是否合格。

③ 电缆敷设时,电缆应从电缆盘的上端引出,不能让电缆在支架上及地面上摩擦拖拉,如图 4-17 所示。

(a)正确　　　　　　　　　(b)错误

图 4-17　电缆盘抽出方向

④ 机械牵引时,牵引端应采用专用的拉线网套或牵引头,应在牵引端设置牵引旋转器。牵引强度不得大于规范要求。牵引电缆的速度要均匀,如图 4-18 所示。

⑤ 在电缆沟内放置滑车,一般每隔 3~5 m 放置一个滑车,以不使电缆下垂触及地面为原则,如图 4-19 所示。

图 4-18　电缆牵引　　　　　　　图 4-19　放置滑车

⑥ 电缆通过地形变化地区时,应防止受过大拉力,电缆要比较松弛,一般比电缆沟长 1.2%~2% 并作波状敷设。弯曲处的弯曲半径应不小于电缆最小允许弯曲半径。电缆最小允许弯曲半径:单芯油浸纸绝缘电缆、单芯交联聚乙烯电缆和铅护套钢带铠装橡皮绝缘电缆应 ≥20d;多芯有铠装铅包油浸纸绝缘电缆、多芯交联聚乙烯电缆和裸铅护套橡皮绝缘电缆应 ≥15d;其余均为 ≥10d(d 为电缆外径)。

⑦ 电缆与城市街道、公路、铁路或排水沟交叉时应穿钢管保护。管内径不小于电缆外径的 1.5 倍,且不小于 100 mm。

⑧ 根据《电气装置安装工程电缆线路施工及验收规范》(GB 50168—2006),电缆埋置深度、电缆之间的净距以及与其他管线间或建筑物之间平行和交叉敷设时,最小距离应符合表 4-3 中的要求。

表 4-3　电缆之间、电缆与管道、道路、建筑物之间平行和交叉时的最小净距

项目		最小净距/m		项目		最小净距/m	
		平行	交叉			平行	交叉
电力电缆间及其与控制电缆间	10 kV 及以下	0.10	0.50	铁路路轨		3.00	1.00
	10 kV 以上	0.25	0.50	电气化铁路轨道	交流	3.00	1.00
控制电缆间		—	0.50		直流	10.00	1.00
不同使用部门电缆间		0.50	0.50	公路		1.50	1.00
热管道(管沟)及热力设备		2.00	0.50	城市街道路面		1.00	0.70
油管道(管沟)		1.00	0.50	杆基础(边线)		1.00	—
可燃气体及易燃液体管道(沟)		1.00	0.50	建筑物基础(边线)		0.60	—
其他管道(管沟)		0.50	0.50	排水沟		1.00	0.50

注:1. 电缆与公路平行的净距,当情况特殊时可酌减;
　　2. 当电缆穿管或者其他管道有保温层等防护设施时,表中净距应从管壁或防护设施外壁算起。

⑨ 地下并列敷设的电缆,其中间接头盒位置须相互错开。电缆与热力管道交叉时应有隔热层或穿石棉水泥管。电缆禁止平行敷设于管道或另一条电缆上面或下面。

⑩ 电缆直埋敷设时,应铺 100 mm 的软土或砂层。电缆敷好后,上面再铺 100 mm 的软土或砂层,如图 4-20 所示。然后沿电缆全长覆盖混凝土保护板,覆盖宽度应超出电缆两侧 50 mm。在特殊情况下,也允许用砖代替混凝土保护板。

⑪ 敷设在郊区及空旷地带的电缆线路,应竖立电缆位置的标志。

图 4-20　铺软土或砂层

4.2.2　电缆沟敷设

1. 方式与特点

电缆沟一般采用混凝土结构或砖砌结构，电缆分层敷设沟内，其顶部用盖板覆盖。在发电厂、变配电站和工厂配电所，电缆沟采用活动盖板，板面和地面齐平，便于开启检查、维护。室外电缆沟稍低于地面，在盖扳上粉刷一层水泥砂浆密封，以防止盖板与地面高低不平以及人、动物和雨水进入电缆沟，如图 4-21 所示。

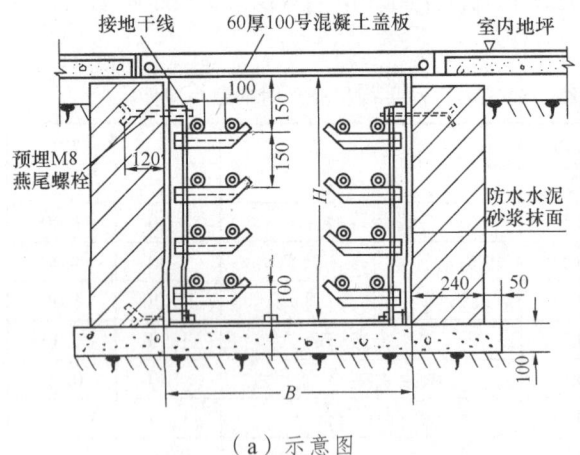

（a）示意图　　　（b）施工图

图 4-21　电缆沟敷设

电缆沟可容纳多回电缆按序排列，占地面积小，巡查和检修方便，通风散热条件好；但一次性投资比直埋式大，地下渗水处理要求高。一般电缆沟都委托土建部门进行施工。

在工厂变配电所、城市供配电系统中以及电缆出线比较集中而地势又比较狭窄的地区或不宜采用直接埋地敷设的区段，适宜于建造电缆沟。

2. 电缆沟敷设技术要点

① 敷设在房屋内、隧道内和不填砂土的电缆沟内的电缆，应采用裸铠装或非易燃性外护层的电缆。

② 电缆在电缆沟内，宜保持规定的最小允许距离。
③ 电缆沟的全长应装设有连续的接地线，接地线的两头和接地极连通。
④ 装在电缆沟内以及户外的金属结构物均应全部镀锌或涂以防锈漆。
⑤ 电缆隧道和电缆沟应有良好的排水设施，电缆隧道还应具有良好的通风设施。
⑥ 电缆沟均应安装盖板。屋内电缆沟，活动盖板与地面平齐。屋外电缆沟应将盖板缝隙用砂浆密封，盖板应高出地面 100~200 mm，并做好防水密封和处理。

4.2.3 隧道敷设

1. 方式与特点

电线隧道为钢筋混凝土结构、砖砌或钢管结构构建的巷道体，主要有矩形和圆形两种，如图 4-22 所示。电缆可在混凝土槽中敷设，也可在隧道侧壁上悬挂敷设。按其高度、宽度及结构满足容纳数量较多的电缆敷设。

（a）矩形隧道敷设 　　　　　　　　　（b）圆形隧道敷设

图 4-22　隧道敷设

电缆隧道敷设安装方便，可容电缆数量多，安全性高，更换、移动电缆简便，维护、检修和查找故障容易，但占地面积大，工期长，建设成本高，与其他地下构筑物交叉不易避让，附属设施多。

在出线电缆很多或并列敷设电缆条数很多（20~40 条以上）的地段，地下管线众多难以布局的地区，可建造较大空间的地下电缆隧道。

在城市中，采用将除燃气管道外的其他地下管线在电缆隧道中共同敷设，不失为一种管道建设的方向。

2. 隧道敷设技术要点

① 为方便施工与维护，隧道应设置一定数量的入孔（出口）。长度小于 7 m，设 1 个出口；长度在 100 m 以内，设 2 个出口；长度大于 100 m 时，每两个入孔距离不应大于 75 m；入孔直径应不小于 700 mm。
② 隧道内应在适当位置装设火灾报警灭火装置及防火墙，厂区围墙处隧道应设带锁的防火门。

③ 隧道壁应设防潮层，在隧道底部应设有 0.5%～1% 坡度的排水小沟，将水引到集水井或排入下水道内。

④ 在隧道内应装设 36 V 的照明装置。电缆固定支架应可靠接地。

4.2.4 排管敷设

1. 方式与特点

按需要敷设电缆的型号和数量，制造好预制管，并按孔数排成一定的形式，将电缆穿放入预制管内，再用混凝土浇铸成一个整体，如图 4-23 所示。

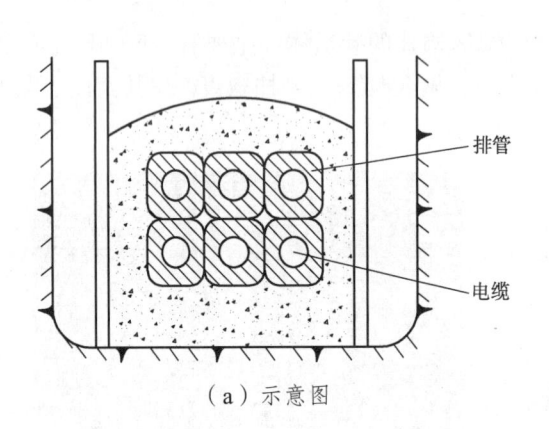

图 4-23 排管敷设

电缆排管的敷设，外力破坏很少，消除了土壤中有害物质对电缆的化学腐蚀，电缆之间无相互影响，电缆安全性最高。但管道弯曲半径大，散热条件差，检修和更换较困难，建设成本较高。

在工厂厂区、跨公路、铁路等交通要道，城市拥挤的街道，电缆数量多、比较密集（6～20 条）的环境中，或采用直埋电缆线路走廊较大，很难满足规程要求以及在无条件建造电缆沟和路面不允许经常开挖的地方，为了利用各种地形，最合适的方式是采用一段或全线排管敷设，以保护电缆安全运行。

2. 排管敷设技术要点

① 敷设在排管内的电缆应使用加厚的裸铅包或塑料护套的电缆。

② 排管沟开挖深度不小于 1.7 m，沟底原土夯实，浇筑不小于 60 mm 厚的混凝土垫层。

③ 检查疏通电缆管道，检查电缆管道内无积水、无杂物堵塞，检查管孔入口处是否平滑，进内空间是否满足电缆弯曲半径的规范要求等并做好记录，如图 4-24 所示。

④ 排管孔应不小于电缆外径的 1.5 倍。当电缆与城镇街道、公路或铁路交叉时，保护管的管径不得小于 100 mm。

⑤ 排管顶部距地面不宜小于 0.7 m，在人行道下的排管应不小于 0.5 m。当地面上均匀荷重超过 10 t/m² 时，管壁可浇注混凝土层进行加固。

⑥ 排管敷设时，应在下线井口、出线井口及保护管进出口、牵引绳与地面之间放置滑车来保护，如图 4-25 所示。

图 4-24　电缆管道检查　　　　　　　图 4-25　放置滑车

⑦ 排管电缆穿入顺序，先下层、后上层，先内后外。

⑧ 在转角、分支或变更敷设方式时，应设电缆入井。在线路直线段，为便于电缆拉引，也应设置一定数量的入井。电缆入井位置和间距应根据电缆施工时的允许拉力、电缆的制造长度和地理位置等确定，一般不宜大于 200 m。敷设电缆回数不宜太多，一般 10 条及以下。

4.2.5　架空敷设

1. 方式与特点

电缆架空敷设可有以下三种：

① 支架和梯架敷设。适用于厂房内、厂房间的配电线路。它结构简单，敷设方便，适用于各种情况，在电缆根数不太多的配电线路中尤为适宜。它可利用墙壁、房梁或工艺管道架作为安装支柱，节省材料，还具有引线方便的优点，如图 4-26 所示。

② 架空廊道（即电缆桥）敷设。适用于电缆根数很多、负荷又较集中的室外主要供配电线路，如从总变电所到各高压配电所、厂房的线路。电缆桥也可与工艺管道合用支柱，见图 4-27。

图 4-26　支架敷设　　　　　　　图 4-27　电缆桥敷设

③ 钢索悬挂敷设。适用于电缆根数少、地下敷设有困难的场合，或用于短期使用的临时设备。这种方式施工方便，在生产变动或对进度要求很急时，能缩短工期。

电缆架空敷设方式结构简单、检修方便、查找事故容易、运行费用低，它不受地下水、地下腐蚀介质和比空气重的爆炸危险物质聚积等条件的影响；缺点是架空敷设必须进行高空作业，不如直埋电缆方便。一旦悬挂不当，将有可能损伤电缆。

在工矿企业内部，地下管道和排水沟都多，化工厂土壤中含有严重的腐蚀性介质，直埋和电缆沟等敷设方法都不适合，此时往往采用架空敷设的方法。

2. 架空敷设技术要点

① 电缆支架有角钢支架、装配式支架及电缆托架等多种。角钢支架强度高，适用于各种场合，一般在施工现场制作。角钢支架使用历史长，已被广泛采用。装配式支架由工厂制造、现场安装，安装进度快，节约钢材，现已在施工中大量采用。电缆托架由工厂分段制造，标准长度为 3 m，利用螺栓连杆和安装配件组装。电缆托架更适合敷设塑料电缆和裸铅护套电缆。由于托架无菱角，横担跨距小，敷设电缆时较省力，且不伤电缆外护套，同时电缆在托架内易于排列整齐，无挠度，外形美观，易于防火，现已大量采用。

② 架设于支架上的电缆应加垫弹性材料制成的衬垫（如砂枕、弹性橡胶等），防止电缆保护层受到震动产生磨损。在两端和伸缩缝处应留有电缆松弛部分，以避免电缆由于结构胀缩而受到损坏。

③ 架设于支架上的电缆应穿在铁管或耐火材料制成的管中，以减少外力和水、油、灰侵入对电缆造成影响。

④ 电缆固定支架应可靠接地。

⑤ 电缆与热力管架或热力设备之间的净距，平行时应不小于 1 m，交叉时应不小于 0.5 m。如无法达到时，采取隔热保护措施。电缆尽量不要平行敷设于热力管道的上方。

⑥ 露天敷设的电缆应尽量避免太阳直接照射，必要时可加装遮阳罩。裸露铠装必要时涂以沥青漆，以防腐蚀。

4.2.6 水底敷设

1. 方式与特点

水底电缆敷设是指将电缆敷设在水底的一种电缆安装方式，用于输配电缆线路跨越内河、大江、海峡，或者向岛屿和石油平台供电，又称为海底电缆敷设，如图 4-28 所示。

图 4-28 水底电缆敷设

对宽度大于 1 km 的湖泊、江河，如果在两岸建设架空线用的铁塔在技术上和经济上不合理，或者在附近又无桥梁可利用，可考虑在水底敷设电缆。

2. 水底敷设技术要点

① 水底电缆应是整根的。当整根电缆超过制造厂的制造能力时，可采用软接头连接。

② 通过河流的电缆，应敷设于河床稳定及河岸很少受到冲损的地方。在码头、锚地、港湾、渡口及有船停泊处敷设电缆时，必须采取可靠的保护措施。当条件允许时，应深埋敷设。

③ 水底电缆的敷设必须平放水底，不得悬空。当条件允许时，宜埋入河床（海底）0.5 M 以下。

④ 水底电缆平行敷设时的间距不宜小于最高水位水深的 2 倍；当埋入河床（海底）以下时，其间距按埋设方式或埋设机的工作活动能力确定。

⑤ 水底电缆引到岸上的部分应穿管或加保护盖板等保护措施，其保护范围，下端应为最低水位时船只搁浅及撑篙达不到之处；上端高于最高洪水位。在保护范围的下端，电缆应固定。

⑥ 电缆线路与小河或小溪交叉时，应穿管或埋在河床下足够深处。

⑦ 在岸边水底电缆与陆上电缆连接的接头，应装有锚定装置。

⑧ 水底电缆的敷设方法、敷设船只的选择和施工组织的设计，应按电缆的敷设长度、外径、重量、水深、流速和河床地形等因素确定。

⑨ 水底电缆的敷设，当全线采用盘装电缆时，根据水域条件，电缆盘可放在岸上或船上，敷设时可用浮筒浮托，严禁使电缆在水底拖拉。

⑩ 水底电缆不能盘装时，应采用散装敷设法。其敷设程序应先将电缆圈绕在敷设船舱内，再经舱顶高架、滑轮、刹车装置至入水槽下水，用拖轮绑拖，自航敷设或用钢缆牵引敷设。

⑪ 敷设船的选择应符合下列条件：

    a. 船舱的容积、甲板面积、稳定性等应满足电缆长度、重量、弯曲半径和作业场所等要求。

    b. 敷设船应配有刹车装置、张力计量、长度测量、入水角、水深和导航、定位等仪器，并配有通信设备。

⑫ 水底电缆敷设应在小潮汛、憩流或枯水期进行，并应视线清晰，风力小于 5 级。

⑬ 敷设船上的放线架应保持适当的退扭高度。敷设时根据水的深浅控制敷设张力，应使其入水角为 30°~60°；采用牵引顶推敷设时，其速度宜为 20~30 m/min；采用拖轮或自航牵引敷设时，其速度宜为 90~150 m/min。

⑭ 水底电缆敷设时，两岸应按设计设立导标。敷设时应定位测量，及时纠正航线和校核敷设长度。

⑮ 水底电缆引到岸上时，应将余线全部浮托在水面上，再牵引至陆上。浮托在水面上的电缆应按设计路径沉入水底。

⑯ 水底电缆敷设后，应做潜水检查，电缆应放平，河床起伏处电缆不得悬空，并测量电缆的确切位置。在两岸必须按设计要求设置标志牌。

微课：电缆敷设常见缺陷

任务 4.3 电缆附件及制作

4.3.1 电缆附件的分类

电缆附件按用途分为终端头和中间接头。电缆终端是安装在电缆线路的两个末端,用于连接电缆与电力系统其他电气设备,并保持绝缘与密封性能至连接点的装置。电缆中间接头是安在电缆与电缆之间,具有一定绝缘和密封性能,使两根及以上电缆导体连通,使之形成连续电路的装置。

1. 电缆终端按使用场合分类

电缆终端按使用场合不同,其分类见表 4-4。

表 4-4 电缆终端按使用场合分类

特征	名称	适用环境	备注
外露于空气中(敞开式)	户内终端	不受阳光直接照射和雨淋的室内环境	
	户内终端	受阳光直接照射和雨淋的室外环境	

续表

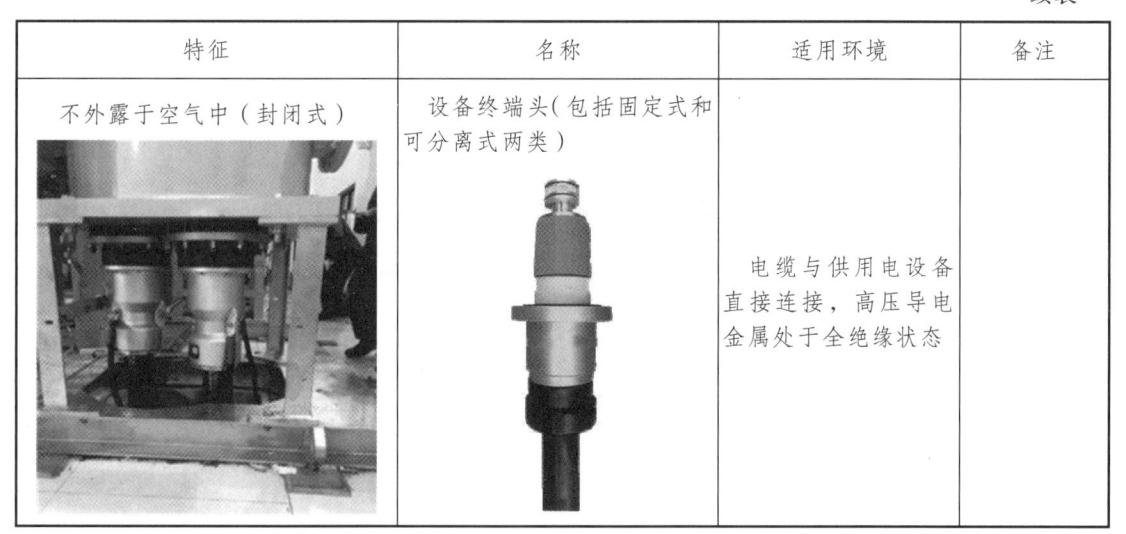

特征	名称	适用环境	备注
不外露于空气中（封闭式）	设备终端头（包括固定式和可分离式两类）	电缆与供用电设备直接连接，高压导电金属处于全绝缘状态	

2. 电缆接头按功能分类

电缆接头功能不同，其分类见表 4-5。

表 4-5　电缆接头按功能分类

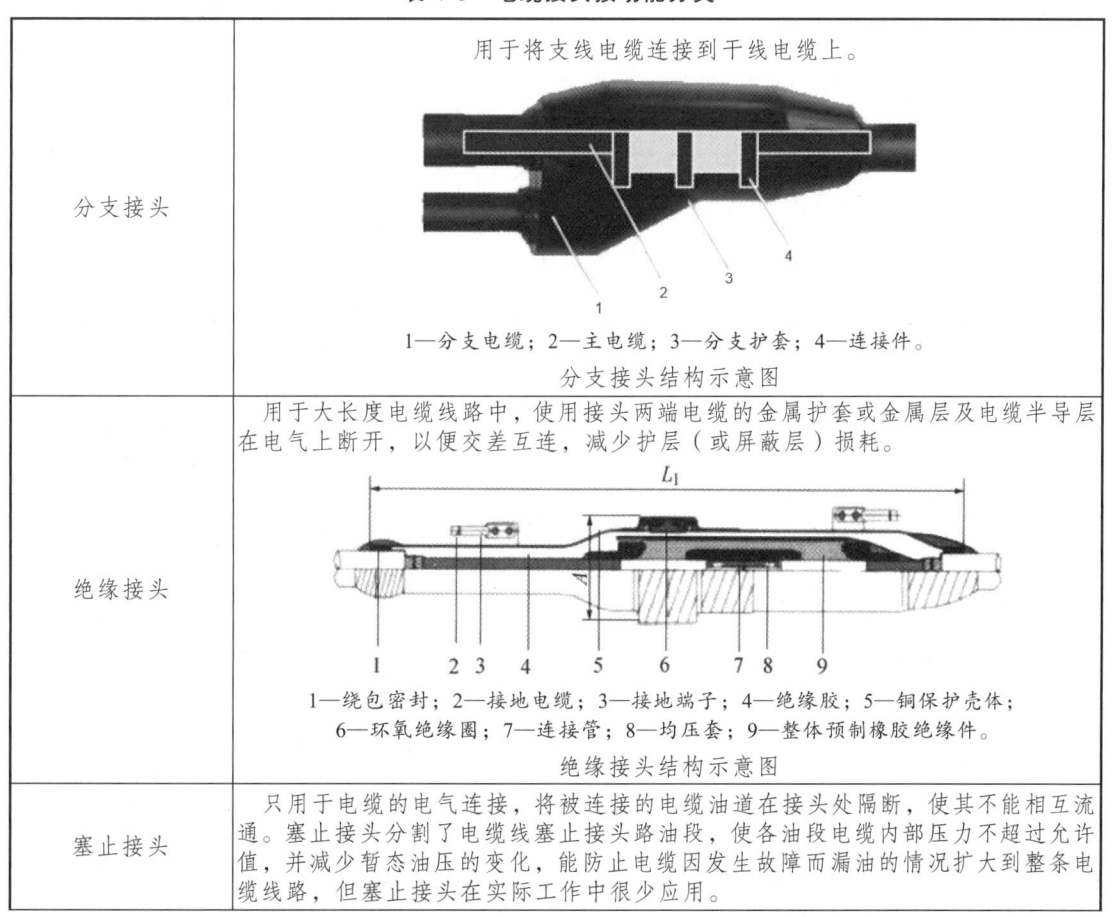

分支接头	用于将支线电缆连接到干线电缆上。 1—分支电缆；2—主电缆；3—分支护套；4—连接件。 分支接头结构示意图
绝缘接头	用于大长度电缆线路中，使用接头两端电缆的金属护套或金属层及电缆半导层在电气上断开，以便交差互连，减少护层（或屏蔽层）损耗。 1—绕包密封；2—接地电缆；3—接地端子；4—绝缘胶；5—铜保护壳体；6—环氧绝缘圈；7—连接管；8—均压套；9—整体预制橡胶绝缘件。 绝缘接头结构示意图
塞止接头	只用于电缆的电气连接，将被连接的电缆油道在接头处隔断，使其不能相互流通。塞止接头分割了电缆线塞止接头路油段，使各油段电缆内部压力不超过允许值，并减少暂态油压的变化，能防止电缆因发生故障而漏油的情况扩大到整条电缆线路，但塞止接头在实际工作中很少应用。

续表

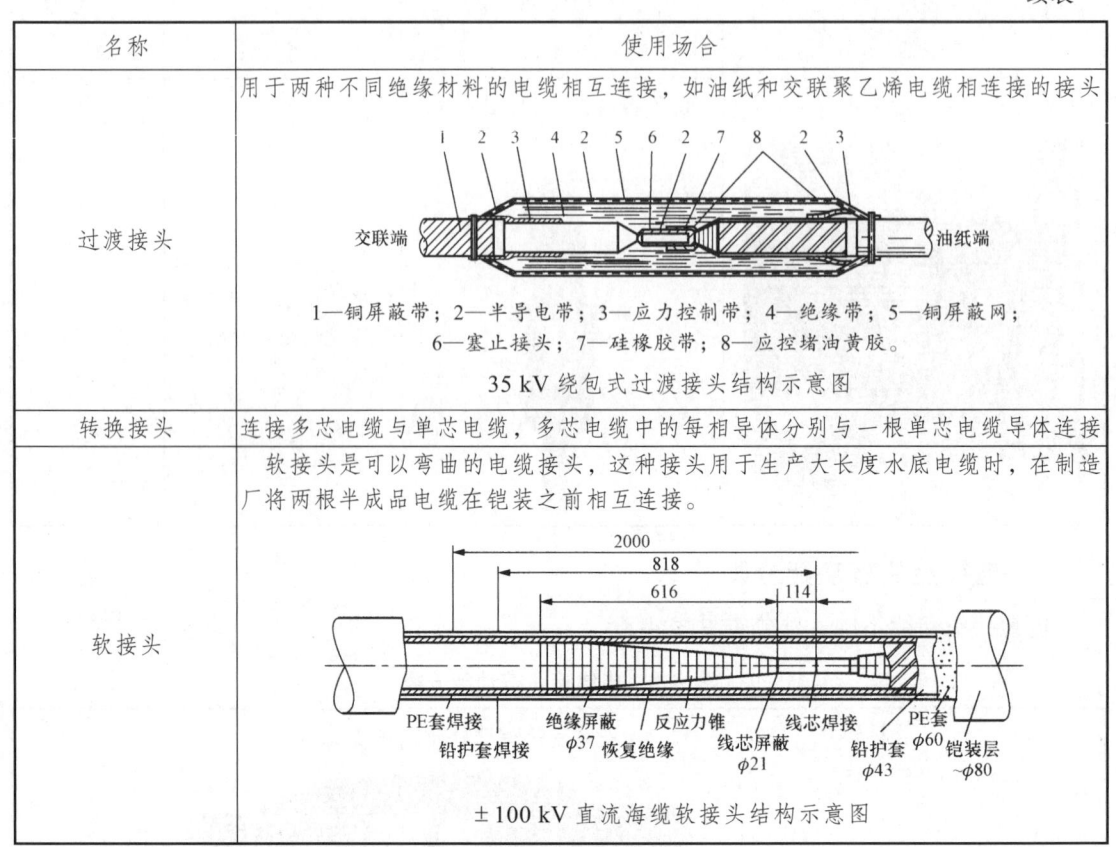

名称	使用场合
过渡接头	用于两种不同绝缘材料的电缆相互连接，如油纸和交联聚乙烯电缆相连接的接头 1—铜屏蔽带；2—半导电带；3—应力控制带；4—绝缘带；5—铜屏蔽网；6—塞止接头；7—硅橡胶带；8—应控堵油黄胶。 35 kV 绕包式过渡接头结构示意图
转换接头	连接多芯电缆与单芯电缆，多芯电缆中的每相导体分别与一根单芯电缆导体连接
软接头	软接头是可以弯曲的电缆接头，这种接头用于生产大长度水底电缆时，在制造厂将两根半成品电缆在铠装之前相互连接。 ±100 kV 直流海缆软接头结构示意图

3. 电缆接头按安装方式和使用材料分类

电缆接头按安装方式和使用材料分类，见表 4-6。

表 4-6　电缆接头按安装方式和使用材料分类

结构形式	特征	备注
绕包式	采用自粘性橡胶带作为绕包绝缘	1—热缩四指套；2—热缩绝缘套管；3—填充胶；4—热缩相色密封管；5—绝缘自粘袋；6—PVC胶带；7—钢带铠装接地线；8—恒力弹簧；9—接线端子；10—电缆外护套；11—电缆内护套；12—导体绝缘；13—导体；14—钢带铠装。 35 kV 交联聚乙烯电缆绕包式终端接头结构示意图

续表

结构形式	特征	备注
热缩式	采用热缩管材现场套装，经加热收缩（因热缩材料经扩展至特定尺寸，使用时加热可自行回缩到扩展前的尺寸）。 热冷缩式电缆附件的制作经验成熟，性能稳定、价格低廉，因此被广泛采用。	1—热缩支套；2—应力管；3—绝缘管；4—密封管； 5—标记管；6—单孔雨裙；7—三孔雨裙。 10 kV 热缩式终端接头结构示意图
冷缩式	用弹性体材料经注射硫化物扩展后内衬螺旋状支撑物。安装时，只需将塑料骨架抽出，橡胶件迅速收缩并紧箍于被包覆物上，这使得电气附件的性能更加优异、适应性更强、安装更快捷、运行更可靠。	1、9—恒力弹簧；2—过桥线；3—接头绝缘主体；4—连接管； 5—防水带；6—铠装带；7—铜网；8—半导体自粘带。 10 kV 交联聚乙烯电缆冷缩式接头结构示意图
预制式	采用以合成橡胶材料，工厂预制，现场装配，其材料性能优良，无须加热，普遍应用于中低压绝缘电缆。	户内型硅橡胶预制式终端接头结构示意图

续表

结构形式	特征	备注
浇注式	由预制式外壳、套管和上盖三个部分组成。在现场进行安装时将液体或加热后呈液态的绝缘材料作为终端的主绝缘，浇注在现场配好的壳体内，一般用于10 kV及以下的油浸纸电缆。	1—沥青壶；2—长井漏斗；3—排气管；4—出线铜杆；5—磁套管；6—铅压盖；7—封铅。 浇注式终端接头结构示意图
可分离式	综合预制的优点，将特种金具和绝缘在生产车间一次性制成一体，克服了现场压接金具不配套带来的接触不良问题	1—导电杆；2—连接金具；3—操作孔（绝缘插件）；4—测试点。 10 kV电缆可分离连接器结构示意图

4.3.2 电缆附件的关键技术

1. 导体连接技术

导体的连接方法有：压接、焊接及机械连接（如：螺栓、插拔）。

（1）导体连接要素

① 连接材料的材质（铜、铝含量达99.99%）。
② 金具与导体的配合尺寸：0.5~1.5，规格相符。
③ 压坑数量及工艺操作：端子2~4道，连管4~8道。

（2）接触电阻

① 金具压接后的接触电阻与等长导体的电阻的比值≤1.2。
② 新压接接头的接触电阻与等长导体的电阻的比值≤1。

2. 电场控制技术

在做电缆头时，由于剥去了屏蔽层，改变了电缆原有的电场分布，将产生对绝缘极为不利的切向电场（沿导线轴向的电力线）。剥去屏蔽层芯线的电力线向屏蔽层断口处集中，屏蔽层断口处就是电缆最容易击穿的部位，如图 4-29 所示。

解决电场控制的技术主要有：
① 几何结构法、增加等效半径及应力锥结构。
② 电气参数法，增加周围媒质介电常数和表面电容，即应力管结构。
③ 几何结构与电气参数结合法。

目前最常用的电场结构是应力锥结构，即采取导电硅橡胶制作的应力锥套在屏蔽层断口处，以分散断口处的电场应力，保证电缆能可靠运行，如图 4-30 所示。

图 4-29　屏蔽层断口处

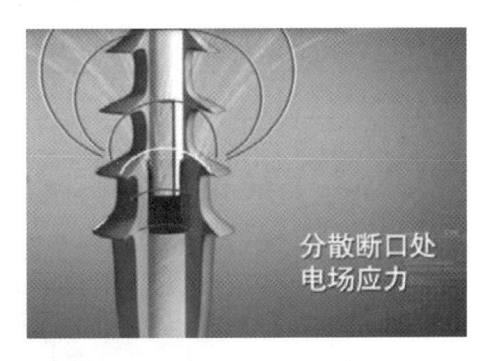

图 4-30　应力锥套在屏蔽层断口处

3. 绝缘技术

电缆附件常用的材料为液体硅橡胶，具有耐老化、高绝缘、高弹性、耐污秽、憎水性能强等性能，满足安全使用 30 年的运行要求。

电缆接头绝缘厚度、接头内绝缘距离、附件和电缆的界面压力、外绝缘泄漏距离符合相关要求，如图 4-31 所示。

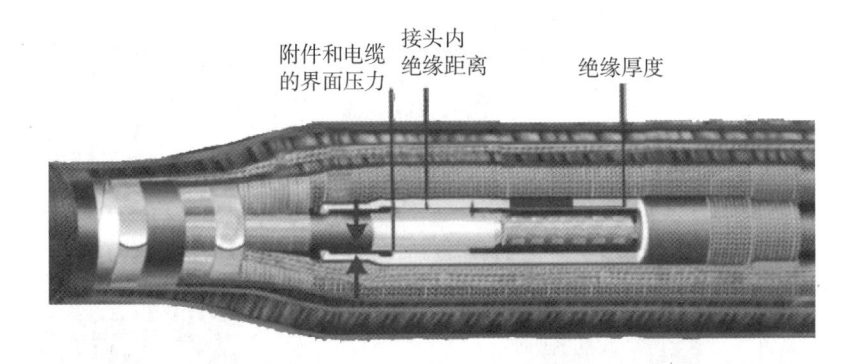

图 4-31　电缆接头结构示意图

电缆附件的绝缘设计必须符合国标、IEC 等相关标准要求，必须满足电缆系统长期耐受工作电压、过电压、雷电冲击电压的安全需要，终端的泄漏距离满足Ⅳ级污秽环境。

4. 密封技术

电缆、附件必须具有优异的防水、防潮等密封性能。水分和湿气是对电缆、附件、绝缘危害最大的因素之一，一旦进入其内部，必将导致沿界面的水树枝状爬电。

电缆终端，特别是户外电缆终端，必须耐受住恶劣的外界环境侵袭。终端一旦进水，除了直接影响到终端本身的安全可靠性外，水在电缆线芯中流动，还可能导致线路中位置较低的中间接头发生故障。很多电缆中间接头都长期浸泡在水中运行，因此接头的防水性能非常重要。

4.3.3 电缆终端和中间接头制作

1. 10 kV 冷缩式电缆中间接头的制作安装

10 kV 冷缩式电缆中间接头的安装制作步骤及工艺要求见表 4-7。

视频：电力电缆中间接头制作

表 4-7　10 kV 冷缩式电缆中间接头的安装制作步骤及工艺要求

序号	操作工序	操作步骤及要求
1	电缆预处理	① 将电缆较正摆直位置，长端外护套剥去 800 mm，短端剥去 600 mm，分别擦洗标记两端不少于 100 mm 的电缆外护套，把灰尘、油污及其他污垢清除。 ② 从外护套端口往外留取 30 mm 的钢铠，用恒力弹簧捆绑固定，其余剥除。锯铠装时，其圆周锯痕深度应均匀，不得锯透，以免损伤内护套。

续表

序号	操作工序	操作步骤及要求
1	电缆预处理	③ 从钢铠断口往外留取 100 mm 内护套，剥除其余内护套，回折填充物，分开芯线。 ④ 从芯线顶端向下量取铜屏蔽，用 PVC 胶带标记，剥除量取的铜屏蔽。 量取铜屏蔽距离 25～50mm² 电缆取200mm 70～120mm² 电缆取210mm 150～240mm² 电缆取220mm 300～400mm² 电缆取230mm 500～630mm² 电缆取240mm

续表

序号	操作工序	操作步骤及要求
1	电缆预处理	⑤ 从芯线顶端向下量取外半导层，用PVC胶带标记，环切外半导层（注意环切、竖切深度均应为外半导层厚度的2/3，以免伤及主绝缘），剥除量取的外半导层。在外半导层端口处用刀削出5 mm坡口。紧挨端口的绝缘层上缠绕三层PVC胶带保护绝缘层，用砂纸把坡口打磨光滑，然后拆掉PVC胶带。 接线顶端量取半导层距离 25~50mm²　电缆取150mm 70~120mm²　电缆取160mm 150~240mm²　电缆取170mm 300~400mm²　电缆取180mm 500~630mm²　电缆取190mm 注意：环切、竖切深度均应为外半导层厚度的2/3，以免伤及主绝缘 约5mm坡口 ⑥ 从各相芯线端向下取中间连接管的一半长度，去掉绝缘层，露出导线。在绝缘层倒角，用砂纸把倒角打磨光滑。用电缆清洁纸擦净各相绝缘层和铜导线。另一端电缆按相同尺寸开剥。 中间连接管长度 25~50mm²　≤80mm 70~120mm²　≤100mm 150~240mm²　≤120mm 300~400mm²　≤140mm 500~630mm²　≤160mm 45°×2mm倒角

续表

序号	操作工序	操作步骤及要求
2	套入冷缩接头主体	在电缆开剥长端各相分别套入冷缩接头主体，短端各相分别套入铜屏蔽网。注意：冷缩接头主体套入时，塑料条拉出端方向靠内。
3	压接中间连接管	用压接钳按要求分别压接各相中间的连接管，把连接管打磨光滑并清洁干净。在两端外半导断口向内取 20 mm，用 PVC 胶带缠绕标记，作为两端收缩定位点。清洁绝缘层表面并均匀涂抹硅脂膏。将冷缩接头对准收缩定位点抽出支撑条，使接头自然收缩。

续表

序号	操作工序	操作步骤及要求
4	安装铜屏蔽网套及内地线	拉开铜屏蔽网套，套在各相接头主体外，用砂纸打磨铜屏蔽层，在长端将地线末端插入三芯电缆分叉处，将地线绕包三相铜屏蔽层一周后引出，用恒力弹簧将地线和铜屏蔽网套一起与三芯电缆铜屏蔽层扎紧，把地线另一端拉到短端，以同样方式用恒力弹簧扎紧，在恒力弹簧上缠绕两层PVC胶带，保证弹簧不会松脱。
5	内部整形	回填填充物，将凹陷处填平，使整个接头先呈现一个整齐的外观，用透明PVC胶带缠绕扎紧，从内护套一端以半搭包式绕防水胶带至另一端内护套，绕包时将胶带拉伸至原来宽度的3/4。

续表

序号	操作工序	操作步骤及要求
6	连接外地线	用锯条及砂纸打磨钢铠，去掉防锈漆。用恒力弹簧把另一根地线固定在钢铠的一端，地线绕在防水带上面至另一端钢铠，用恒力弹簧固定，在恒力弹簧上缠绕两层 PVC 胶带，然后从外护套一端以半搭包式绕防水胶带至另一端外护套，与两端外护套分别搭接 80 mm。
7	安装铠装带、恢复外护套	戴好乳胶手套，打开铠装带外包装，注意包装打开后的铠装带必须在 15 s 之内开始使用，否则将迅速硬化。从一端搭接外护套 100 mm，半重叠绕包铠装带至另一端搭接外护套 100 mm，然后回缠，直至将配套的铠装带全部用完，完成后必须静置 30 min 以上方能移动电缆。

2. 10 kV 冷缩式电缆终端头的制作安装

10 kV 冷缩式电缆终端头的安装制作步骤及工艺要求见表 4-8。

视频：电力电缆终端接头制作

表 4-8　10 kV 冷缩式电缆终端头的安装制作步骤及工艺要求

序号	操作工序	操作步骤及要求
1	电缆预处理	① 把电缆放置在预定位置，开剥外护套，不同截面的电缆开剥长度也不同。用刀环切外护套，再向外竖切，就可剥下外护套。 ② 外护套向上量取 35 mm，用恒力弹簧或铜扎丝捆绑固定，用钢锯环向锯断一半钢铠，用钳子撕开，再锯断另一半钢铠并撕开。

续表

序号	操作工序	操作步骤及要求
1	电缆预处理	③ 从钢铠断口往外，在内护套上量取 10 mm，环切后再向外竖切，剥开内护套，割掉填充物。注意：应从上向下切割，避免伤及铜屏蔽层，分开芯线。 ④ 从芯线顶端向下量取铜屏蔽，量取端子孔深，用 PVC 胶带标记，剥除量取的铜屏蔽。 铜屏蔽开剥距离 户外量取端子孔深+5mm +245mm 户内量取端子孔深+5mm +180mm

续表

序号	操作工序	操作步骤及要求
1	电缆预处理	⑤ 在铜屏蔽层上方外半导层上量取 20 mm，用 PVC 胶带标记。环切半导层，再竖切（注意环切、竖切深度均应为半导层厚度的 2/3，以免伤及主绝缘），用钳子撕剥，撕至根部应小心用手扯断。 ⑥ 从芯线顶端向里量取导电端子孔深 + 5 mm 的距离，剥掉绝缘层。在绝缘层断口处用刀削出 45°×2 mm 的坡口，用砂纸打磨光滑。在外半导层端口处削出约 5 mm 坡口，紧挨端口在绝缘层上缠绕三层胶带保护绝缘层，用砂纸把坡口打磨光滑，拆掉胶带。用锯条及砂纸打磨钢铠，去掉防锈漆，用砂纸打磨铜屏蔽，用电缆清洁纸擦净绝缘层和铜导线。注意：清洁方向从绝缘层到半导层，不能回擦。

续表

序号	操作工序	操作步骤及要求
2	接地线的安装	把地线末端插入三芯交联电缆分叉处,将地线绕包三芯电缆铜屏蔽一周后引出,用恒力弹簧卡紧地线,固定在钢铠上接地,在恒力弹簧上缠绕两层PVC胶带,保证弹簧不会松脱。用填充胶填平两个弹簧间的间隙。在恒力弹簧下面约35 mm处缠绕一层弹性密封胶,地线放置上面后再缠绕一层,加强防水密封。
3	安装绝缘冷缩三指套	把冷缩三指套放到电缆根部,先分别逆时针抽掉三芯指套的塑料支撑条,使其自然收缩。

续表

序号	操作工序	操作步骤及要求
4	安装冷缩护套管	将冷缩护套管分别套入三芯电缆,再使三相护套管重叠在三指套各分支 20 mm 处,逆时针抽掉塑料支撑条,让其自然收缩。注意冷缩护套管末端距电缆外半导电层断口约 20 mm,多余部分应切除。
5	安装冷缩终端头	户外从外半导层向内量取距离 50 mm,户内 40 mm,分别用不同颜色的 PVC 胶带标记,作为冷缩终端安装基准。用电缆清洁纸擦净绝缘层。在主绝缘表面均匀涂抹硅脂。套入冷缩终端头,并位于 PVC 标识处,逆时针抽掉塑料支撑条,使终端自然收缩。

续表

序号	操作工序	操作步骤及要求
6	压接端子	用压接钳压接，压接完成后应去除毛刺，打磨光滑。用填充胶填平端子与主绝缘之间的空隙。用弹性密封胶带缠绕压接后的端子表面，加强密封。
7	安装冷缩密封管	搭接在终端尾部大约 20 mm 左右，分别在各相套进冷缩密封管，抽掉塑料支撑条，使密封管自然收缩。

项目 5　配电线路运行管理

任务 5.1　配电线路的巡视

为了掌握线路的运行状况，及时发现缺陷和威胁线路安全运行的隐患，并为检修工作提供依据，需要按期对配电线路进行巡视。

5.1.1　配电线路的巡视种类

1. 定期性巡视

定期性巡视的目的是经常掌握配电线路各部件的运行状况、沿线情况以及随季节而变化的其他情况。定期巡视可由线路专责人单独进行，但巡视中不得攀登杆塔及带电设备，并应与带电设备保持足够的安全距离，如 10 kV 线路设备不小于 0.7 m。

2. 特殊性巡视

特殊性巡视是指遇有气候异常变化（如大雪、大雾、暴雨、大风、沙尘暴等）、自然灾害（如地震、河水泛滥等）、线路过负荷和遇有重要政治活动、大型节假日等特殊情况时，针对线路全部或全线某段、某些部件进行的巡视，以便发现线路的异常变化和损坏。特殊巡视的周期不做规定，根据实际情况随时进行。

3. 夜间巡视

夜间巡视一般在线路高峰负荷时进行，主要利用夜间的有利条件发现导线接头、接点处有无发热打火，绝缘子表面有无闪络放电现象。

4. 故障性巡视

故障性巡视的目的是为了查明线路发生故障的地点和原因，以便排除。无论线路故障重合与否，均应在故障跳闸或发现接地后立即进行巡视。

5. 监察性巡视

由运行部门领导和线路专责技术人员进行，也可由专责巡线人员互相交叉进行。目的是了解线路和沿线情况，检查专责人员巡线工作质量，并提高其工作水平。巡视可在春季、秋季安全检查及高峰负荷时进行，可以全面巡视，也可以抽查巡视。

5.1.2　配电线路巡视作业安全要求和巡视周期

1. 配电线路巡视作业安全要求

① 巡视人应至少两人一组，禁止攀登杆塔，禁泅渡。巡视时必须按照事先规定的巡视路线行进，不准改道。

② 夜间巡视应保证充足照明，沿线路外侧行进。

③ 大风天气，巡线应沿线路上风侧行进。

④ 雷雨、大风天气，巡视人员应穿绝缘鞋或绝缘靴。

⑤ 巡视检查配电设备时，不得越过遮栏或围墙。

⑥ 打开配电设备柜门、箱盖时必须有人监护，注意与带电设备的距离。

⑦ 事故巡线应认为线路带电，巡视人员应穿绝缘鞋或绝缘靴，应距离断落地面或悬吊空中的导线 8 m 以外。

2. 配电线路巡视周期

巡视工作应经常化、制度化。线路的巡视周期因地理条件、自然条件的不同而不同，可按表 5-1 执行。

表 5-1　线路的巡视周期参考表

序号	巡视项目	周　期	备注
1	定期性巡视线路	1～10 kV 线路：市区一般每月一次；郊区及农村每季至少一次	
		1 kV 以下线路：一般每季至少一次	
2	特殊性巡视		根据需要
3	夜间巡视	每年至少冬、夏季各进行一次	根据大负荷情况
4	故障巡视		根据需要
5	监察性巡视	重要线路和事故多发线路每年至少一次	根据需要

5.1.3　线路巡视的内容

线路巡视的内容包括杆塔、拉线绝缘子、金具、沿线附近其他工程、断路器、防雷及接地装置等有关设施的检查。

视频：10 kV 架空配电线路的巡视

1. 杆塔巡视

① 基础有无损坏、下沉或上拔，周围土壤有无挖掘或沉陷，寒冷地区电杆有无冻鼓现象。

② 杆塔是否倾斜，螺栓有无松动，混凝土杆有无裂纹、疏松、钢筋外露，焊接处有无开裂、锈蚀。

③ 杆塔位置是否合适，有无被车撞的可能，保护设施是否完好，标志是否清晰。

④ 杆塔有无被水淹、水冲的可能，防洪设施有无损坏、坍塌。

⑤ 杆塔标志（杆号、相位警告牌等）是否齐全、明显。
⑥ 杆塔周围有无杂草等植物附生，有无危及安全的鸟巢、风筝及杂物。

部分杆塔缺陷如图 5-1 所示。

基础至边坡距离不足　　　　电杆倾斜　　　　电杆裂纹较多、露筋

外力撞击破损　　　　塔基受洪水冲刷　　　　警示标语模糊

图 5-1　部分杆塔缺陷

配电线路杆塔的预防检查、维护周期按下述规定执行：
① 木电杆根部方面的预防检查及维护（如刷防腐油）每年 1 次。
② 盐、碱、低洼地区混凝土杆根部检查一般 5 年 1 次，发现问题后每年 1 次。
③ 铁塔和混凝土杆钢圈油漆的检查周期根据油漆脱落情况决定。

2. 横担和金具巡视

① 金具有无锈蚀、变形；螺栓是否紧固、有无缺帽；开口销有无锈蚀、断裂、脱落。
② 铁横担有无锈蚀、歪斜、变形。

配电线路横担和金具预防检查、维护周期按下述规定执行：登杆检查（1～10 kV）每 5 年至少 1 次，采用木杆、木横担的线路应每年 1 次。部分横担和金具缺陷如图 5-2 所示。

耐张线夹锈蚀　　　　金具脱落　　　　雷击造成横担破损

图 5-2　部分横担和金具缺陷

3. 绝缘子巡视

① 绝缘子有无闪络、烧过的痕迹，有无裂纹、破碎、掉渣、脏污现象，钢脚有无锈蚀、变形情况，绝缘子的销子有无变形、裂口或锈蚀情况。

② 绑线及耐张线夹是否紧固。

③ 绝缘子串或陶瓷横担是否歪斜。

④ 螺母是否松脱。

配电线路的悬式绝缘子的预防检查、维护周期按以下规定执行：绝缘子清扫或水冲每年1次；悬式绝缘子的绝缘电阻测试根据需要决定。部分绝缘子缺陷如图5-3所示。

绝缘子污闪 　　　　绝缘子钢帽烧伤 　　　　锁紧销用铝线替代

绝缘子针脚弯曲、损坏 　　陶瓷横担受外力倾斜 　　针式绝缘子螺帽失效

图 5-3　部分绝缘子缺陷

4. 导线巡视

① 导线有无断股、锈蚀、弧光放电的痕迹，导线上是否有杂物悬挂。

② 导线的接头有无过热变色、变形、滑脱等现象，特别是铜铝接头是否氧化。

③ 导线弛度大小有无明显变化、三相是否平衡。导线对地面及跨越物的垂直距离，在最大弧垂时应不小于表5-2中的数值。

④ 导线各种交叉跨越的相对距离有无异常变化，是否符合规程规定。

  a. 配电线路与各电压等级的电力线路的垂直交叉跨越距离，在上方导线最大弧垂时应不小于下列数值：10 kV及以下，2 m；35～110 kV，3 m。

  b. 配电线路与弱电线路的垂直交叉距离，在最大弧垂时，中压不小于2 m，低压不小于1 m。

  c. 导线与房屋建筑的水平最大风偏距离，中压不小于1.5 m，低压不小于1 m。配电线路不宜跨越房屋。因地形所限必须跨越房屋时，在导线最大弧垂时与房顶的垂直距离：中压不小于3 m，低压不小于2.5 m。

表 5-2 导线对地面及跨越物的垂直距离

线路经过地区	线路电压	垂直距离/m
居民区	中压	6.5
	低压	6.0
非居民区	中压	5.5
	低压	5.0
交通困难地区	中压	4.5
	低压	4.0
至公路、城市道路路面	中压	7.0
	低压	6.0
至铁路轨顶		7.5
至有电车行车线的路面		9.0
至河流最高水位		6.0

  d. 邻近线路的树枝在大风时应不会抽碰导线，城市街道绿化树木与导线的水平最大风偏距离：中压为 2 m，低压为 1 m；最小垂直距离：中压为 1.5 m，低压为 1 m。
⑤ 过（跳）引线有无断股、歪扭现象，它与杆塔的距离是否合乎要求。
  配电线路的拉线预防检查、维护周期按以下规定执行：导线连接线夹检查至少 5 年 1 次；导线弧垂、限距及交叉跨越距离测量根据巡视结果决定。部分导线缺陷如图 5-4 所示。

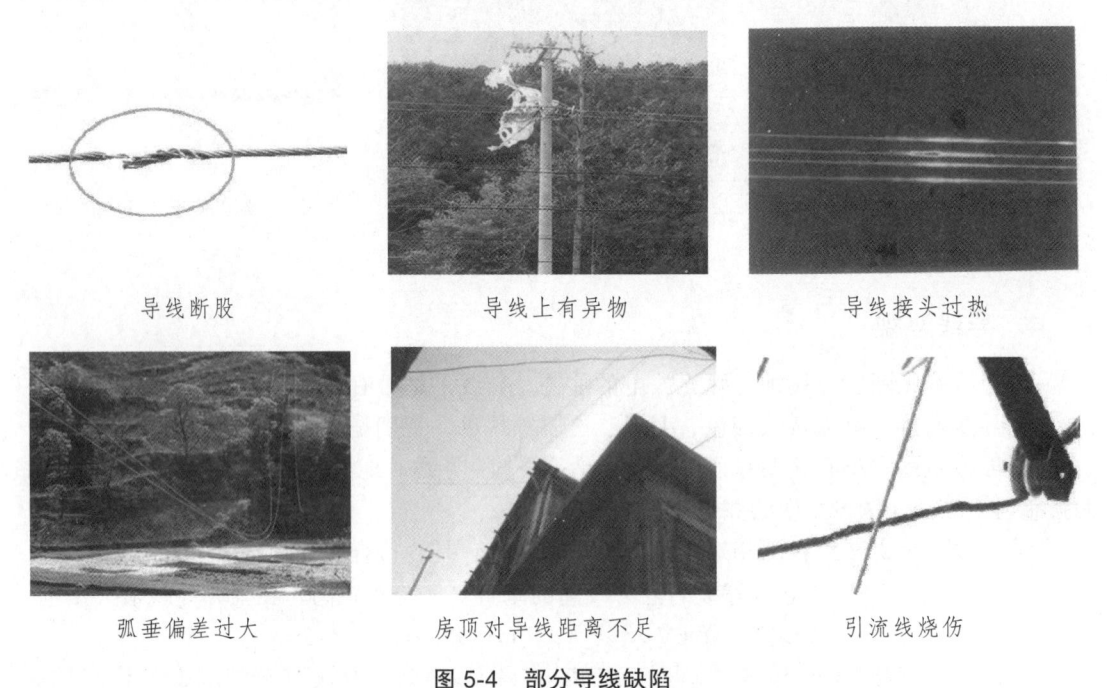

图 5-4 部分导线缺陷

5. 拉线巡视

① 拉线有无松弛、破股、锈蚀等现象。水平拉线的对地距离是否足够。

② 拉线绝缘子是否损坏或缺少。
③ 拉线是否妨碍交通或被车碰撞。拉线棒、抱箍等金具有无变形、锈蚀。
④ 有无地锚变形，杆塔附近及地锚周围有无挖坑取土及基坑土质沉陷危及安全的现象。

配电线路的拉线预防检查、维护周期按下述规定执行：拉线根部、镀锌铁线的检查每 3 年 1 次，锈蚀后则每年 1 次。部分拉线缺陷如图 5-5 所示。

拉线断线　　　　　　拉线固定铁丝丢失　　　　　　拉线绝缘子破损

拉线棒被撞弯曲　　　　拉线抱箍严重锈蚀　　　　　　山体滑坡

图 5-5　部分拉线缺陷

6. 防雷设施巡视

① 避雷器瓷套有无裂纹、损伤、闪络痕迹，表面是否脏污。
② 避雷器的固定是否牢固，避雷器的动作情况和测定雷电流装置是否正常。
③ 引线连接是否良好，与邻相和杆塔构件的距离是否符合规定。
④ 各部附件是否锈蚀，接地端焊接处有无开裂、脱落。
⑤ 保护间隙有无烧损、锈蚀或被外物短接，距离间隙是否符合规定。

部分防雷设施缺陷如图 5-6 所示。

氧化锌避雷器损坏　　　　　避雷器脱落　　　　　　避雷器引下线断裂

图 5-6　部分防雷设施缺陷

7. 接地装置巡视

① 接地引下线有无丢失、断股、损伤。
② 接头接触是否良好，线夹螺栓有无松动、锈蚀。
③ 接地引下线的保护管有无破损、丢失、固定是否牢靠。
④ 接地体有无外露、严重腐蚀，在埋设范围内有无土方工程。

部分接地装置缺陷如图 5-7 所示。

接地引下线断裂 　　　　接地引线锈蚀 　　　　接地体外露

图 5-7　部分接地装置缺陷

8. 接户线巡视

① 线间距离和对地、对建筑物等交叉距离是否符合规定。
② 绝缘层是否老化、损坏。
③ 接点接触是否良好，有无电化腐蚀现象。
④ 绝缘子有无破损、脱落。
⑤ 支持物是否牢固，有无腐蚀、损坏等现象。
⑥ 弧垂是否合适，有无混线、烧伤现象。

部分接户线缺陷如图 5-8 所示。

接户线与窗户距离不够 　　　　支架锈蚀 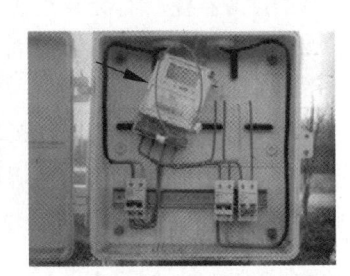　　　　电能表倾斜

图 5-8　部分接户线缺陷

9. 沿线附近其他工程巡视

① 其他工程有无妨碍或危及线路的安全运行，如建筑物、临时工棚、大型障碍物等。
② 有无爆破或土石外放、损伤导线的安全的可能性。
③ 材料物资堆积、天线、烟囱是否危及线路的安全运行。
④ 线路附近的树木、树枝是否影响线路的安全运行。

⑤ 相邻近的电力、通信、索道、管道的架设及电缆的敷设是否影响安全运行。
⑥ 河流、沟渠边缘杆塔有无被水冲刷、倾倒的危险。
⑦ 沿线附近是否有污染源。
⑧ 检查线路巡视和检修的通道是否畅通。
⑨ 防护区内高大机械及可移动设备的设置情况。

部分沿线缺陷如图 5-9 所示。

| 线路下方有房屋 |  树木影响线路安全 |  大型施工机械作业挂断导线 |

图 5-9 部分沿线缺陷

10. 电力电缆巡视

① 对敷设在地下的每一电缆线路，应查看路面是否正常，有无挖掘痕迹及路线标桩是否完整无缺等。

② 站内进行扩建施工期间，电缆线路上不应堆置瓦石、矿渣、建筑材料、笨重物件、酸碱性排泄物或砌堆石灰坑等。

③ 进入房屋的电缆沟口处不得有渗水现象。电缆隧道及电缆沟内不应积水或堆积杂物和易燃品，不许向隧道或沟内排水。

④ 电缆隧道及电缆沟内支架必须牢固，无松动和锈蚀现象，接地应良好。

⑤ 电缆终端头瓷瓶应完整清洁。引出线的连接线应紧固无发热现象。

⑥ 电缆终端头应无漏油、溢胶、放电、发热等现象。

⑦ 电缆终端头接地必须良好，无松动、断股和锈蚀现象。

电力电缆的预防检查、维护周期按下述规定执行：对于电缆头，1~3 年内应停电打开填注孔塞头或顶盖，检查盒内绝缘胶有无水分、空隙及裂缝等；户外电缆头每 3 个月巡视 1 次，户内电缆头的巡视与检查可与其他设备同时进行。部分电力电缆缺陷如图 5-10 所示。

| 电缆遭破坏 |  电缆烧断 |  电缆沟积水 |

电缆抱箍受损 　　　　　电缆头被击穿 　　　　　绝缘层老化脱落

图 5-10　部分电力电缆缺陷

11. 配电设备巡视

① 外壳有无渗、漏油和锈蚀，油位、气压是否正常。
② 套管有无脏污、裂缝、损坏及闪络痕变。
③ 台架有无倾斜、变形、腐朽，安装是否牢固。
④ 开关操作指示是否正常。
⑤ 接地是否完善。
⑥ 触头是否良好，有无过热、烧熔现象。
⑦ 各部分引线之间对地的间隔距离是否符合规定，引线与设备连接处有无松动、发热的现象。
⑧ 警示牌及各种标志牌是否完备，字迹颜色是否清晰明显。

部分配电设备缺陷如图 5-11 所示。

变压器漏油 　　　　　套管破坏、油枕漏油 　　　　　变压器无保护接地

跌落式熔断器底座锈蚀　　　　　油断路器设备线夹断裂 　　　　　线夹螺栓用铁丝代替

图 5-11　部分配电设备缺陷

任务 5.2　配电线路的防护

架空线路不仅分布很广，而且长期处于露天下运行，经常会受到周围环境和大自然变化的影响，因此架空线路在运行中会发生各种各样的故障。为了防止线路在不同季节发生故障，应采取针对性的相应措施来保证线路的安全运行。

5.2.1　造成线路故障的主要原因

① 雷电的影响。雷电不仅会使绝缘子发生闪络或击穿，有时还会引起断线或劈裂木杆或木横担等事故。

② 环境污染。在工业区，特别是化工区或其他有污染源地区，所产生的尘污或有害气体会使绝缘子的绝缘水平显著降低，导致发生闪络事故。有些氧化作用很强的气体则会腐蚀金属杆塔、导线、避雷线和金具等。

③ 冰雪过多。当线路导线、避雷线上出现严重覆冰时，首先是加重了导线和杆塔的机械载荷，使导线弧垂过分增大，从而造成混线或断线；当导线、避雷线上的覆冰脱落时，又会使导线、避雷线发生跳跃现象，因而引起混线事故。此外，一旦瓷瓶或横担上积聚冰雪过多，也会引起绝缘子的闪络事故。

④ 气温变化。空气温度变化时，导线的张力也变化。在炎热的夏天，由于导线的伸长使弧垂变大，可能会造成交叉跨越处放电的事故；而在寒冷的冬天，由于导线收缩，弧垂变小，应力增加，可能会造成断线事故。

⑤ 雨量影响。毛毛细雨能使脏污绝缘子发生闪络，甚至损坏绝缘子。大雨久下不停时，会使山洪暴发或河水暴涨，造成倒杆事故。

⑥ 风力过大。风力超过杆塔的机械强度，就会使杆塔歪倒或损坏，并使导线产生振动、碰线和跳跃。

⑦ 鸟害。鸟在杆塔上筑巢或在杆塔上停落。有时大鸟穿过导线飞翔，均可能造成线路接地或短路等事故。

除了上述各点之外，造成线路事故的原因还很多。例如外力影响的事故，在线路附近放风筝，在导线附近打鸟放枪，在杆塔基础旁边挖土以及线路附近有高大树木等。这些都会影响线路的正常运行，也可能造成严重的事故。但是，只要我们严格执行各种运行、检修制度，认真执行各项反事故技术措施，即可保证架空线路的安全运行，上述各种事故是可以避免的。

5.2.2　线路防污及其措施

在架空配电线路的故障中，除了雷害故障外，最为严重的就是污秽所造成的故障。污秽物质附着在线路的绝缘子表面，遇有下雨、雾等潮湿天气，就会使绝缘子的绝缘水平大为降低，导致在工作电压下也能发生绝缘子闪络事故。

1. 防污的种类

根据绝缘子的污秽来源，绝缘子的污秽大致可分为以下几种。

(1) 尘土污秽

由于风吹或车辆运输、农业机械等使空中的尘土飞扬，逐渐落到绝缘子表面而形成尘土污秽。尘土中并不含大量的导电物质，所以对线路的威胁并不显著。如果农田使用了大量化肥，增加了尘土中的导电物质，就容易引起绝缘子串污闪故障。

(2) 盐碱污秽

处于盐碱地区的线路，由风吹起含盐粒的尘土沉积在绝缘子上面从而形成盐碱污秽。盐碱污秽对线路危害较严重，特别是沙土或半沙土的盐碱地区，常因遇到尘土风暴而形成严重的盐碱污秽。

(3) 海水污秽

线路靠近海岸附近，海浪冲击海岸引起海水飞溅，或海水微粒受风力的作用被吹向远离海岸的地方，一旦散落在绝缘子上面，在干燥的气象条件下，水分蒸发，微小颗粒的海盐则沉积在绝缘子上面形成海水污秽。

(4) 工业污秽

如火力发电厂、化肥厂、水泥厂、焦化厂、玻璃厂、冶金厂等工矿企业排出的烟尘和废气飘散在空中，当落在绝缘子上面时就会形成工业污秽。这些污秽物质可能是液体、气体或固体。

(5) 鸟粪污秽

在鸟多的地区，多发生在季鸟成群集中的地区，鸟群停留在横担上，鸟粪则落在绝缘子串上形成鸟粪污秽。

2. 防止污闪故障的措施

污闪故障波及面广且时间较长，有时会造成几十条线路污闪停电。所以防止污闪对保证线路安全极为重要，一般可根据本地区的运行经验，采取以下防污闪措施：

① 确定线路的污秽期和污秽等级。根据历年线路发生污闪的时期和绝缘子的等值盐密测量结果，确定本地区电力线路的污秽季节或月份和污秽等级（或允许的绝缘子串单位泄漏比距）。这样，可在污秽季节到来之前完成防污工作，同时为新建或大修改建的线路提供防污闪数据。

② 定期清扫绝缘子。在污秽季节到来之前，逐级登杆清扫绝缘子。清扫方法：可用干布、湿布或蘸汽油的布（或浸肥皂水的布）将绝缘子擦干净；也可带电冲洗绝缘子，如图 5-12 所示。对污秽严重，不易在现场清扫的绝缘子，可以更换新的绝缘子，将旧绝缘子带回工厂进行清洗。

图 5-12 不停电冲洗绝缘子示意图

③ 更换不良和零值绝缘子。对绝缘子串定期进行零值和不良绝缘子的测量，及时更换不良和零值绝缘子，使线路保持能耐污闪的绝缘水平。

④ 增加绝缘子串的单位泄漏比距。绝缘子表面泄漏电流越大，污闪越严重，而泄漏电流的大小与绝缘子串的单位泄漏比距成反比。因此，可以增加绝缘子片数或改为耐污绝缘子来增加绝缘子串的单位泄漏比距。

⑤ 采用憎水性涂料。憎水性涂料是一种具有黏附性和拒水性的油料。将它涂在绝缘子表面，当污秽物落在其上后，便被涂料包围形成一个个孤立的细小微粒。因为这种污秽物的微粒外面包裹了一层拒水性涂料，故使里面的污秽物质不易吸潮，即使吸潮后也是一个个孤立的微粒，而不能形成片状水膜的导电通路，从而可以避免污闪发生。

⑥ 采用合成绝缘子。合成绝缘子是由环氧玻璃纤维棒制成芯棒和以硅橡胶为基本绝缘体构成的。环氧玻璃纤维棒抗张强度很高，为普通钢材抗张强度的 1.6~2.0 倍，是高强度瓷的 3~5 倍。硅橡胶绝缘伞裙具有良好的耐污闪性能，所以采用合成绝缘子是线路防污闪的有效措施。

5.2.3 线路防覆冰及其消除措施

1. 架空线路的覆冰

架空线路的覆冰是在初冬和初春时节（气温在零下 5 ℃ 左右），或者在降雪或雨雪交加的天气里，在架空线路的导线、避雷线、绝缘子串等处均会有冰、霜和湿雪混合形成的冰层。有时也会在导线表面结上一层白霜，呈冰碴性质，其质量比坚实的覆冰轻很多，但其厚度却大很多。在湿雪降落时，湿雪一方面粘在导线上，同时又会浸透正在结冰的水，使冰层越来越厚，最厚可达 10 cm 以上。

当风向与线路平行时，覆冰的断面呈椭圆形；当风向与线路垂直时，覆冰的断面呈扇形，即在导线的一个侧面；当无风时，覆冰则是均匀的一层。此外，覆冰还与线路走向有关，在冷、热空气的交汇处经过的线路，覆冰就更严重。覆冰在导线或绝缘子上停留的时间也是不同的，这主要取决于气温的高低和风力的大小，短则几小时，长则达几天。

线路覆冰情况如图 5-13 所示。

图 5-13 线路覆冰

2. 因覆冰而发生的事故

导线和避雷线上的覆冰有时是很厚的，严重时会超过设计线路时所规定的载荷。如果导线、避雷线发生覆冰时还伴随着强风，其载荷将进一步增加，这就可能引起导线或避雷线断线，使金具和绝缘子串被破坏，甚至使杆塔损坏。尤其是扇形覆冰，它能使导线发生扭转，所以对金具和绝缘子串威胁最大。

常见的线路覆冰事故有以下几种（见图 5-14）：① 杆塔因覆冰而损坏；② 导线覆冰事故；③ 线路各档距覆冰不均引起事故；④ 绝缘子串覆冰事故。

图 5-14　线路覆冰事故

3. 覆冰的防止和消除措施

为了防止覆冰所引起的故障，选择线路路径时，应注意避开冷、热空气的交汇处；设计杆塔时，应考虑由于覆冰所形成的外加载荷。对经常发生严重覆冰的地区，架设耐覆冰式的线路；为了避免碰线，导线应采用水平排列的布置方法，并应适当加大导线和避雷线之间的距离。

在覆冰特别严重的地区，上述措施还是不够的，覆冰仍可能引起破坏线路的事故。因此，在运行中必须观察导线上产生覆冰的情况，并采取适当的措施予以消除。消除导线上的覆冰，有电流融解法和机械除冰法等。

① 电流融解法。这种方法主要是加大负荷电流或用短路电流来加热导线使覆冰融解落地，达到除冰的目的。

　　a. 用改变电力网的运行方式来增大线路负荷电流。

　　b. 将线路与系统断开，并将线路的一端三相短路起来，另一端用特设的变压器或发电机来供给短路电流。

② 机械除冰法（如图 5-15 所示）。机械除冰主要采用以下几种做法：

图 5-15　机械除冰

  a. 从地面上向导线或避雷线抛掷短木棍，打碎覆冰，使之脱落，也可以用木杆或竹杆进行敲打，使覆冰脱落。如果线路停电困难，也可用绝缘杆来敲打覆冰。
  b. 用木制套圈套在导线上，并用绳子顺着导线拉以消除覆冰。
  c. 用滑车式除冰器来除冰。
③ 采用特别复合导线除冰和在导线上安装脱雪环。

5.2.4 线路防暑工作

  随着夏季到来，气温升高，雨水增多，植物生长茂盛，这也给架空线路的安全运行带来很大影响。为了保证线路安全运行，必须做好防暑过夏工作，主要包括检查交叉跨越距离，防洪、防止树木引起的事故等。

1. 检查交叉跨越距离

  在夏天，由于气温高，导线弧垂增大，会使交叉跨越距离变小，容易发生事故。因此，在巡视线路时，应检查交叉跨越距离，见图 5-16。

  检查时应注意以下几个问题：
① 运行中的线路，导线弧垂的大小主要取决于气温、导线温升和导线上的垂直载荷。当导线温度最高或导线结冰时，都有可能使弧垂变大。
② 在检查交叉跨越距离时，一定要注意交叉点距杆塔的距离。在同样的交叉距离下，交叉点越靠近档距中心，危险性越大。

图 5-16　检查线路交叉跨越距离

③ 检查交叉距离时，应记录当时的气温，以便对照。

2. 架空线路的防洪

  在夏季洪汛季节，架空线路有可能遭受洪水的袭击而发生事故。所以，架空线路的防洪工作是非常重要的。

（1）洪水对架空线路的危害

洪水对线路杆塔的危害主要有下列几种情况：
① 杆塔基础被洪水淹没，水中的漂浮物（树木、柴草等）挂到杆塔或拉线上，增大了洪水对杆塔的冲击力，若杆塔强度不够，则造成倒杆事故。
② 杆塔基础土壤受到洪水严重冲刷而流失，从而破坏了杆塔基础的稳固性，造成杆塔倾倒。
③ 跨越江河的杆塔，由于其导线弧垂比较大，跨越距离较小，故被洪水冲刷而来的高大物件容易挂碰导线，导致混线、断线或杆塔倾倒。
④ 位于小土堆、边坡等处的杆塔，由于雨水的浸泡和冲刷引起坍塌、溜坡，造成杆塔的倾倒。

（2）防洪对策及基本要求

洪水造成的事故往往是由于杆塔倾倒引起的，并且在洪水中进行抢修比较困难，有时甚至不能马上进行抢修,故会影响正常供电。因此,防洪必须以预防为主,事先摸清水情,了解洪水规律,对有被洪水冲击可能的杆塔应在汛期前认真检查,及时采取防洪措施。具体办法有:

① 对于杆塔基础周围的土壤,如果有下沉、松动的情况,应填土夯实,在杆根处还应培出一个高出地面不小于 30 cm 的土台。

② 对于设立在水中或汛期有可能被水浸淹的杆塔,应根据具体情况增添支撑杆或拉线。

③ 采用各种方法保护杆塔基础的土壤,使其不被冲刷或坍塌。

④ 在汛期有可能被洪水冲击的杆塔,根据具体情况,应增添护堤。

线路防洪如图 5-17 所示。

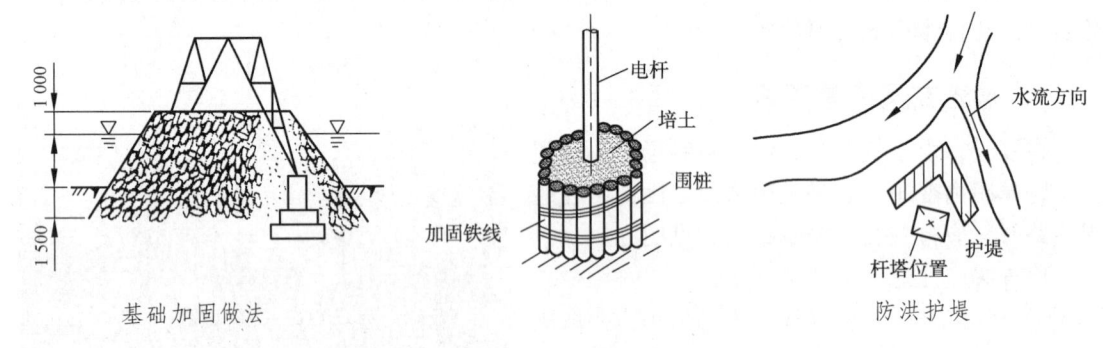

图 5-17 线路防洪

3. 树木的修剪和砍伐

春夏两季树木生长速度很快,在线路下面或附近的树木就有可能碰触导线,如图 5-18 所示。在大风天气里树枝摇摆,有时也会发生断枝、倒树的情况,当触及架空线路时,就会造成接地或烧伤导线等故障,还可能引起火灾。为了防止树木引起线路故障,就必须适当对树木进行修剪和砍伐工作,以使树木与线路之间保持一定的安全距离。

架空线路通过林区时,必须留出通道,1~10 kV 线路的通道宽度应不小于线路宽度 + 10 m。35~110 kV 线路的通道宽度,应不小于线路宽度 + 林区主要树木生长高度的 2 倍。下列情况可以不留通道:

① 树木自然生长高度不超过 2 m。

② 架空线路通过公园、绿化区和防护林带时,通道宽度应和有关单位协商解决,但树木和

图 5-18 修剪树木

边线在最大偏斜时的距离不得小于下列数值:1~10 kV,3.0 m;35~110 kV,3.5 m。

③ 电力线路与树木自然生长高度间的最小垂直距离,在导线最大弧垂时应符合下列数值:1~10 kV,3.0 m;35~110 kV,4.0 m。

④ 架空线路通过果树林、经济作物林(茶、油桐等)以及城市绿化用的灌木林时,不必

留出通道，但导线至树梢的距离应不小于下列数值：1~10 kV，1.5 m；35~110 kV，3.0 m。树木修剪后和修剪前的距离可比上列数值差±0.5 m；如保持上述距离确有困难时，可与有关单位协商适当缩小距离并增加修剪次数，以照顾实际情况。

5.2.5 线路防风、防锈、防鸟害工作

1. 线路的防风工作

风力不同对导线和避雷线的影响也不同：当风速为 0.5~4 m/s 时（相当于 1~3 级风），容易引起导线或避雷线振动而发生断股甚至断线；在中等风速（5~20 m/s，相当于 4~8 级风）时，导线有时会发生跳跃现象，易引起碰线故障；当大风时，由于各导线摆动不一，会发生碰线事故或线间放电闪络故障。在设计架空线路时，一般都按当地最大风力做验算，并采取了适当措施。

由于风的影响引起的线路故障主要有两方面：

① 如果风力超过了杆塔的机械强度，杆塔会发生倾斜或歪倒而造成损坏事故，如图 5-19 所示。

② 由于风力过大，会使导线承受过大风压，因而产生摆动，又由于空气涡流的作用，就可能使这种摆动成为不同期摆动（也就是说各相导线不是同时往一个方向摆动），因而引起导线之间互相碰撞，造成相间短路故障。此外，因大风把草席、铁皮、天线等杂物刮到导线上也会引起停电事故。

线路防风工作的基本要求是：

① 掌握风的规律（例如最大风速、常年风向、大风出现的季节和日数等），以便在大风到来之前做好一切防风准备工作。

② 对杆塔及其基础进行全面检查。如果发现基础坑内的土壤下沉，应填补土壤予以夯实。当发现杆塔有倾斜时，应分析找出原因，并设法立即扶正，同时将基础夯实。对于配电线路还应加装人字拉线。

③ 对杆塔拉线进行检查。检查杆塔拉线的松紧程度，松的应调紧，如图 5-20 所示；还应检查拉线及其埋入地下部分的腐蚀或锈蚀情况，严重时应予以更换。此外，对导线、避雷线和跳线的弧垂，在大风到来之前也应进行重点测量和调整。

图 5-19 杆塔被风刮倒　　图 5-20 调紧拉线

2. 线路的防锈工作

锈蚀对配电线路的影响主要集中于拉棒和埋于地下的重力拉环、地网、避雷线及一些承受张力较大的连接金具。一般来说,埋于地下的拉环、拉棒,由于处于隐蔽位置,检查周期长,对安全威胁较大。

钢铁受到空气里的氧气和水分的作用发生化学反应而生锈。其锈蚀速度同时受到其他诸多因素的影响。埋于地下的钢铁的腐蚀具有电化学腐蚀的属性。电化学腐蚀取决于金属本身的参数以及土壤的结构特性,且后者起决定作用。土壤的透气度、盐分、湿度、pH、电阻率、粒度、温度以及土壤沿金属表面的不均匀程度,对金属的腐蚀速度都有很大的影响。还有在多层土壤区特有的一种腐蚀——微差电势产生的电流引起的腐蚀,以及能还原硫酸盐的细菌所引起的腐蚀——微生物腐蚀。

经长期观察,水稻区域的拉线杆塔的镀锌拉棒地下部分,经使用若干年后将出现严重的腐蚀现象,这是由于上层土壤受到人为的干扰(耕作松土或变种其他作物、施用一些有机和化学肥料),使土壤的透气度和化学成分有所改变,往往在离地面 0.3~0.6 m 处出现比较严重的腐蚀现象,而其余部分拉棒却往往是完好无损的。如图 5-21 所示。

如果出现上述情况,除了要加强对拉棒及地网的抽查监视外,还应采取以下措施:

图 5-21 拉线锈蚀

① 适当加大拉棒及地网直径,地网采用热镀锌等办法。

② 在拉线棒的地面上 0.2 m 至地下 0.8 m 段采用隔离涂层,加强耐腐蚀的措施,如涂防腐油漆、沥青包裹、水泥包封等。

③ 采用重力式拉线基础,且重力式基础的拉环应适当高于地面 0.3~0.5 m,这就从根本上消除了严重腐蚀区域。

④ 为防止金属的空气氧化锈蚀,应及时在金属出现锈蚀前进行油漆防腐的工作,使锈蚀所需的水和氧不能到达金属表面,延缓其锈蚀的速度。

3. 防止鸟类对架空线路的危害

到了春季,鸟类开始在杆塔上筑巢产卵孵化,尤其是一些鸟类特别喜欢在横担上做窝。当这些鸟类嘴里叼着树枝、柴草、铁丝等物在线路上空往返飞行时,树枝等落到导线间,或搭在导线与横担之间,就会造成接地或短路事故。体型较大的鸟类在线间飞行或鸟类打架也会造成短路事故。杆塔上的鸟巢与导线间的距离过近,在阴雨天气或其他原因便会引起线路接地事故;在大风暴雨的天气里,鸟巢被风吹散触及导线,会造成跳闸停电事故。

为了保证线路安全运行,特别是在鸟类活动频繁的季节,应积极开展防止鸟害工作。

① 增加巡线次数,随时拆除鸟巢,特别是对于搭在耐张绝缘子串上的、搭在过引线上方的、搭在导线上方的以及距带电部分过近的鸟巢应及时拆除,如图 5-22 所示。

② 安装惊鸟设施（如图 5-23 所示），使鸟类不敢接近架空线路。常用的具体办法有：a. 在杆塔上部挂镜子或玻璃片；b. 装风车或翻板；c. 在杆塔上挂带有颜色或能发声响的物品；d. 在杆塔上部挂死鸟；e. 在鸟类集中处还可以用猎枪或爆竹来惊鸟；f. 安装防鸟刺，一般采用多股钢绞线一端固定、另一端散开成蘑菇状。

图 5-22 拆除鸟巢　　　　　　　　图 5-23 安装惊鸟装置

5.2.6　导线的振动和防振

架空电力线路的导线、避雷线由于风力等因素的作用而引起周期性振荡，称为导线的振动。导线振动有多种类型，如由于微风的作用产生的微风振动、在风力和覆冰条件下产生的舞动、在短路电流作用下产生的振动、在电压和雨的作用下产生的电晕振动等。

1. 导线的微风振动

在线路档距中，导线和避雷线受到与线路方向垂直的、稳定的又比较缓慢的微风作用，产生频率较小（几到几十赫兹）、幅值较小（一般不超过几个厘米）的垂直振动，称为微风振动。

导线振动时的最高点叫作波峰，当另外一点停留在原有位置时，便形成所谓的波节，两个相邻波节之间的距离叫作振动的半波长，由两个相邻的波组成振动的全波。导线振动时两波峰之间的垂直距离叫作振幅，如图 5-24 所示。导线的振动是由从线路侧面吹来的均匀微风造成的，若这种微风垂直于线路方向作用于导线，在其背风面上、下侧将交替形成气旋，这种气旋越过导线便产生一些轻微的垂直方向的冲击，当冲击频率与档距中拉紧的导线的某一自然振动频率相等时，便产生谐振，如图 5-25 所示。

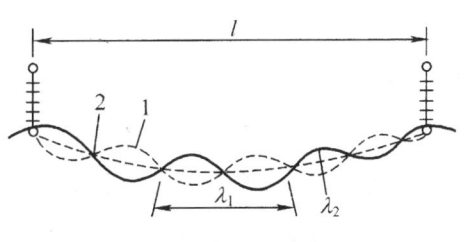

1—波峰；2—波节。　　　　　　　　1—导线；2—气旋。

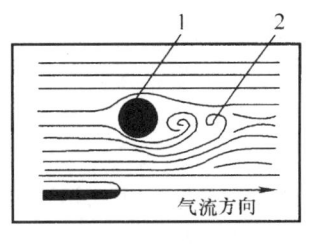

图 5-24　微风振动　　　　　　　　图 5-25　微风振动原理

导线振动的可能性和振动过程的性质（频率、波长、振幅）取决于很多因素，例如：导线的材料和直径，风的速度和方向，线路经过地区的性质，导线距地面的高度，线路的档距和导线张力等。

（1）风的速度和方向

风速在 0.5~0.8 m/s 时，导线便产生振动。当风速增大时，导线反而停止振动。当风向与导线轴线的夹角在 90°~45° 时，便可观察到稳定的振动；夹角在 45°~30° 时，振动具有较小的稳定性；而夹角小于 20° 时，一般不出现振动。

（2）线路经过地区的性质

线路经过地区的地形条件，如地势、自然遮蔽物（植物）和所有靠近线路的建筑物对靠近地面风的风速、风向和风的均匀性有很大的影响，因而也影响导线的振动情况。在平坦、开阔的地带，导线的振动容易发生；在地形极其交错的地区（山区），即在线路下面或线路附近有深谷、堤坝和各种建筑物，特别是有树木时，导线振动不易出现。

（3）导线距地面的高度

随着导线悬点高度的增加，将减弱自然遮蔽物对风的影响，扩大了产生导线振动的风速范围，增加了导线振动时间。

（4）线路的档距

当档距增大时，导线的振动频率也增加。实际上在小于 100 m 的档距内很少看到导线振动，而档距超过 120 m 时，导线才有因振动而引起破坏的危险性。在具有高悬挂点的大档距（大于 500 m）上的导线振动特别强烈，不仅对导线有破坏的危险，同时也能引起金具甚至塔身的破坏。

（5）导线张力

导线的年平均运行应力，是指导线在年平均气温及无外载荷条件下的静态应力，它是影响导线振动的关键因素。若此应力增加，就会增大导线振动的幅值，同时提高了导线振动频率，所以在不同的防振措施下，应有相应的年平均运行应力的限值。若超过此限值，导线就会很快疲劳而导致破坏。

2. 防振的措施

防振的方法有两种：采用护线条或特殊线夹来防止振动所引起的导线损坏；采用防振锤、防振线（阻尼线）来吸收振动的能量以消除振动。

（1）护线条

在导线悬挂点使用专用的护线条，其目的是加强导线的机械强度。护线条采用与导线相同的材料制成，其外形是中间粗两头细的一根铝棍，如图 5-26 所示。以往的运行经验证实，采用护线条不仅

1—悬垂线夹；2—护线条；3—导线。

图 5-26　护线条

能很好地保护导线，而且能减少导线的振动。

（2）防振锤

防振锤是由两个形状如杯子的生铁块组成。两个生铁块分别固定在一根钢绞线的两端，而钢绞线的中部用线夹固定在导线上，如图5-27所示。一般是在每一档距内的每一条导线两端安装防振锤，如图5-28所示。

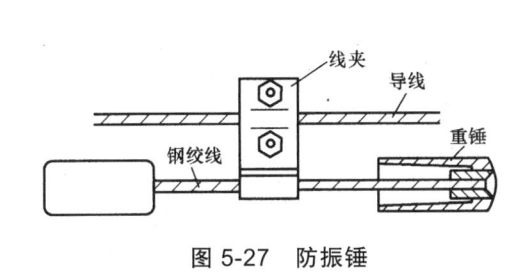

图 5-27 防振锤

图 5-28 防振锤安装

（3）阻尼线

国内外的运行试验证明，阻尼线有较好的防振效果，它在高频率振动的情况下，比防振锤有更好的防振效果。阻尼线最好采用与线路导线同型号的导线作阻尼线（避雷线也可以采用与其型号相同的材料）。阻尼线的长度及弧垂的确定：应使导线的振动波在最大波长和最小波长时均能起到同样的消振效果。对一般档距，阻尼线的总长度可取 7~8 m 左右，导线线夹每侧装设 3 个连接点，如图 5-29 所示。

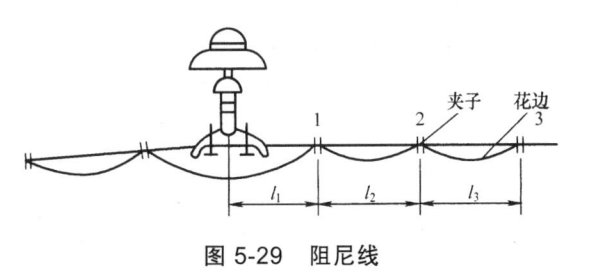

图 5-29 阻尼线

阻尼线与导线的连接一般采用绑扎法，或用 U 形夹子夹住。阻尼线花边的弧垂与防振效果关系不大，一般手牵阻尼线自然形成弧垂即可，约取 10~100 mm。

（4）自阻尼导线（防振导线）

如图 5-30 所示，这种导线在钢芯与内层铝线之间、内层铝线与外层铝线之间都保持有 1.0 mm 的间隙。

自阻尼导线防振的优点是：

① 可取消传统的线路防振装置和防振锤等，从而减少了投资和防振装置的维护工作。

② 为防止导线振动，设计时使平均运行应力取值较低，采用自阻尼导线后，可提高平均运行应力，从而使导线弧垂减小，达到降低杆高或加大档距的目的。

③ 自阻尼导线免除了防振锤由于消耗能量集中于档距中有限的几点或档距的一部分，而产生防振锤安装处导线疲劳断股和防振锤本身损坏的危险性。

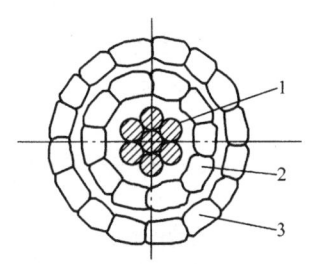

1—钢芯；2—内层铝线；
3—外层铝线。

图 5-30 自阻尼导线

3. 导线的舞动

架空线路发生导线舞动，几乎全发生在导线上有覆冰的情况下。导线覆冰后，在迎风面形成了表面光滑、形状不对称、机翼形的断面，如图 5-31 所示。

当风垂直吹向导线时，导线上部通过的气流速度增大，压力减小；而在导线下面通过的气流速度减小，压力增大，因此导线受到一个向上的升力，同时也受到一个水平的曳力。由于上升力的作用，使导线有向上移动的趋势，与导线重力交替作用，就产生了垂直振动。又由于导线偏心覆冰，导线受偏心载荷的作用而发生转动，这种转动受风的影响时正时负而使导线产生了扭摆振动。当导线垂直振动和扭摆振动频率相耦合时就会产生舞动。

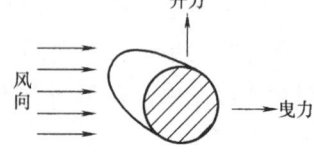

图 5-31 导线舞动

导线的微风振动，由于频率小、幅值小，人的眼睛不易察觉。但导线舞动则不然，导线大幅度的上下振动，在档距中可以形成 1~3 个波，同时还伴随摆动，若顺着线路方向去观察，舞动的轨迹呈椭圆形。

导线舞动时，覆冰的厚度一般为 2~5 mm，气温通常为 0~5 ℃，风速为 8~16 m/s。舞动的发生与线路经过地区的地理条件有关。地形平坦，没有任何障碍物，或是不跨越风口地区，平稳的风力容易使导线发生舞动。导线截面大、档距大，比导线截面小、档距小的线路更容易发生舞动。

导线舞动的振幅较大，且轨迹呈竖长的椭圆形，因此极易在档距中引起相间短路或接地，当导线上下排列时情况更为严重。导线舞动时，导线拉力变化很大，绝缘子串也受到剧烈的抖动，从而使金具、绝缘子受到损坏；导线相互碰撞，造成磨损和电弧烧伤甚至断线。因此，导线舞动常导致大面积的停电事故，其恢复工作也很艰巨。

防止导线覆冰是防止导线舞动的有效措施，在线路原有档距中间增加杆塔，以缩小档距，低弧垂，从而减少导线舞动的发生；另外还可以采用自阻尼导线、在导线上安装特制的吸收舞动能量的机械阻尼装置和制止导线扭动的摆锤等方法，也可以抑制导线的舞动。

任务 5.3　配电线路检测与试验

为了保证配电线路安全可靠地运行，必须按照规程规定的标准和周期对有关线路技术参数进行检测。检测的内容主要有绝缘电阻、接地电阻、安全距离、线路弧垂及杆塔倾斜度等。

微课：配电线路检测与试验

5.3.1　绝缘子测量

现场检测绝缘子绝缘电阻的方法包括停电测试和带电测试两种。检测设备通常是绝缘电阻表（俗称"兆欧表""摇表"）。

1. 现场停电检测绝缘子电阻

现场停电检测绝缘子电阻如图 5-32 所示。

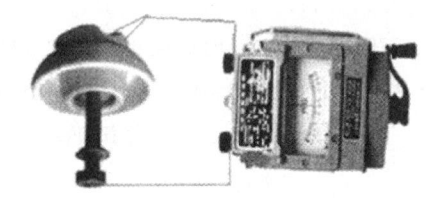

（a）绝缘电阻表　　　　（b）测试悬式绝缘子　　　　（c）测试针式绝缘子

图 5-32　用绝缘电阻表在停电线路上测试绝缘子（一）

检测时，首先应断开架空线路两端的总开关，并在开关的操纵手柄上挂"有人工作，禁止合闸"的警告牌，将线路进行可靠接地。登杆测试绝缘子时，应将绝缘电阻表的测试线换成两根同规格的电线，以便一个人在地上测试，另一个人登杆。也可以不登杆，当测试夹子够不着绝缘子时，可用简易的测试杆将测试线引长后再进行测试，如图 5-33 所示。

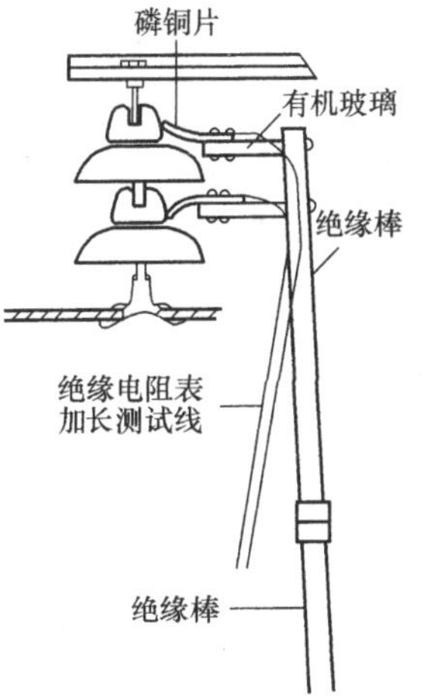

使用绝缘电阻表测试时应注意以下事项：

① 绝缘电阻表接线柱与被测物之间的连接线（测试线）不能用绞线、平行覆套线，应将两线分开单独连接，以免因绞线绝缘不良而影响测量精确度。

② 测量前，应验电（尽管线路已停电、接地），以防线路中的电容设备、高压平行线路的感应电击损伤人或损坏仪表。

③ 对雷电或邻近有高压导体的设备，禁止用绝缘电阻表进行测量。

④ 转动摇手柄时，应由慢渐快，如发现指针指零时，不得再用力摇动，以防仪表内的线圈损坏。

图 5-33　用绝缘电阻表在停电线路上测试绝缘子（二）

⑤ 使用绝缘电阻表须远离磁场，水平放置，测定线路绝缘时，测试线接在仪表的"接地""线路"两个接线柱上，按额定转速（120 r/min）摇动手柄，即可从仪表窗口上读得绝缘电阻值。

2. 在运行线路中带电测试绝缘子

在运行线路中带电测试绝缘子串上的电压分布，目的是验证绝缘子串上的分布电压正常与否，从而判断绝缘子的质量情况。然而，由于受电杆接地和绝缘子串的电容影响，在整个绝缘子串中承受电压最大的是靠近导线的第一片绝缘子，后面各片所承受的电压则依次减小，中间的绝缘子上承受的电压是最小的，而靠近横担处的绝缘子所受电压又略高一些。用绝缘测试杆进行带电检测绝缘子电压分布必须严格执行带电作业操作规程。

检测时，应至少有两人操作（一人操作，一人监护并做记录）：操作人员在操作时，应与带电部分保持足够的距离，操作人员手拿测试杆，不准握于护环以上；监护人员应全程注视操作人员的操作，如有不安全的动作，应及时制止。

在雨、雪、雾和潮湿天气或有大风时禁止进行测试工作，以免发生危险。对于线间距离较小的转角杆塔以及换位杆塔，不能使用绝缘子测试杆进行测量。

在测试中，发现不良绝缘子达到全串的半数时，应停止测试，以免造成接地故障。对于 35 kV 及以下电压的电力架空线路的针式绝缘子，不得采用绝缘子测试杆进行测试。

在运行线路中，带电测试绝缘子的方法分为固定火花间隙法、可变火花间隙法。

（1）固定火花间隙法

运用固定火花间隙测试杆测试带电线路上的绝缘子绝缘状况的方法，叫固定火花间隙法。测试原理是利用两个电极之间的固定空气距离具有一定的放电电压值，根据该原理制成固定火花间隙测试杆，如图 5-34 所示。测试时，将测试杆分别跨接到绝缘子上，如果电压分布正常，均能使其间隙放电（见有弧光）。当其中某个绝缘子劣化时，所承受的电压降低，甚至达到零值，就不能间隙放电，从而判断出哪片绝缘子是好的，哪片绝缘子是坏的。该测试方法的优点是操作方便，不足之处是不能测出各绝缘子的电压值。检测时所选用的固定火花间隙测试杆的火花间隙距离，是由所测量的绝缘子串在正常电压分布下所承受的最低电压值决定的。

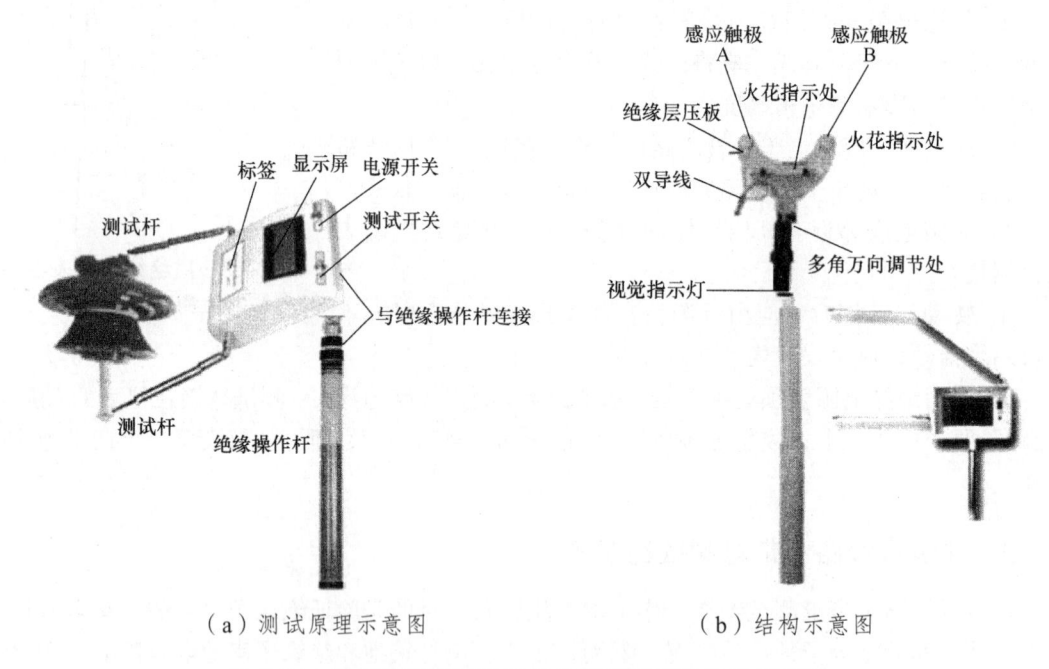

（a）测试原理示意图　　　　（b）结构示意图

图 5-34　固定火花间隙测试杆的测试原理及构造示意图

（2）可变火花间隙法

可变火花间隙法如图 5-35 所示。在可变火花间隙测试杆的长绝缘端部装有一套测量装置。测量杆由杆头和可变火花间隙构成。杆头是一个绝缘管，其两端固定有探测尺，一端探测尺经隔离电容与火花间隙的可动电极相连。

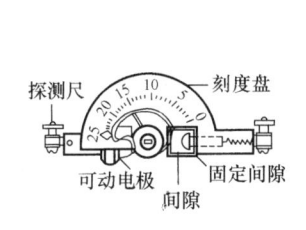

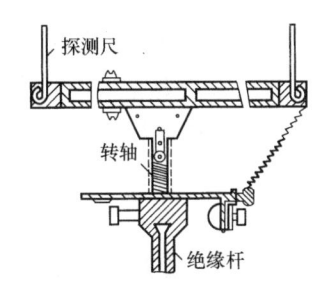

(a) 结构示意图　　　　(b) 测试原理示意图

图 5-35　可变火花间隙测试杆

测试时，先将探测尺跨于两片绝缘子的金属帽上，然后转动绝缘杆，则可动电极随之转动，使空气间隙距离由大到小均匀地调整到间隙放电为止，这时即可读出开始放电时指针所指示的电压值，即为所测试绝缘子所承受的电压值。直到将绝缘子串的每片绝缘子的电压值均依次测试完，并记录到绝缘子测量记录表中。

3. 绝缘子泄漏电流的测试

绝缘子泄漏电流与绝缘子的绝缘电阻有关。当绝缘子的绝缘性能良好时，绝缘电阻很大，绝缘子的泄漏电流就小；反之亦然。良好的绝缘子，其绝缘电阻通常在数百兆欧（MΩ）以上，因而泄漏电流只有几微安（μA）或十几微安（μA）。但是，有裂纹或表面特别污秽的绝缘子，其绝缘电阻大大下降，泄漏电流显著增大，据此可以发现有缺陷的绝缘子。

（1）绝缘子泄漏电流的检测

配电线路设计采用针式绝缘子的情况是比较广泛的。由于针式绝缘子在线路电压的作用下，其绝缘性能不同就有不同数值的泄漏电流流入大地。因此，根据上述特性，利用绝缘测试杆（如图 5-36 所示）将绝缘子的泄漏电流引向测试杆的微安表，即可读出泄漏电流值。

（2）采用绝缘子测试杆测量绝缘子泄漏电流的试验方法

其试验方法如图 5-37 所示，将 220 V 交流电源火线接于"试表接头"端，零线接到仪表的"接地线"端，观察微安表的指示。

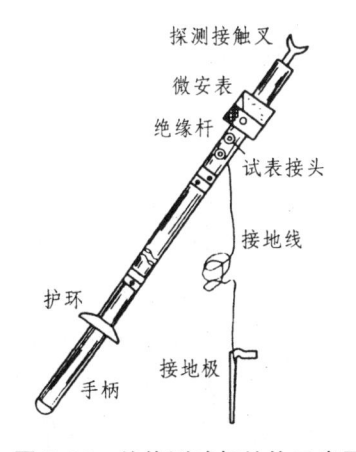

图 5-36　绝缘测试杆结构示意图 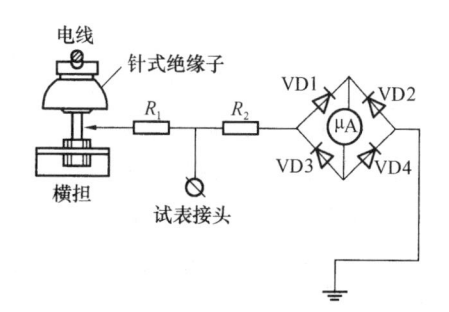　　图 5-37　绝缘测试杆测试原理示意图

为确保测试杆工作可靠，在使用前应进行试验和检查。例如，检查绝缘杆表面的绝缘是否完好，有无损坏，各接头是否连接紧密等。

测试时的注意事项与上述用绝缘杆检测绝缘子电阻基本相同。但测试前（上杆前）必须先将测试杆的接地极插入地中。接地极插入地中的深度必须大于 0.3 m。

5.3.2 配电线路导线电阻及导线接头测试

1. 架空线路导线电阻的测试

配电线路绝缘电阻的检测必须先将该线路停电，然后用 2 500 V 的接地摇表从绝缘电阻表上的"L"端引接线到架空配电线路的某一相导线并钮接，"E"端则钮接地线。测量结束后，应先断开"L"端的钮接引线，再停止摇动手柄，以防止线路的电容电流向绝缘电阻表放电，最后还应将线路导线进行放电处理，即完成线路导线电阻的测试工作。

2. 架空线路导线接头的测试

架空线路上的导线接头发生故障的原因：一是机械力的损坏；二是导线连接不良使接触电阻值增大。两者又是互相影响的，导线接头烧坏也会降低机械强度，更容易被拉断。

为了判断导线接头的性能，可根据绝缘电阻下降的倍率 K 值（或称"接头电阻比"或绝缘电阻比较系数）来衡量，即

$$K = \frac{接头电阻(\Omega)}{同等长度的导线电阻(\Omega)} = \frac{R_\mathrm{j}}{R_\mathrm{d}}$$

该 K 值不应大于同等长度导线电阻的 1.2 倍。当 K 值超过 2 时，就必须尽快将该接头剪断重新连接。对于 K 值大于 1.2 而小于 2 的接头，也应当作为缺陷加强监督或安排在下一次检修中处理。

测试导线接头电阻比的方法包括带电测试和停电测量两种。

（1）在停电线路上测试接头电阻比

停电测试接头，通常都是结合线路停电检修时进行的，测试方法分为电流表-毫伏表法和直流数字电阻测试仪测试法。

1) 电流表-毫伏表法

用电流表-毫伏表测试法测试时（如图 5-38 所示），将电流表 A 和变阻器 RP、蓄电瓶串接起来，用较长的绝缘导线通过接线挂钩接到线路导线接头的两侧，然后调节变阻器，通过电流表 A 观察，保持一定的电流值。

具体操作：将测试杆顶部的接触钩跨接在接头的两侧；两接触钩的引线接至毫伏表上，以测得电压降值；然后移动测试杆顶部的接触钩，使它跨接到接头外侧的一段导线上，由于接触钩是固定在一块绝缘板上，距离不变，所以可测得同等长度导线的电压降值。

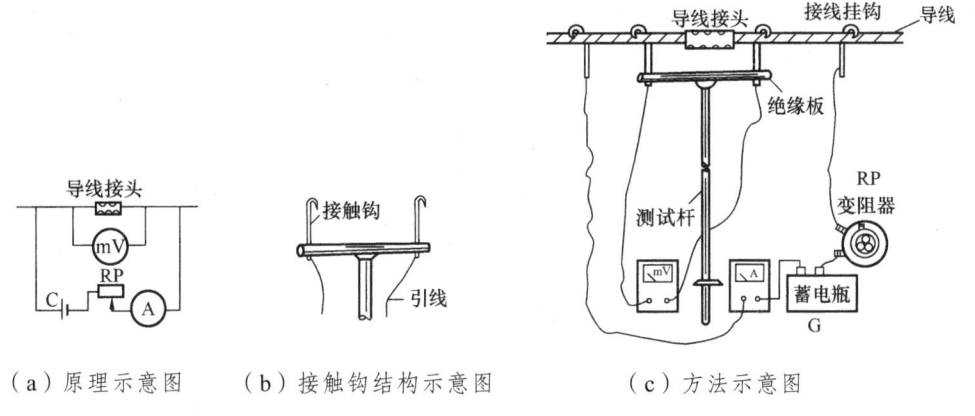

(a) 原理示意图　　(b) 接触钩结构示意图　　(c) 方法示意图

图 5-38　电流表-毫伏表测试法停电测试导线接头电阻比

当导线上的接头电阻与导线电阻测出来之后，即可用下式求得接头电阻比

$$\frac{U_\mathrm{j}}{U_\mathrm{d}} = \frac{I \times R_\mathrm{j}}{I \times R_\mathrm{d}} = \frac{R_\mathrm{j}}{R_\mathrm{d}} = K \tag{5-1}$$

式中：U_j、U_d——分别为接头电压降和同等长度导线的电压降，mV；

$U_\mathrm{j}/U_\mathrm{d}$——接头电阻比；

R_j、R_d——分别为接头电阻和同等长度导线电阻，Ω。

为了便于对历次测量结果进行比较，每次测得数值都应该记录在专用的记录表上。

电流表-毫伏表测试法的不足是仪表多而且笨重，野外作业不方便携带。

2) 直流数字电阻测试仪测试法

用直流数字电阻测试仪测试接头电阻比时，利用测试杆顶部的接触钩（如图 5-39 所示），跨接在接头两端，按下直流数字电阻测试仪的电源开关，并选择好测试量程，就可从该仪器的数字显示屏上直接读出接头电阻值，然后移动测试棒将接触钩跨接在接头外侧的导线上，也立即读出此段导线上的电阻值。将接头电阻值除以导线电阻值，即可得到接头电阻比。

采用直流数字电阻测试仪来测试接头电阻比的最大优点是比较方便，仪器也比较轻。

（2）在带电线路上测试接头电阻比

带电测试导线的接头电阻比的基本原理是通过测试导线中通过的负荷电流所产生的电压降来进行推算。

测试时，一人先用测试杆在有导线接头的地方挂上接触钩，如图 5-40（c）所示，同时另一个人用望远镜观察测试杆顶部的毫伏表，读取电压降值；然后再在不带接头的导线上读取电压降值，再用公式 $U_\mathrm{j}/U_\mathrm{d}=K$ 计算出接头电阻

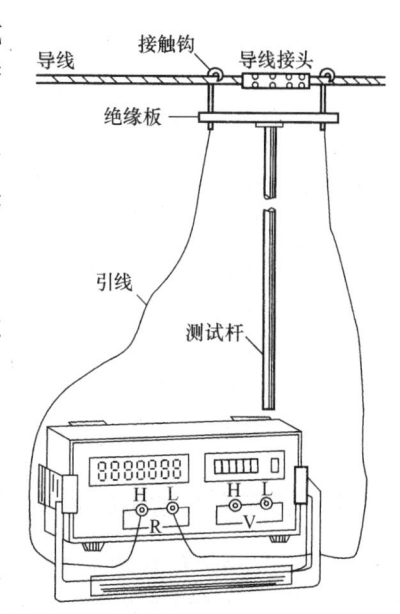

图 5-39　用直流数字电阻测试仪测量接头电阻比

比值。测试用测试杆的顶部的接触钩与图 5-38 所示的基本相似，只是将毫伏表等元件组装在顶部，而且增加了可调节抽头变压器 T，以适应不同导线的接头和大小不同的负荷电流。

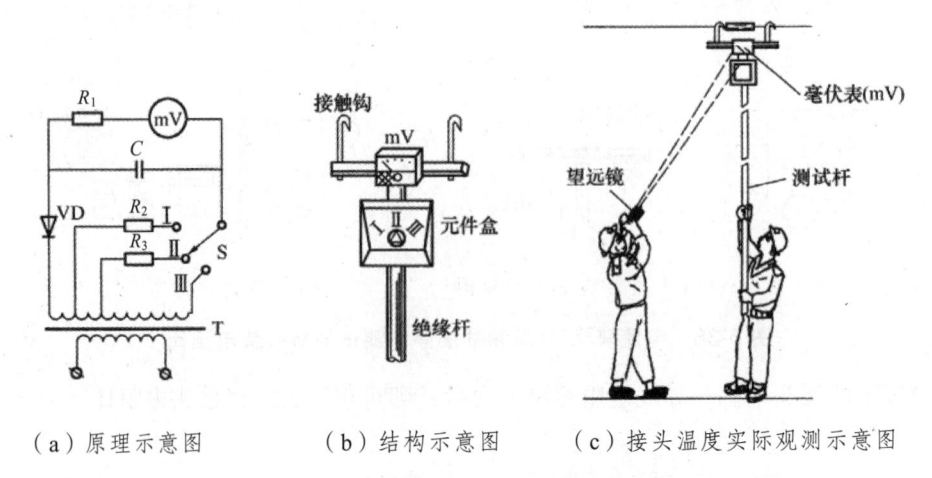

（a）原理示意图　　（b）结构示意图　　（c）接头温度实际观测示意图

图 5-40　在带电线路上测量接头电阻比

这种带电测试导线接头电阻比的最大优点是：检测时无须停电即可在带电情况下对线路进行检测。但检测时应在导线带有较大负荷时进行，若测试时线路的负荷电流太小，读数过小，测量结果的误差就大。

3. 架空线路导线接头温度的测量

测量导线接头温度的目的是及时发现接头发热情况，及时处理，以避免因接头处接触电阻过大，通过电流过大，造成接头不断发热及温度不断增高而导致接头烧断，引发线路断线事故。

配电架空线路导线接头的测试工作应定期进行。对于导线接头电阻比的测定：铝线或钢芯铝线每 2 年测定 1 次；钢线则每 5 年测定 1 次。导线接头温度的测试应根据负荷情况和巡视中发现的可疑痕迹现象进行。

在进行带电测试时，必须按规程要求进行。如测试人员必须保持对带电设备、导线的安全距离：在 35 kV 线路上应不小于 1.5 m；在 10 kV 及以下线路上应不小于 0.7 m；所用绝缘杆的耐压等级一定不能低于所测电力架空线路的额定电压（如：35 kV 线路绝不可使用 10 kV 的绝缘杆）。

导线接头温度可用示温蜡片测定或变色示温蜡片测定以及热敏电阻测温仪测定。图 5-41 所示为接头测温仪的测试原理示意图。

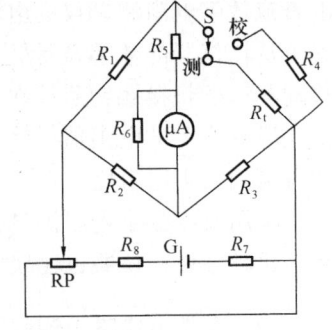

图 5-41　接头测温仪的测试原理

4. 电缆绝缘电阻的检测

电缆绝缘电阻的检测是指对电缆线芯之间及电缆线芯与表皮之间的绝缘电阻的测量。它可以初步判断电缆绝缘受潮老化的缺陷，也能判断出电缆在耐压试验时绝缘是否有缺陷等问题。

电缆绝缘电阻的检测是检查电缆绝缘性能最简单、最基本的方法。发电厂、变电站的配出电缆每年最少检测 1 次，供电网每 3 年至少检测 1 次。检测高压电缆使用电压为 2 500 V

的绝缘电阻表，检测低压电缆使用电压为 1 000 V 的绝缘电阻表。使用前应检查绝缘电阻表及接线是否良好。

采用兆欧表的接线方法是：L 接线端子接在电缆线芯上，使用绝缘电阻较高的连接线，并注意不要放在地上或与其他物体接触；兆欧表的 E 接线端子接在电缆外皮和"地"上；为消除表面泄漏电流的影响，G 接线端应接于电缆线芯端部绝缘的屏环上；根据被检测电缆线芯的数量和内、外层的结构特点确定其试验接线方式（见图 5-42）。

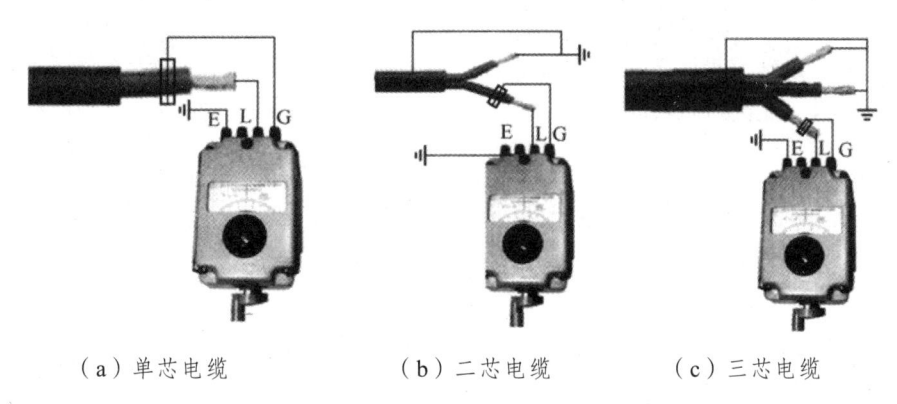

（a）单芯电缆　　　　（b）二芯电缆　　　　（c）三芯电缆

图 5-42　测量电缆绝缘电阻时兆欧表法的接线方式

5.3.3　配电设备电阻的检测

1. 高(低)压避雷器绝缘电阻的检测

应禁止有人接近或触及避雷器等设备。检测高压避雷器绝缘电阻需采用 2 500 V 绝缘电阻表；检测低压避雷器绝缘电阻采用 500 V 绝缘电阻表。

如图 5-43 所示，检测前，首先将避雷器上下接点引线断开，并用干净布擦净瓷套；再将绝缘电阻表的"L"端的端子线线夹接在避雷器的上端，并同时将绝缘电阻表"E"端的钮线线夹接在避雷器下端（即接地端）；然后按绝缘电阻表的操作要求进行电阻检测，再由表中读出绝缘电阻值。高压避雷器的绝缘电阻一般应大于 2 500 MΩ。否则应分析原因：绝缘电阻出现显著下降一般是因密封受到破坏导致受潮或火花间隙短路造成的；绝缘电阻显著增高一般是弹簧不紧、内部元件等原因造成的。

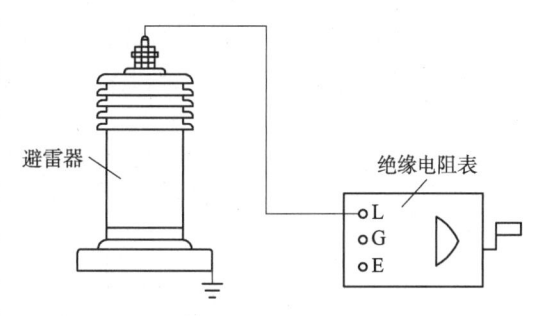

图 5-43　测量避雷器绝缘电阻的接线方式

2. 变压器绝缘电阻的检测

应在干燥的晴天，环境温度不低于 5 ℃ 时进行变压器绝缘电阻的检测。检测时，先将被检测变压器从高、低压两侧断开。调整变压器分接开关至运行挡位，如图 5-44 所示。用裸软铜线短接高、低压绕组，如图 5-45 所示。

图 5-44 调整变压器分接开关 　　图 5-45 短接高、低压绕组

检测高压绕组时，高压绕组短路，接电阻表的"L"端钮；低压绕组短路并接地，接在电阻表的"E"端钮，即检测高压对低压及地的绝缘电阻，如图 5-46 所示。

检测低压绕组时，低压绕组短路，接电阻表的"L"端钮；高压绕组短路并接地，接电阻表的"E"端钮，电阻表的读数为低压对高压及地的绝缘电阻，如图 5-47 所示。

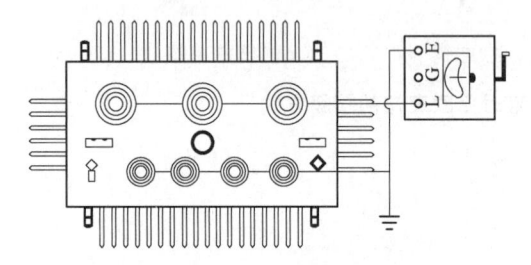

图 5-46 高压对低压及地的接线方式 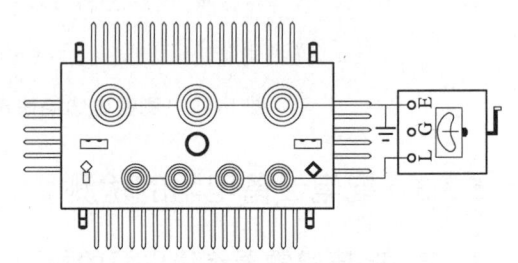　　图 5-47 低压对高压及地的接地方式

如图 5-48 所示。检测时，应注意被检测变压器的非检测部分应接地，然后将接地线接到绝缘电阻表的"E"端钮；被检测部分用绝缘导线连接在绝缘电阻表的"L"端（"E"与"L"两根导线决不能缠绕在一起）；若被检测变压器的表面泄漏电流较大（绝缘表面潮湿或污秽等），为减少误差，可用软裸线在靠近被检查部分绝缘表面缠绕几圈进行屏蔽，再用绝缘导线接至绝缘电阻表的屏蔽环"G"端上；试验完毕或重复试验时，必须将被检测变压器充分放电。

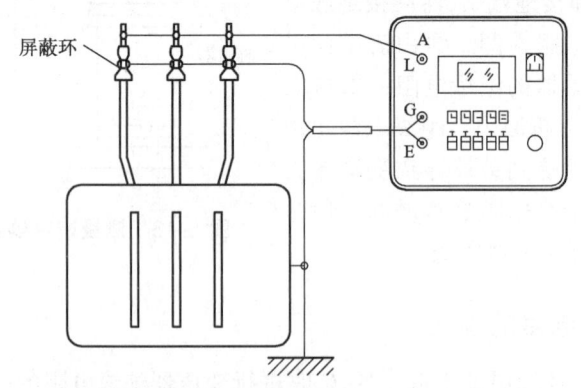

1—屏蔽环的使用能够有效地抑制表面泄漏电流带来的测量误差；
2—仪器使用和检定过程中尽可能使 L 端测试线悬空。

图 5-48 变压器绝缘电阻的检测

5.3.4 接地电阻值的检测

接地电阻值的检测一般安排在当地土壤较干燥的季节进行。检测接地电阻的方法有摇表法、电压-电流表法和万用表法。

1. 摇表法

检测接地电阻一般采用接地电阻测量仪。接地电阻测量仪又称为接地摇表，接线方法如图 5-49 所示。接地体与仪表的 E 级（"C_1、P_1"端钮短接）连接要求在 5 m 范围之内。电极布置采用直线法，电位棒、电流棒在一直线上，并与线路垂直，彼此距离 20 cm，电流线长 40 m，电压线长 20 m。接地桩与土壤接触良好，深度不小于 400 mm。

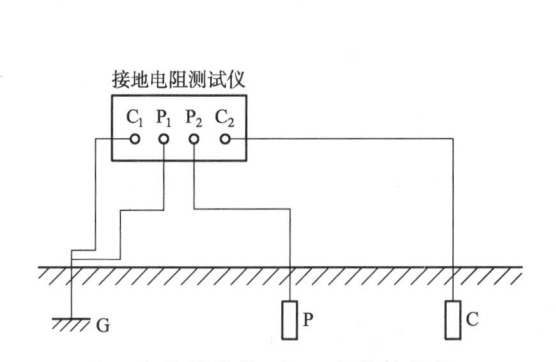

（a）原理示意图　　　　（b）实测示意图

G_2—电流接线柱；P_2—电位接线柱；
C_1、P_1 端钮短接相当于三端钮表的"E"极

图 5-49　接地电阻测量仪的接线方法

检测时，选择好倍率，校"零"，使指针指在红线上。测量前将仪表放平，缓慢摇动手摇交流发电机的手柄，同时转动"测量标度盘"以调节电位器 RP，直至指针停在红线处。当检流计接近平衡时，加快手摇交流发电机的转速至其额定转速（120 r/min），调节"测量标度盘"，使指针稳定地指在红线位置，然后即可读数，读数值乘以倍率则计算得出电阻值。

2. 电压-电流表法

应用电压-电流表检测接地电阻值比绝缘电阻表检测的精确度要高得多，一般可用来检测 0.1 Ω 以下的接地电阻。但该检测方法比摇表法检测复杂，需要引入外接电源。测试时，为了使被检测接地体有一个通过电流的回路，应在离开被测接地体 40 m 以外设置一个接地体；为了测出电流经过接地体时所产生的电压降，应在离接地体 20 m 处设置一根接地棒。测试时将电源接通，即可读出两个回路中的电压及电流值，再按式（5-2）计算。

$$R_K = \frac{U}{I} \tag{5-2}$$

式中：U、I——分别为被测回路中的电压、电流值；

　　　R_K——接地电阻，Ω。

除了上述方法检测接地电阻外，还可以采用万用表检测接地电阻。用万用表检测接地电阻比较简单，但检测误差较大，一般不提倡采用。

5.3.5 配电线路电流、电压的测量

1. 配电线路电流的测试

为了了解或检测线路负荷是否合理或某一段导线是否出现过负荷，就必须测量线路电流。配电线路中的电流可采用钳形数字电流表和数字万用表检测。

2. 配电线路电压的测试

为了分析配电线路上的电能损耗是否合理以及所采用的降低线损措施的实际效果，通常的办法是对线路或分支线路进行电压和功率的测试。

配电线路中的电压同样可采用钳形数字多用表的电压挡来测试。例如，某台变压器的变压比为 $U_1/U_2=10\text{ kV}/0.4\text{ kV}$，而测出的低压侧的实际电压为 360 V，根据该计算公式得出高压侧线路的电压是 $U_1=9\text{ kV}$。测量变压器低压侧的电压还可以采用数字万用表的电压挡，使用方法参见所用仪器的客户手册或客户说明书。

任务 5.4 配电线路的缺陷管理

5.4.1 缺陷的分类

设备缺陷按照对电网运行的影响程度，分为危急、严重和一般三类：

危急缺陷是指电网设备在运行中发生了偏离且超过运行标准允许范围的误差，直接威胁安全运行并需立即处理的缺陷，否则，随时可能造成设备损坏、人身伤亡、大面积停电、火灾等事故。

严重缺陷是指电网设备在运行中发生了偏离且超过运行标准允许范围的误差，对人身或设备有重要威胁，暂时尚能坚持运行，不及时处理有可能造成事故的缺陷。

一般缺陷是指电网设备在运行中发生了偏离运行标准的误差，尚未超过允许范围，在一定期限内对安全运行影响不大的缺陷。

5.4.2 缺陷处理及汇报程序

① 设备专责人（发现人）发现缺陷后，提出缺陷处理单，一式两份，一份交给技术员审定，记在缺陷记录簿上，另一份备存。

② 技术员审定后交给供电分公司（工区）专责工程师，并提出处理意见，一般缺陷转给检修或运行班处理，重大及以上缺陷向主管领导汇报，并提出处理意见。

③ 缺陷处理后，必须由设备专责人到现场验收并签字，不合格时将处理单转给原处理单位重新处理。

④ 检修中发现并已处理的缺陷不再执行缺陷单，但统计在当月的缺陷消除中，未处理的缺陷应执行缺陷通知单。

⑤ 处理结束的缺陷单保存一年。

5.4.3 设备缺陷的处理时限

① 危急缺陷必须尽快消除（一般不超过 24 h）或采取必要的安全技术措施进行临时处理。

② 严重缺陷处理时限不超过一个月，消除前应加强监视。

③ 需停电处理的一般缺陷，处理时限不超过一个例行试验检修周期；可不停电处理的一般缺陷，处理时限原则上不超过三个月。

5.4.4 主要配电设备缺陷分类标准

1. 杆塔

① 危急缺陷。
   a. 混凝土杆本体倾斜度（包括挠度）≥3%，50 m 以下高度铁塔塔身倾斜度≥2%、50 m 及以上高度铁塔塔身倾斜度≥5%，钢管杆倾斜度≥1%。
   b. 混凝土杆杆身有纵向裂纹，横向裂纹宽度超过 0.5 mm 或横向裂纹长度超过周长的 1/3。
   c. 混凝土杆表面风化、露筋，角钢塔主材缺失，随时可能发生倒杆塔危险。

② 严重缺陷：
   a. 混凝土杆本体倾斜度（包括挠度）为 2%～3%，50 m 以下高度铁塔塔身倾斜度为 1.5%～2%，50 m 及以上高度铁塔塔身倾斜度为 1%～1.5%。
   b. 混凝土杆杆身横向裂纹宽度为 0.4～0.5 mm 或横向裂纹长度为周长的 1/6～1/3。
   c. 杆塔镀锌层脱落、开裂，塔材严重锈蚀。
   d. 角钢塔承力部件缺失。
   e. 同杆低压线路与高压线路不同电源。

③ 一般缺陷：
   a. 混凝土杆本体倾斜度（包括挠度）为 1.5%～2%，50 m 以下高度铁塔塔身倾斜度为 1%～1.5%，50 m 及以上高度铁塔塔身倾斜度为 0.5%～1%。
   b. 混凝土杆杆身横向裂纹宽度为 0.25～0.4 mm 或横向裂纹长度为周长的 1/10～1/6。
   c. 杆塔镀锌层脱落、开裂，塔材中度锈蚀。
   d. 角钢塔一般斜材缺失。
   e. 低压同杆弱电线路未经批准搭挂。
   f. 道路边的杆塔防护设施设置不规范或应该设置防护设施而未设置。
   g. 杆塔本体有异物。

2. 基础

① 危急缺陷：
   a. 混凝土杆本体杆埋深不足标准要求的 65%。

b. 杆塔基础有沉降，沉降值≥25 cm，引起钢管杆倾斜度≥1%。

② 严重缺陷：

a. 混凝土杆埋深不足标准要求的 80%。

b. 杆塔基础有沉降，15 cm≤沉降值＜25 cm。

③ 一般缺陷：

a. 杆塔基础埋深不足标准要求的 95%。

b. 杆塔基础有轻微沉降，5 cm≤沉降值＜15 cm。

c. 杆塔保护设施损坏。

3. 导线

① 危急缺陷：

a. 7 股导线中 2 股、19 股导线中 5 股、35～37 股导线中 7 股损伤深度超过该股导线的 1/2，钢芯铝绞线的钢芯断 1 股者，绝缘导线线芯在同一截面内的损伤面积超过线芯导电部分截面面积的 17%。

b. 导线电气连接处实测温度＞90 ℃或相间温差＞40 K。

c. 导线交跨距离、水平距离和导线间的电气距离不符合《配电网运行规程》（Q/GDW519—2010）的要求。

d. 导线上挂有大异物，将引起相间短路等故障。

② 严重缺陷：

a. 导线弧垂不满足运行要求，实际弧垂达到设计值的 120% 以上或设计值的 95% 以下。

b. 7 股导线中 1 股、19 股导线中 3～4 股、35～37 股导线中 5～6 股损伤深度超过该股导线的 1/2；绝缘导线线芯在同一截面内的损伤面积达到线芯导电部分截面面积的 10%～17%。

c. 导线电气连接处：80 ℃＜实测温度≤90 ℃或 30 K＜相间温差≤40 K。

d. 导线有散股现象，一个耐张段出现 3 处及以上散股。

e. 架空绝缘线绝缘层破损，一个耐张段出现 3～4 处绝缘破损、脱落现象或出现大面积绝缘破损、脱落。

f. 导线严重锈蚀。

③ 一般缺陷：

a. 导线弧垂不满足运行要求，实际弧垂：设计值的 110%≤测量值≤设计值的 120%。

b. 19 股导线中 1～2 股损伤深度超过该股导线的 1/2；绝缘导线线芯在同一截面内的损伤面积小于线芯导电部分截面面积的 10%。

c. 导线电气连接处：75 ℃＜实测温度≤80 ℃或 10 K＜相间温度≤30 K。

d. 导线一个耐张段出现一处散股现象。

e. 架空绝缘导线绝缘层破损，一个耐张段出现一处导线绝缘破损、脱落现象。

f. 导线中度锈蚀。

g. 导线温度过高。

h. 绝缘护套、损坏、开裂。

i. 导线上有小异物，不会影响安全运行。

4. 绝缘子

① 危急缺陷：
　　a. 表面有严重放电痕迹。
　　b. 有裂缝，釉面剥落面积 > 100 mm²。
　　c. 固定不牢固，严重倾斜。

② 严重缺陷：
　　a. 有明显放电痕迹。
　　b. 釉面剥落面积 < 100 mm²。
　　c. 合成绝缘子伞裙有裂纹。
　　d. 固定不牢固、中度倾斜。

③ 一般缺陷：
　　a. 污秽较为严重，但表面无明显放电。
　　b. 固定不牢固，轻度倾斜。

5. 铁件、金具

① 危急缺陷：
　　a. 线夹电气连接处实测温度 > 90 ℃ 或相间温差 > 40 K。
　　b. 线夹、横担（如抱箍、连接铁、撑铁等）主件已有脱落等现象。
　　c. 金具的保险销子脱落、连接金具球头锈蚀严重、弹簧销脱出或生锈失效、挂环断裂；金具串钉移位、脱出，挂环断裂、变形。
　　d. 横担弯曲、倾斜，严重变形。

② 严重缺陷：
　　a. 线夹电气连接处：80 ℃ < 实测温度 ≤ 90 ℃ 或 30 K < 相间温度 ≤ 40 K。
　　b. 线夹、横担有较大松动。
　　c. 线夹、横担严重锈蚀（起皮和严重麻点，锈蚀面积超过 1/2）。
　　d. 横担上下倾斜，左右偏歪大于横担长度的 2%。

③ 一般缺陷：
　　a. 线夹电气连接处：75 ℃ < 实测温度 ≤ 80 ℃ 或 10 K < 相间温度 ≤ 30 K。
　　b. 线夹、横担连接不牢靠，略有松动。
　　c. 线夹有锈蚀。
　　d. 绝缘罩脱落。
　　e. 横担上下倾斜，左右偏歪不足横担长度的 2%。

6. 拉线

① 危急缺陷：
　　a. 钢绞线断股 > 17% 截面。
　　b. 水平拉线对地距离不能满足要求。
　　c. 拉线基础埋深不足标准要求的 65%。

d. 基础有沉降，沉降值≥25 mm。

② 严重缺陷：

a. 钢绞线严重锈蚀。

b. 钢绞线断股 7%～17% 截面。

c. 道路边的拉线应设防护设施（如护坡、保护管等）而未设置。

d. 拉线绝缘子未按规定设置。

e. 拉线明显松弛，电杆发生倾斜。

f. 拉线金具不齐全。

g. 拉线金具严重锈蚀。

h. 拉线基础埋深不足标准要求的 80%。

i. 基础有沉降，15 cm≤沉降值＜25 cm。

③ 一般缺陷：

a. 钢绞线中度锈蚀。

b. 钢绞线断股＜7% 截面，摩擦或撞击。

c. 道路边的拉线防护设施设置不规范。

d. 拉线中度松弛。

e. 拉线金具中度锈蚀。

f. 拉线基础埋深不足标准要求的 95%。

g. 基础有沉降，5 cm≤沉降值＜15 cm。

7. 通道

① 危急缺陷：

a. 导线对交跨物的安全距离不满足《配电网运行规程》（Q/GDW519—2010）的规定要求。

b. 线路通道保护区内树木距导线的距离：在最大风偏情况下的水平距离，架空裸导线≤2 m，绝缘线≤1 m；在最大弧垂情况下的垂直距离，架空裸导线≤1.5 m，绝缘线≤0.8 m。

② 严重缺陷：

a. 线路通道保护区内树木距导线的距离：在最大风偏情况下的水平距离，架空裸导线为 2～2.5 m，绝缘线为 1～1.5 m。

b. 在最大弧垂情况下的垂直距离，架空裸导线为 1.5～2 m，绝缘线为 0.8～1 m。

③ 一般缺陷：

a. 线路通道保护区内树木距导线的距离：在最大风偏情况下的水平距离，架空裸导线为 2.5～3 m，绝缘线为 1.5～2 m；在最大弧垂情况下的垂直距离，架空裸导线为 2～2.5 m，绝缘线为 1～1.5 m。

b. 通道内有违章建筑、堆积物。

8. 防雷与接地装置

① 危急缺陷：

a. 接地引下线严重锈蚀（大于截面直径或厚度的 30%）。

b. 接地引下线出现断开、断裂。

② 严重缺陷：
　　a. 接地引下线中度锈蚀（大于截面直径或厚度的 20%，小于截面直径或厚度的 30%）。
　　b. 接地引下线连接松动、接地不良。
　　c. 接地引下线线径不满足要求。
　　d. 接地体埋深不足（耕地 < 0.8 m，非耕地 < 0.6 m）。
③ 一般缺陷：
　　a. 接地引下线轻度锈蚀（小于截面直径或厚度的 20%）。
　　b. 接地引下线无明显接地。
　　c. 接地体接地电阻值不符合设计规定。
　　d. 防雷金具、故障指示器位移。

9. 附件

① 严重缺陷：设备标识、警示标识错误。
② 一般缺陷：
　　a. 设备标识、警示标识安装位置偏移。
　　b. 无标识或缺少标识。

10. 配电变压器(部分)

① 危急缺陷：
　　a. 高、低压套管严重破损，表面有严重放电（户外变压器）痕迹。
　　b. 线夹与设备连接平面出现缝隙，螺丝明显脱出，引线随时可能脱出。
　　c. 漏油（滴油）；油位不可见。
　　d. 接地引下线严重锈蚀（大于截面直径或厚度的 30%），出现断开、断裂。
② 严重缺陷：
　　a. 高、低压套管外壳有裂纹（撕裂）或破损，表面有明显放电（户外变压器）痕迹。
　　b. 高、低压绕组声响异常。
　　c. 分接开关机构卡涩，无法操作。
　　d. 严重渗油；油位计破损。
　　e. 接地引下线中度锈蚀（大于截面直径或厚度的 20%，小于截面直径或厚度的 30%），连接松动、接地不良。
　　f. 设备标识、警示标识错误。
③ 一般缺陷：
　　a. 高、低压套管略有破损，污秽较严重。
　　b. 轻微渗油，油位低于正常油位的下限，油位可见。
　　c. 接地引下线轻度锈蚀（小于截面直径或厚度的 20%），无明显接地。
　　d. 设备标识、警示标识安装位置偏移，无标识或缺少标识。

11. 柱上 SF6 开关(部分)

① 危急缺陷：
　　a. 套管、隔离开关严重破损。套管、开关本体、隔离开关表面有严重放电痕迹。
　　b. 操作机构连续 2 次及以上操作不成功。

c. 接地引下线严重锈蚀（大于截面直径或厚度30%），出现断开、断裂。
② 严重缺陷：
　　　a. 套管、隔离开关有裂纹（撕裂）或破损。套管、开关本体、隔离开关表面有明显放电痕迹。
　　　b. 开关本体、隔离开关、操作机构严重锈蚀。
　　　c. 隔离开关、操作机构严重卡涩。
　　　d. 分合闸指示器指示不正确。
　　　e. 接地引下线中度锈蚀（大于截面直径或厚度的20%，小于截面直径或厚度的30%），连接松动、接地不良。
　　　f. 设备标识、警示标识错误。
③ 一般缺陷：
　　　a. 套管、隔离开关略有破损；套管、开关本体、隔离开关污秽较严重。
　　　b. 开关本体、隔离开关、操作机构中度锈蚀。
　　　c. 隔离开关、操作机构轻微卡涩。
　　　d. 接地引下线轻度锈蚀（小于截面直径或厚度20%），无明显接地。
　　　e. 设备标识、警示标识安装位置偏移；无标识或缺少标识。

12. 电缆线路(部分)

① 危急缺陷：
　　　a. 耐压试验前后，主绝缘电阻值严重下降，无法继续运行。
　　　b. 电缆终端、中间接头严重破损，电缆终端表面有严重放电痕迹。
　　　c. 电缆井、电缆管沟基础有严重破损、下沉，造成井盖压在本体、接头或者配套辅助设施上。
　　　d. 电缆井、隧道竖井井盖缺失。
　　　e. 电缆线路保护区土壤流失造成排水管道包方开裂，工井、沟体等墙体开裂甚至凌空。
② 严重缺陷：
　　　a. 耐压试验后，主绝缘电阻值下降，可短期维持运行。
　　　b. 电缆外护套严重破损、变形。
　　　c. 交叉处未设置防火隔板。
　　　d. 电缆终端、中间接头有裂纹（撕裂）或破损，电缆终端表面有明显放电痕迹。
　　　e. 电缆终端、中间接头无防火阻燃措施。
　　　f. 电缆中间接头被污水浸泡、杂物堆压，水深超过1 m。
　　　g. 电缆井、电缆管沟基础有较大破损、下沉，离本体、接头或者配套辅助设施还有一定距离。
　　　h. 电缆隧道塌陷、严重沉降、错位。
　　　i. 电缆井井盖不平整、有破损，缝隙过大；隧道竖井井盖多处损坏。
　　　j. 电缆线路保护区土壤流失造成排水管道包方、工井等大面积暴露。

③ 一般缺陷：
  a. 耐压试验后，主绝缘电阻值下降，仍可以长期运行。
  b. 电缆外护套明显破损、变形。
  c. 部分交叉处未设置防火隔板。
  d. 电缆终端、中间接头略有破损。
  e. 电缆终端、中间接头防火阻燃措施不完善。
  f. 电缆中间接头被污水浸泡、杂物堆压，水深不超过 1 m。
  g. 电缆井、电缆管沟基础有轻微破损、下沉。
  h. 隧道竖井井盖部分损坏。
  i. 电缆隧道排水设施、照明设备、通风设施、支架锈蚀、脱落或变形。
  j. 电缆线路保护区土壤流失造成排水管道包方、工井等局部点暴露。

5.4.5 缺陷记录的填写要求

① 供电区域内运行的高、低压设备，在巡视检查中发现的缺陷都要填写设备缺陷记录，见表 5-3。
② 设备名称必须填写齐全。
③ 发现和处理日期必须写清楚，用以考核设备缺陷管理水平。
④ 发现人和处理人的姓名由本人签字。
⑤ 缺陷内容要具体填写缺陷的部位、状态和损坏程度。
⑥ 处理意见按缺陷的紧急程度填写。

表 5-3 设备缺陷记录

编号	设备名称	发现		缺陷内容	处理意见	缺陷分类	处理	
		日期	姓名				日期	姓名

项目 6　配电线路检修

任务 6.1　架空配电线路检修周期与安全措施

6.1.1　架空配电线路检修分类

架空配电线路检修一般分为改进工程、大修工程和维护工作等。

1. 改进工程

凡是为了提高线路安全运行性能，提高线路输送容量，改善劳动条件，而对线路进行改进或拆除的检修工作，均属于改进工程。改进工程（含大修工作）还包括以下项目：

① 根据防汛、反污等反事故措施的要求而调整线路的路径。
② 更换或补修线路杆塔及其部件。
③ 更换或补修导线、避雷线并调整弧垂（弛度）、杆塔及其部件。
④ 改善接地装置。
⑤ 杆塔基础加固。
⑥ 更换或增强防振装置。
⑦ 处理不合理的交叉和跨越，调整塔位，改换路径。
⑧ 进行升压降损改造。

2. 大修工程

对现有运行线路进行修复或使线路保持原有的机械性能或电气性能和标准，并延长使用寿命而进行的检修工作，称为大修工程。例如，更换同型号的导线、金具、金属构件和防腐处理等。

对于设备的大修，应按规定的周期和预定的项目、标准进行。部颁规程对一些主要设备的大修做了规定，例如，对线路而言，35 kV 及以上线路每 10 年大修 1 次，每年轮修线路总长的 1/10；10 kV 线路每 15 年大修 1 次，每年轮修线路总长的 1/15。

3. 维护工程

维护工程是指上述大修工程、改进工程以外的一切维护线路正常运行所做的工作。维护工程也称为小修。例如，清抹绝缘子的污秽、绝缘子测试、处理线路缺陷等均属于维护工程。

4. 事故抢修

由于自然灾害（如地震、洪水、风暴以及外力的袭击）使输电线路发生倒杆、断线、金具或绝缘子脱扣等事故，为了保证线路尽快恢复供电，不能坚持到下一次检修而被迫停电抢修的工作，称为事故抢修。这种抢修工作也称为"临修"，它也属于维修工作；但事故抢修主要考虑的是如何想尽一切办法迅速恢复供电。事故抢修时要注意，抢修质量必须符合标准。

6.1.2 架空配电线路检修项目及周期

架空配电线路检修项目及周期执行表 6-1 中的规定。

表 6-1 架空配电线路检修项目及周期

项目		周期	说明
绝缘子清抹	定期清抹	每年 1 次	根据线路的污秽情况采取的防污秽措施可适当延长或缩短检修周期
	污秽区清抹	每年 2 次	
镀锌铁塔螺栓		每 30 个月 1 次	新线路投入运行 1 年后需紧 1 次
混凝土杆、木杆各部螺栓		5 年 1 次	新线路投入运行 1 年后需紧 1 次
铁塔刷油		3~5 年 1 次	根据其表面情况决定
金属基础防腐蚀处理			根据检查情况决定
杆塔倾斜扶正			根据巡视测量结果决定
检查线夹紧固螺栓		每年 1 次	结合检修进行
混凝土杆内排水		每年 1 次	冰冻前进行，不冰冻区不进行
防护区内砍伐树木		每年至少 1 次	根据巡视结果决定
巡线道桥的修补		每年 1 次	根据巡视结果决定
铁塔金属基础拉线检查		5 年 1 次	① 抽查数量为总数的 10% ② 根据土壤情况决定
绝缘子测试		2 年 1 次	瓷横担和钢化玻璃绝缘子不测试
导线弧垂、限距、交叉跨越距离的测量		5 年 1 次	新建线路投入运行 1 年后需测量 1 次，以后应根据巡视结果决定
杆塔接地电阻测试		5 年 1 次	发、变电所进、出口段（1~2 km）每 2 年 1 次

6.1.3 线路事故点查找方法

线路发生事故后，变电所断路器掉闸或有接地显示，从继电保护装置动作上可以初步了解事故的类型，但是还不能立即确定事故的确切位置。对事故点的查找，首要的是对线路进行故障巡视。然而，在对线路进行巡视的过程中会遇到一些实际困难，所以要想尽快查出事故点，需采取一些有效措施。

在巡视线路的过程中，查找事故点的基本方法是分段普查、分片试送电及深入现场调研，了解情况，以此分析判断事故的具体发生点。

1. 分段普查

对于高压送电线路，由于距离长，全线巡视工作量非常大，因此对于长距离的高压线，可分成多个小组分段进行全面巡视，出发前分工要明确，指定起止杆号，一经查出事故点，及时联系。

2. 分片试送电

对于 10 kV 线路，除了主干线外，还有许多分支线需要同时查找故障点。为了使寻找与处理工作节省时间、减少工作量，最好的方法是分片试送电，即通过变电所或断路器切除部分线路，再对余下部分线路依次进行试送电。以试送电成功与否来区分事故线路与非事故线路，依照此法将完好线路挑选出来，缩小事故范围。

3. 深入现场调研

例如，风吹树枝触碰导线造成单相接地一般是瞬间发生的，导线上所留的痕迹很轻、很小，事故较轻微，在供电设备上所造成的机械损伤有时不是很明显，巡视时很难发现，这就要求巡视人员要细心察看与询问，深入现场了解。

如果是树枝触碰导线引起的单相接地，一般均同时伴有电弧产生，在短路点必然有烧过的痕迹，只要巡视时细心察看就可以判断出何处是电气故障点。另外，也可通过仪器检测，即在短时间内利用单相接地的特点，通过仪器检测出故障点。检测原理：当线路的某一点发生单相接地时，即有故障电流由电源经故障相线流向故障点，故障电流中含有高次谐波而形成磁场，如果用一个磁感应接收器，经选频放大，就可以通过仪表指示来确定事故点的地理位置。应用这种方法就大大缩短了查找事故点的时间。

针对线路设计、巡视、检修及试验发现的有关问题，及时准确地制定预防措施，编制大修和改造计划，这是使线路始终保持良好运行状态的关键。

6.1.4 线路检修的安全措施

安全工作是关系到电力事业发展的一项重要工作。在进行线路检修时，必须首先做到保证安全。

1. 保证检修安全的组织措施

（1）现场勘查制度

动画：《安规》线路部分：保证安全的措施

微课：保证安全的措施、案例

对于配电检修（施工）作业和用户工程、设备上的工作，工作票签发人或工作负责人认为有必要现场勘察的，应根据工作任务组织现场勘察，并填写现场勘察记录。现场勘察由工作票签发人或工作负责人组织。

现场勘察应查看检修（施工）作业需要停电的范围、保留的带电部位、装设接地线的位置、邻近线路、交叉跨越、多电源、自备电源、地下管线设施和作业现场的条件、环境及其他影响作业的危险点，并提出针对性的安全措施和注意事项。

（2）工作票制度

线路工作票是允许在电力线路上进行工作的书面手续，要写明工作负责人、工作人员、工作任务和安全措施。

① 配电工作，需要将高压线路、设备停电或做安全措施者，应填写配电第一种工作票。

② 高压配电（含相关场所及二次系统）工作，与邻近带电高压线路或设备的距离应大于表 6-2 中的规定，不需要将高压线路、设备停电或做安全措施者，应填写配电第二种工作票。

表 6-2 高压线路、设备不停电时的安全距离

电压等级/kV	安全距离/m	电压等级/kV	安全距离/m
10 及以下	0.7	220	3.0
20、35	1.0	330	4.0
66、110	1.5	±50	1.5

③ 高压配电带电作业，与邻近带电高压线路或设备的距离大于表 6-3、小于表 6-2 中的规定的不停电作业，应填写带电作业工作票。

表 6-3 带电作业时人身与带电体的安全距离

电压等级/kV	10	20	35	66	110	220	330
安全距离/m	0.4	0.5	0.6	0.7	1.0	1.8	2.6

④ 低压配电工作，不需要将高压线路、设备停电或做安全措施者，应填写低压工作票。

⑤ 配电线路、设备发生故障被迫紧急停止运行，需短时间恢复供电或排除故障的、连续进行的故障修复工作，应填写工作票或配电故障紧急抢修单。非连续进行的事故修复工作，应使用工作票。

⑥ 可使用其他书面记录或按口头、电话命令执行的工作：a.测量接地电阻；b.砍剪树木；c.杆塔底部和基础等地面检查、消缺；d.涂写杆塔号、安装标志牌；e.接户、进户计量装置上的不停电工作；f.单一电源低压分支线的停电工作；g.不需要高压线路、设备停电或做安全措施的配电运维一体工作。

⑦ 工作票由工作负责人填写，也可由工作票签发人填写。工作票应由工作票签发人审核。

⑧ 一张工作票中，工作票签发人、工作许可人和工作负责人三者不得为同一人。工作许可人中只有现场工作许可人（作为工作班组成员之一，进行该项工作任务所需的现场操作及做安全措施者）可与工作负责人相互兼任。若相互兼任，应具备相应的资质，并履行相应的安全责任。

⑨ 第一种工作票需要办理延期手续，应在有效时间尚未结束以前由工作负责人向工作许可人提出申请，经同意后给予办理。第二种工作票需要办理延期手续，应在有效时间尚未结束以前由工作负责人向工作票签发人提出申请，经同意后给予办理。第一、二种工作票的延期只能办理一次。带电作业工作票不准延期。

(3) 操作票制度

操作票是防止错误的主要措施，执行操作票的方法及步骤如下：

① 倒闸操作应由两人进行，其中一人唱票与监护，一个复诵与操作。

② 操作前，应根据操作票的顺序在操作模拟图上进行核对性操作。

③ 操作时，必须先核对线路及设备的名称、编号，并检查开关、刀闸的通断位置与操作票所写的是否相符。

④ 操作中，应认真执行监护制、复诵制等。每操作完一步，即由监护人在操作项目前做"√"记号。

⑤ 操作中产生疑问时，应立即停止操作并向值班调度员或值班负责人报告，弄清问题后再进行操作。不准擅自更改操作票，不准随意解除闭锁装置。

⑥ 操作人员与带电导体应保持足够的安全距离，同时着装应符合要求。

⑦ 用绝缘杆拉合高压隔离开关及跌落式熔断器，或经传动机构拉合高压断路器及高压隔离开关、高压负荷开关时，应戴绝缘手套；操作室外设备时，还应穿绝缘靴。

⑧ 带电装卸高压熔丝管时，应使用绝缘夹钳或绝缘杆，戴防护眼镜，并应站在绝缘垫（台）上或戴绝缘手套。

(4) 工作许可制度

① 填用第一种工作票进行工作，工作负责人应在得到全部工作许可人的许可后，方可开始工作。填用电力线路第二种工作票时，不需要履行工作许可手续。

② 现场办理工作许可手续之前，工作许可人应与工作负责人核对线路名称、设备双重名称，检查核对现场安全措施，指明保留带电部位。

③ 各工作许可人应在完成工作票所列由其负责的停电和装设接地线等安全措施后，方可发出许可工作的命令。

④ 禁止约时停、送电。

(5) 工作监护制度

① 工作票签发人、工作负责人对有触电危险、检修（施工）复杂容易发生事故的工作，应增设专责监护人，并确定其监护的人员和工作范围。

专责监护人不得兼做其他工作。专责监护人临时离开时，应通知被监护人员停止工作或离开工作现场，待专责监护人回来后方可恢复工作。专责监护人需长时间离开工作现场时，应由工作负责人变更专责监护人，履行变更手续，并告知全体被监护人员。

② 工作期间，工作负责人若需暂时离开工作现场，应指定能胜任的人员临时代替，离开前应将工作现场交代清楚，并告知全体工作班组成员。原工作负责人返回工作现场时，也应履行同样的交接手续。

工作负责人若需长时间离开工作现场时，应由原工作票签发人变更工作负责人，履行变更手续，并告知全体工作班组成员及所有工作许可人。原、现工作负责人应履行必要的交接手续，并在工作票上签名确认。

(6) 工作间断、转移制度

① 工作中，遇雷、雨、大风等情况威胁到工作人员的安全时，工作负责人或专责监护人应下令停止工作。

② 工作班离开工作地点，若接地线保留不变，恢复工作前应检查确认接地线完好；若接地线拆除，恢复工作前应重新验电、装设接地线。

③ 使用同一张工作票依次在不同工作地点转移工作时，若工作票所列的安全措施在开工前一次做完，则在工作地点转移时不需要再分别办理许可手续；若工作票所列的停电、接地等安全措施随工作地点转移，则每次转移均应分别履行工作许可、终结手续，依次记录在工作票上，并填写使用的接地线编号、装拆时间、位置等随工作地点转移的情况。工作负责人在转移工作地点时，应逐一向工作人员交代带电范围、安全措施和注意事项。

(7) 工作终结制度

① 工作完工后，应清扫整理现场，工作负责人（包括小组负责人）应检查工作地段的状况，确认工作的配电设备和配电线路的杆塔、导线、绝缘子及其他辅助设备上没有遗留个人保安线和其他工具、材料，查明全部工作人员确实从线路、设备上撤离后，再命令拆除由工作班自行装设的接地线等安全措施。接地线拆除后，任何人不得再登杆工作或在设备上工作。

② 工作许可人在接到所有工作负责人（包括用户）的终结报告，并确认所有工作已完毕、所有工作人员已撤离、所有接地线已拆除、与记录簿核对无误并做好记录后，方可下令拆除各侧安全措施，向线路恢复送电。

2. 保证检修安全的技术措施

保证检修安全的技术措施有停电、验电、挂接地线、悬挂标示牌和装设遮栏。

(1) 停电

① 检修线路、设备停电，应把工作地段内所有可能来电的电源全部断开（任何运行中的星形接线设备的中性点，应视为带电设备）。

② 停电时应拉开隔离开关（刀闸），手车开关应拉至试验或检修位置，使停电的线路和设备各端都有明显断开点。若无法观察到停电线路、设备的断开点，应有能够反映线路、设备运行状态的电气和机械等指示。无明显断开点，也无电气、机械等指示时，应断开上一级电源。

③ 停电拉闸操作应按照：断路器（开关）—负荷侧隔离开关（刀闸）—电源侧隔离开关（刀闸）的顺序依次进行，如图 6-1 所示。送电合闸操作应按与上述相反的顺序进行。禁止带负荷拉合隔离开关（刀闸）。任何人不得随意解除闭锁装置。

④ 装设柱上开关（包括柱上断路器、柱上负荷开关）的配电线路停电，应先断开柱上开关，后拉开隔离开关（刀闸），如图 6-2 所示。送电操作顺序与此相反。

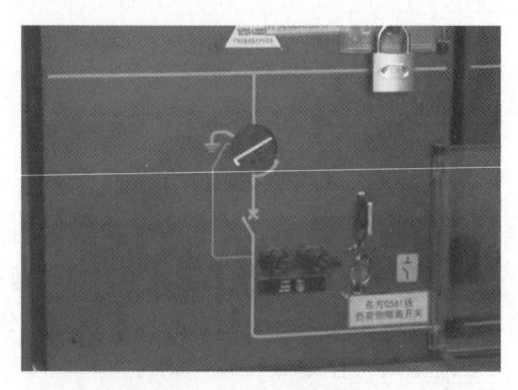

断开断路器　　　　　　　　　　拉开负荷侧隔离开关

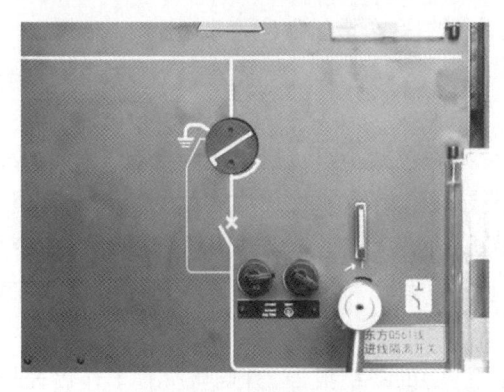

拉开电源侧隔离开关　　　　　　不得随意解除闭锁装置

图 6-1　停电拉闸操作顺序

断开柱上断路器　　　　　　　　拉开隔离开关（刀闸）

图 6-2　柱上开关的配电线路停电

⑤ 配电变压器停电，应先拉开低压侧开关（刀闸），后拉开高压侧熔断器，如图 6-3 所示。送电操作顺序与此相反。

⑥ 拉开跌落式熔断器、隔离开关（刀闸），应先拉开中相，后拉开两边相。合上跌落式熔断器、隔离开关（刀闸）的顺序与此相反。

⑦ 就地使用遥控器操作断路器（开关）（如图 6-4 所示），遥控器的验证编码应与断路器（开关）编号唯一对应。操作前，应核对现场设备双重名称。

拉开低压侧开关（刀闸） 　　　　　　　　拉开高压侧熔断器

图 6-3　配电变压器停电操作顺序

图 6-4　使用遥控器操作断路器（开关）

遥控器应有闭锁功能，须在解锁后方可进行遥控操作。为防止误碰解锁按钮，应对遥控器采取必要的防护措施。

⑧ 低压电气停电操作要求：

a. 操作人员接触低压金属配电箱（表箱）前应先验电，如图 6-5 所示。

图 6-5　低压验电

b. 有总断路器（开关）和分路断路器（开关）的回路停电，应先断开分路断路器（开关），后断开总断路器（开关），如图 6-6 所示。送电操作顺序与此相反。

图 6-6　低压断路器操作顺序

　　c. 有刀开关和熔断器的回路停电，应先拉开刀开关，后取下熔断器，如图 6-7 所示。送电操作顺序与此相反。

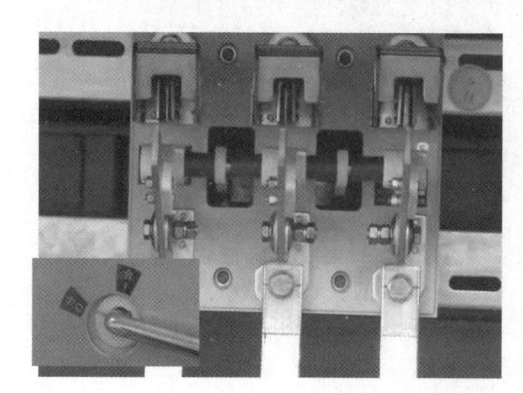

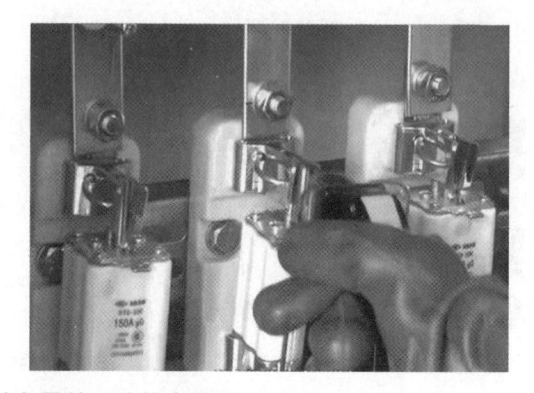

图 6-7　有刀开关和熔断器的回路停电顺序

　　d. 有断路器（开关）和插拔式熔断器的回路停电，应先断开断路器（开关），并在负荷侧逐相验明确无电压后，方可取下熔断器，如图 6-8 所示。

图 6-8　有断路器（开关）和插拔式熔断器的回路停电顺序

（2）验电

　　① 配电线路和设备停电检修，接地前，应使用相应电压等级的接触式验电器或测电笔，在装设接地线或合接地刀闸处逐相分别验电。室外低压配电线路和设备验电宜使用声光验电

器。架空配电线路和高压配电设备验电应有人监护。

② 高压验电时，人体与被验电的线路、设备的带电部位应保持表 6-3 中规定的安全距离。使用伸缩式验电器（如图 6-9 所示），绝缘棒应拉到位，验电时手应握在手柄处，不得超过护环，宜戴绝缘手套。

视频：10 kV 停电线路验电、挂接地线

③ 对同杆（塔）塔架设的多层电力线路验电，应先验低压、后验高压，先验下层、后验上层，先验近侧、后验远侧。禁止作业人员越过未经验电、接地的线路对上层、远侧线路验电，如图 6-10 所示。

动画：多层线路验电顺序

图 6-9　验电器　　　　图 6-10　验电顺序

（3）挂接地线

① 当验明确已无电压后，应立即将检修的高压配电线路和设备接地并将三相短路，工作地段各端和工作地段内有可能反送电的各分支线都应接地。

② 配合停电的交叉跨越或邻近线路，在线路的交叉跨越或邻近处附近应装设一组接地线。配合停电的同杆（塔）架设线路装设接地线的要求与检修线路相同。

③ 成套接地线应用有透明护套的多股软铜线和专用线夹组成，接地线截面积应满足装设地点短路电流的要求，且高压接地线的截面积不得小于 25 mm^2，低压接地线和个人保安线的截面积不得小于 16 mm^2。

接地线应使用专用的线夹固定在导体上，禁止用缠绕的方法接地或短路，禁止使用其他导线接地或短路，如图 6-11 所示。

图 6-11　挂接地线的错误方法

④ 杆塔无接地引下线时，可采用截面积大于 190 mm²（如 ϕ16 中圆钢）、地下深度大于 0.6 m 的临时接地体，如图 6-12 所示。土壤电阻率较高的地区如岩石、瓦砾、沙土等，应采取增加接地体根数、长度、截面积或埋地深度等措施来改善接地电阻，如图 6-13 所示。

动画：电杆临时接地体要求

图 6-12 临时接地体

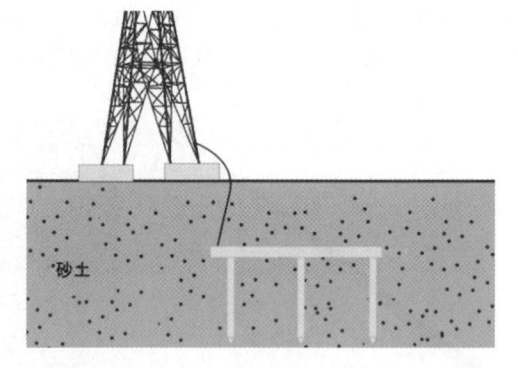

6-13 增加接地体

⑤ 装设、拆除接地线应有人监护。

⑥ 装设接地线时，应先装电源侧，再装线路侧。拆除接地线的顺序与此相反。

⑦ 装设的接地线应接触良好、连接可靠。装设接地线应先接接地端、后接导体端，如图 6-14 所示。拆除接地线的顺序与此相反。

打接地体

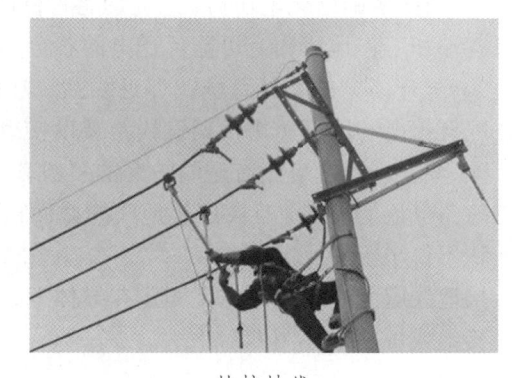

挂接地线

图 6-14 装设接地线顺序

⑧ 装设同杆（塔）塔架设的多层电力线路接地线，应先装设低压、后装设高压，先装设下层、后装设上层，先装设近侧、后装设远侧，如图 6-15 所示。拆除接地线的顺序与此相反。

⑨ 接地线、接地刀闸与检修设备之间不得连有断路器（开关）或熔断器。若由于设备原因，接地刀闸与检修设备之间连有断路器（开关），在接地刀闸和断路器（开关）合上后，应有保证断路器（开关）不会分闸的措施，如图 6-16 所示。

⑩ 对于因交叉跨越、平行或邻近带电线路、设备，导致检修线路或设备可能产生感应电压时，应加装接地线或使用个人保安线，加装（拆除）的接地线应记录在工作票上，个人保安线由作业人员自行装拆。

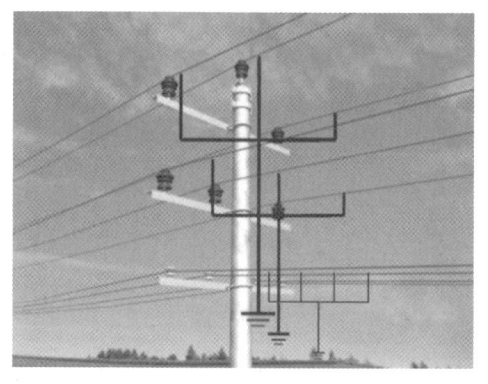

图 6-15 同杆(塔)架设的多层
电力线路接地线顺序

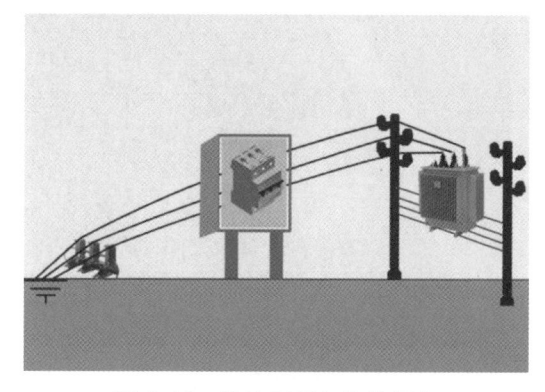

图 6-16 接地刀闸与检修设备
之间连有断路器(开关)

（4）悬挂标示牌和装设遮栏

① 在工作地点或检修的配电设备上悬挂"在此工作！"标示牌；配电设备的盘柜检修、查线、试验、定值修改输入等工作，宜在盘柜的前后分别悬挂"在此工作！"标示牌，如图 6-17 所示。

② 工作地点有可能误登、误碰的邻近带电设备，应根据设备运行环境悬挂"止步！高压危险"等标示牌，如图 6-18 所示。

图 6-17 "在此工作"标示牌

图 6-18 "止步！高压危险"标示牌

③ 高低压配电室、开闭所部分停电检修或新设备安装，应在工作地点两旁及对面运行设备间隔的遮栏（围栏）上和禁止通行的过道遮栏（围栏）上悬挂"止步，高压危险！"标示牌。

④ 配电站户外高压设备部分停电检修或新设备安装，应在工作地点四周装设围栏，其出入门要围至邻近道路旁边，并设有"从此进出！"标示牌。工作地点四周围栏上悬挂适当数量的"止步，高压危险！"标示牌，标示牌应朝向围栏里面，如图 6-19（a）所示。

若配电站户外高压设备大部分停电，只有个别地点保留有带电设备而其他设备无触及带电导体的可能时，可以在带电设备四周装设全封闭围栏，悬挂适当数量的"止步，高压危险！"标示牌，标示牌应朝向围栏外面，如图 6-19（b）所示。

⑤ 在一经合闸即可送电到工作地点的断路器（开关）和隔离开关（刀闸）的操作处，或机构箱门锁把手上及熔断器操作处，应悬挂"禁止合闸，有人工作！"标示牌；若线路上有人工作，应悬挂"禁止合闸，线路有人工作！"标示牌，如图 6-20（a）所示。

（a）　　　　　　　　　　　　　　　　（b）

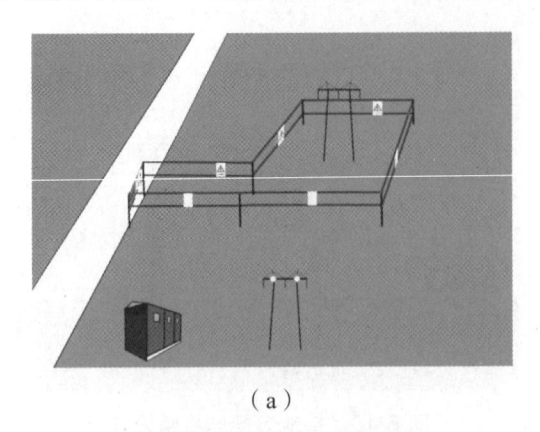

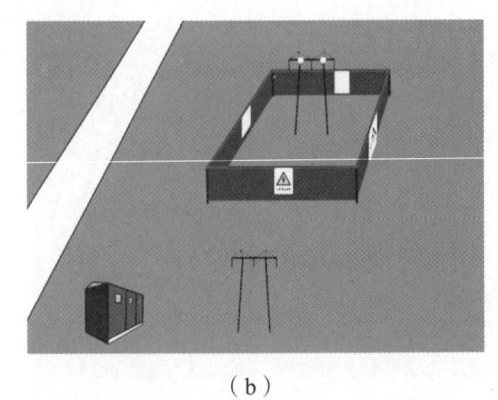

图 6-19　装设围栏及标示牌

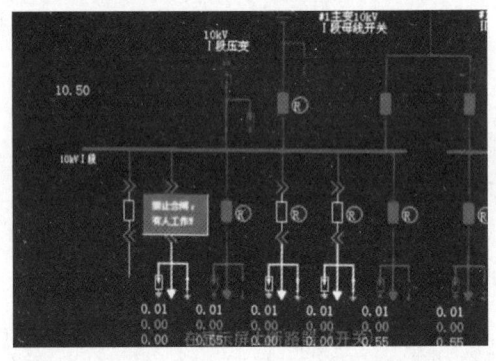

（a）线路上有人工作　　　　　　（b）显示屏上开关的操作处

图 6-20　"禁止合闸，有人工作！"标示牌

⑥ 配电线路、设备检修，在显示屏上断路器（开关）或隔离开关（刀闸）的操作处应设置"禁止合闸，有人工作！"或"禁止合闸，线路有人工作！"以及"禁止分闸！"标记，如图 6-20（b）所示。

⑦ 禁止作业人员擅自移动或拆除遮栏（围栏）、标示牌。因工作原因需短时移动或拆除遮栏（围栏）、标示牌时，应有人监护。完毕后应立即恢复。

6.1.5　配电线路检修作业安全

1. 10 kV 开关柜检修

① 开关柜前、后柜门上必须设置统一、醒目的名称、编号，在电压互感器柜后门张贴"母线带电严禁开启"的警示标志。开启前、后柜门时，必须有专人监护，防止误入带电间隔。

微课：配电线路检修作业安全

② 母线带电时，严禁打开后封板，应悬挂"止步，高压危险"标示牌，严禁对处于分闸状态的母线侧隔离开关的连杆或操作机构上的销子进行检修、调试。

③ 检修手车式开关柜内部时，隔板应能可靠关闭，并与手车机构连锁，需用专用工器具方可开启，检修作业过程中严禁倚靠隔板。

④ 在母线带电的情况下进行开关柜内作业时，应在母线侧隔离开关的动触头处加设绝缘罩或在动静触头间加设绝缘挡板。

⑤ 馈线避雷器、电流互感器检修时，需在线路同时转检修情况下，才能打开线路侧隔离开关柜门。

⑥ 开关柜检修时，应在其电缆头处接地线，必须确保隔离开关操作把手可靠锁住，防止误动隔离开关引起人员触电。

⑦ 进行操作机构机械调整时，严禁身体接触断路器传动部分，防止机械伤人。

⑧ 断路器手车做传动试验时，应将断路器手车拉至试验位置并挂上挂钩，防止手车试验时推入工作位置。

动画：微课：《安规》线路部分：线路运行和维护

微课：线路检修案例

2. 配电变压器检修、更换

① 作业前，应检查配电变压器杆基、杆根、拉线是否良好，防止倒断杆；攀登前应核对配电变压器的名称、编号，攀登时要有专人监护。

② 配电变压器高、低压侧必须接地线，接地前必须先验电，工作人员必须在地线保护范围内工作。

③ 作业人员攀登配电变压器时，必须系安全带，严禁安全带挂在绝缘子上，严禁低挂高用，并防止安全带从杆顶脱出或被锋利物损坏。

④ 在人口密集区、交通道口作业，应增设专人看守，防止非工作人员进入作业区域。

⑤ 在带电设备附近进行工作，必须有专人监护。

⑥ 禁止携带器材攀登配电变压器或在配电变压器上移位。

⑦ 在配电变压器上作业必须使用工具袋，采取防止工具脱落措施；上下传递物品必须使用非金属绳，不得上下抛掷。

⑧ 起重作业优先使用机械设备吊装，吊运设备过程中应防止吊臂、吊绳、吊物等与周围带电线路的安全距离不足。

3. 柱上设备检修

① 在带电设备附件上进行工作，应设专人监护。

② 攀登前应核对杆塔名称、编号，攀登时要有专人监护。

③ 禁止携带器材攀登杆塔或在杆塔上移位。

④ 在杆塔上作业必须使用工具袋，采取防止工具脱落措施；上下传递物品必须使用非金属绳，不得上下抛掷。

⑤ 起重作业优先使用机械设备吊装，选择合适的吊装点，吊装时保证与带电设备的距离。

4. 杆塔上作业

① 线路检修时必须按照事先规定的路线行进，不得改道。

② 攀登杆塔前应认真核对线路名称、编号、色标，登杆塔时要有专人监护。

③ 攀登杆塔前应仔细检查杆根、基础、拉线等；在杆塔上作业前应检查横担、金具等是否严重锈蚀。

④ 作业时必须与带电设备保证足够的安全距离，并有专人监护；邻近带电线路作业，监护人应始终在现场，不得参与其他工作。

⑤ 工作人员必须在工作地段两端挂接地线，班组之间不得借用、共用地线。接地前必须先验电，工作人员必须在地线保护范围之中工作。分支 T 接点必须接地线，防止反送电。

⑥ 拆、挂接地线时，作业人员应使用绝缘棒、戴绝缘手套。

⑦ 接地线与接地棒连接要可靠，不得缠绕。

⑧ 有感应电或作业人员视线范围内看不到接地线时，必须使用个人保安线，并应在接近导线前先验电，后挂接，作业结束后拆除。

⑨ 高低压同杆架设，在低压带电线路上工作时，应先检查与高压线的距离，采取防止误碰高压设备的措施；在低压带电导线未采取绝缘措施时，作业人员不准穿越。

⑩ 攀登杆塔、在杆塔上转位及作业时，应使用有后备绳或速差自锁器的双控背带式安全带，禁止失去保护绳进行作业或换位。

⑪ 新立杆塔在杆基未完成牢固或做好临时拉线前，禁止攀登，杆塔上有人时禁止调整或拆除拉线。

⑫ 拆除接地线后，即认为线路带电，任何人不得再次攀登杆塔工作。

⑬ 杆塔上作业必须使用工具袋，防止工具脱落；上下传递物品必须使用非金属绳，不得上下抛掷。

5. 立(撤)杆塔作业

① 立（撤）杆塔应设专人统一指挥。

② 立（撤）杆塔应优先使用起重设备，起重机械禁止过载使用。

③ 起吊杆塔时，应控制好杆塔重心和杆塔起立角度，应由有经验的人员操作、指挥，必要时可采取增加临时拉绳等措施。

④ 严禁随意整体拉倒旧杆塔或在杆塔上有导线的情况下整体放倒。

⑤ 在立（撤）杆塔过程中，基坑内禁止有人，作业人员应在杆塔高度的 1.2 倍距离以外，所有人员不得站在正在起立的杆塔下或牵引系统下方。

⑥ 利用已有杆塔立（撤）杆塔，应先检查杆塔埋深、杆根、杆身、拉线强度，必要时增设临时拉线并补强。

⑦ 已立起的杆塔，回填夯实后方可撤去拉绳及叉杆，杆基尚未完全夯实和拉线未制作完成前，严禁攀登。

⑧ 杆塔上有人时，禁止调整或装拆拉线。

⑨ 邻近带电设备立（撤）杆作业时，应设专人监护；整体组立（撤）杆塔时，杆塔与带电设备的距离应大于倒杆距离；拉线、施工机具、牵引绳等在立（撤）杆塔过程中，应保证足够的安全距离，否则，带电设备应停电并予以接地。

⑩ 临时拉线不准固定在有可能移动或不牢固的物体上。

⑪ 顶杆（叉杆）只可用于竖立 8 m 以下的拔梢杆，立杆时必须由有实际工作经验的人员担任工作负责人。

⑫ 作业过程中，应按顺序装拆，不得随意拆除受力构件，如确需拆除时，应预先做好补强措施。

6. 放线、撤线和紧线

① 放（紧、撤）线应设专人指挥。

② 交叉跨越、邻近带电线路时要提前勘查现场，被跨越的线路一般应停电并接地。

③ 搭设跨越架、跨越铁路、公路、交叉路口，应设明显标志，并设专人看守。

④ 放（紧、撤）线前应先检查杆塔的杆根、拉线是否牢固，杆塔埋深是否足够，防止倒、断杆。

⑤ 装拆拉线时，应增设临时拉绳，防止倒、断杆。

⑥ 作业人员不得在跨越架内侧攀登或作业，并严禁从封架顶上通过。

⑦ 放（紧）线时，作业人员不准站在或跨在已受力的牵引绳、导线的内角侧和展放的导线圈内以及牵引绳或架空线的垂直下方，以防止意外跑线时抽伤。

⑧ 放（紧）线如遇导线有卡住、挂住现象，应松线后处理；处理时作业人员应站在卡线处外侧，应使用工具撬、拉导线，禁止用手直接拉、推导线。

⑨ 撤线作业，对拉线及拉线棒锈蚀严重的杆塔，应增设临时拉线；对有环裂纹、露筋严重的杆塔，应先采取补强、加固措施后再进行撤线作业。

⑩ 禁止采用突然剪断导线的做法松线。

7. 电力电缆作业

① 作业前应核对电缆名称、编号、作业范围，并经监护人确认，方可开始工作。

② 作业前所有进出电缆必须验电接地，工作人员必须在地线保护范围内工作。

③ 在电缆井内工作时，禁止只打开一只井盖（单眼井除外）；电缆沟的盖板开启后，应自然通风一段时间后再进入沟内工作。

④ 进入电缆井内作业，应先用吹风机排除浊气，再用气体检测仪检查井内易燃易爆及有毒气体的含量是否超标。

⑤ 拔插分接箱电缆插头时，要先验明线路电缆确已停电，并戴绝缘手套。

⑥ 严禁带电移动电缆接头。

⑦ 电缆耐压试验前，加压端应做好安全措施，防止人员误入试验场所。另一端应设置围栏和警示标志，如另一端是上杆塔处或是锯断电缆处，应派人看守。

⑧ 电缆耐压试验前，应先充分放电；电缆试验过程中，更换试验线时，应对设备充分放电，作业人员应戴绝缘手套。

⑨ 电缆耐压试验分相进行时，另两相电缆应可靠接地。

⑩ 电缆试验结束，应对被试电缆进行充分放电，并在被试电缆上加装临时接地线，待电缆尾线接通后方可拆除。

⑪ 电缆故障声测定点时，禁止直接用手触摸电缆外皮或冒烟小洞，以免触电。

8. 坑洞开挖

① 施工前，应与地下管线、电缆等地下设施主管单位沟通，掌握其分布情况，确定开挖位置。

② 在电缆及煤气（天然气）管道等地下设施附近开挖时，应事先取得有关运行管理单位的同意，在地面上设监护人，严禁用冲击工具或机械挖掘。

③ 在松软土质挖坑洞时，应采取加挡板、撑木等防止塌方的措施，不得由下部掏挖土层，

须及时清理坑口土石块，防止塌方。

④ 已开挖的沟（坑）应设置盖板或可靠遮栏，挂警告标示牌，夜间设置警示照明灯，并设专人看守。

⑤ 挖深超过 2 m 时，应采取安全措施，如戴防毒面具、救生绳、向坑中送风等，严禁作业人员在坑内休息。

任务 6.2　杆塔的检修

运行中的杆塔由于各种原因会表露出不同程度的缺陷。针对所发生缺陷的具体情况，采取相应的技术措施及时加以解决。

6.2.1　杆(塔)更换

杆塔检修时的换杆不同于新架线路时的先立杆、后架线，同一耐张段内，直线和耐张杆的换杆方法不相同，另外还要受停电时间的限制。

1. 直线杆的更换

（1）施工作业前的工作

① 施工作业前，由工作票签发人组织相关人员进行现场勘查。查看施工现场的条件和环境，落实施工作业需要停电的范围，保留带电设备及带电部位（如图 6-21 所示），分析作业危险点，制定控制措施，计划所需材料，确定作业方案。现场勘察应做好勘察记录。

② 填写签发工作票、操作票。需要将高压线路、设备停电或做安全措施的工作应填写配电第一种工作票。倒闸操作应使用倒闸操作票。事故应急处理和拉合断路器（开关）的单一操作可不使用操作票。

③ 到达工作现场后，工作负责人应核对线路设备双重名称，确认无误后，通知本班组工作许

图 6-21　现场勘察

可人，进行停电操作及现场安全措施的布置。在电力线路上工作必须落实保证安全的技术措施：停电、验电、装设接地线、悬挂标示牌和装设围栏。工作地段如有邻近、平行、交叉跨越及同杆塔架设线路，需要接触或接近导线工作时，应使用个人保安线。

（2）撤除旧杆

① 现场条件许可时，宜采用吊车作业。将吊车停在合适的位置，支腿需垫枕木，车体要可靠接地。

② 起吊电杆时为了避免碰触导线，应将直线杆一侧的导线牵引、固定。在直线杆一侧合适位置打好临时锚钎，打锚钎时，扶钎人应位于抡锤人的侧面，禁止戴手套或单手抡大锤。

③ 固定好锚钎后，进行拆除导线工作。作业人员登杆前要做到"三确认"：核对线路名称及杆号，确认无误；观测估算电杆埋深及裂纹情况，确认稳固；检查登高工具是否安全可靠，确认无误后方可登杆。作业人员登杆，到达位置后，应将安全带和后备保护绳分别挂在杆上不同位置的牢固构件上，安全带应高挂低用。

④ 拆除杆上三相导线，先将导线用绳索固定防护，再将导线解开。将导线用牵引绳通过滑轮移位至横担下，使导线自然悬空，地勤人员用牵引绳牵引电杆一侧导线将其固定在锚钎上，如图 6-22 所示。拆除横担和绝缘子，用绳索放至地面。

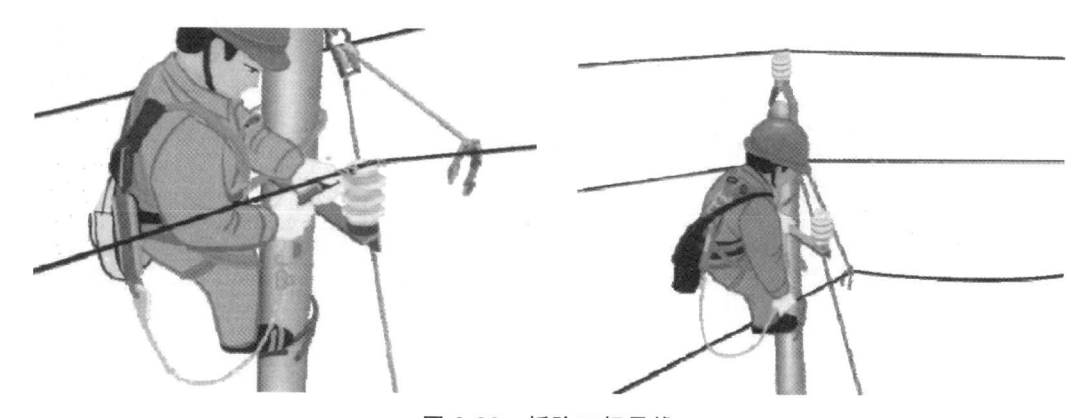

图 6-22 拆除三相导线

如为小转角杆，在解开扎线和移动导线的过程中，杆上人员应处在横担下方或导线外角，防止导线意外脱落或导线向内角张弹伤人。

⑤ 在电杆的合适位置绑好控制绳。在杆上吊点以上位置绑好钢丝绳套，指挥吊车挂好钢丝绳套，如图 6-23 所示。

图 6-23 绑控制绳和钢丝绳套

挖开杆根地面硬土。起吊前，在杆根绑上控制绳。拆（立）杆现场应统一信号，专人指挥。在电杆起吊时，要注意整个起吊过程的工作情况，发现异常应及时处理。

起吊时，起重臂下和倒杆距离以内严禁有人；防止电杆倾倒旋转伤人；吊物上不许站人；

禁止作业人员利用吊钩来上升或下降。

电杆下落时，不得触碰导线，起吊应缓慢匀速进行。

（3）起立新杆

① 挖好电杆基础坑后，深度应符合设计要求。

② 作业人员在电杆重心以上合适位置，绑好钢丝绳套和牵引绳，如图 6-24 所示。

起吊电杆，当电杆离开地面时，应再次检查钢丝绳套、控制绳牢固可靠。当电杆杆稍离地面约 80 cm 时，应停止起吊，对电杆进行一次冲击试验，对各受力点处做一次全面检查，如图 6-25 所示。

图 6-24　绑钢丝绳套　　　　　图 6-25　冲击试验

电杆垂直后，定位、调整电杆，电杆横向位移不应大于 50 mm，杆稍位移不应大于杆稍直径的 1/2，如图 6-26 所示。

图 6-26　电杆定位、调整

③ 电杆校正后，分层回填夯实，回填土块直径应不大于 30 mm，每回填 500 mm 夯实 1 次，并设置防沉土台，培土高度应超出地面 300 mm。

④ 安装横担、绝缘子，提升导线。将导线牵引到绝缘子上，按照技术规范用扎线将导线绑扎牢固。绝缘导线与绝缘子应用绝缘胶带缠绕，裸导线与绝缘子应用铝包带缠绕，如图 6-27 所示。

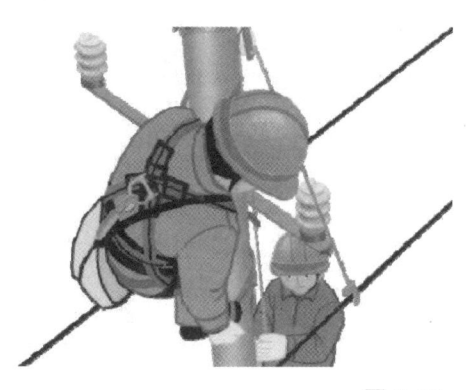

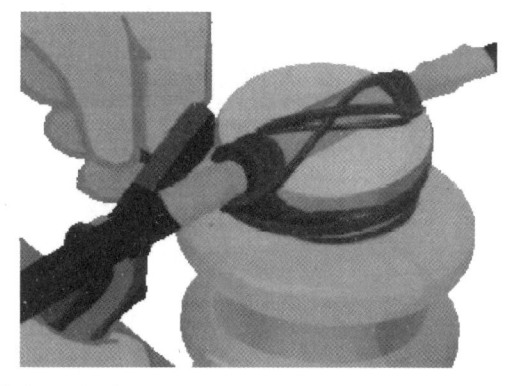

图 6-27 恢复导线

（4）施工完工后的工作

工作许可人在接到工作负责人的完工报告后，确认全部工作已经完毕、工作人员已全部撤离、线路上无遗留物后，安排拆除围栏、接地线、标示牌，恢复线路供电。

2. 耐张杆的更换

（1）撤除旧杆

① 在与耐张杆相邻的直线杆顺线路方向适当位置打好锚钎。地锚的中心点应处于线路中心线的正下方。作业人员登直线杆安装临时拉线，如图 6-28 所示。临时拉线连接在锚钎上，用紧线器适度收紧，固定好临时拉线。用作拉线的钢丝绳，其端部的绳卡压板应在钢丝绳主要受力的一边，不准正反交叉设置，绳卡间距不应小于钢丝绳直径的 6 倍。

图 6-28 安装临时拉线

② 拆除相邻的直线杆上的三相导线。作业人员吊上三角钳头，固定在横担上，将钳头卡在导线上。固定导线时，用扎线将导线紧靠电杆固定。作业过程中注意不得损伤导线。

③ 拆开耐张杆三相引流线，将拆开的引流线盘好，以免影响操作，如图 6-29 所示。吊上两套紧线器、三角钳头，将三角钳头分别牢固地卡在两边相导线上，收紧紧线器，使用紧线器适度吃力。地勤人员将绳索一端绑在三角钳头上传递上杆，杆上作业人员将牵引绳穿过滑轮，用三角钳头在紧线器三角钳头的外侧卡住导线，作业人员用紧线器收紧导线，地勤人员同时拉紧索引绳，使绝缘子处于松弛状态，如图 6-30 所示。

图 6-29　拆开耐张杆三相引流线　　　　　　图 6-30　收紧导线

④ 作业人员取出耐张线夹连接螺丝，拆除耐张线夹。地勤人员拉紧索引绳，使紧线器处于松弛状态，作业人员松开紧线器，地勤人员缓慢放松索引绳，将导线下落至地面。

⑤ 用同样的方法将耐张杆另一侧两边相导线和两侧中相导线拆除。拆除绝缘子和拉线，用绳索放至地面。

⑥ 用吊车吊下旧电杆。旧电杆落地后，卸下横担和杆顶铁，将旧电杆运离现场。

（2）起立新杆

① 电杆基础挖好，确认无误后，运转新杆到位。杆顶金具采用地面组装。

② 按技术要求起吊新电杆。电杆校正后，分层回填夯实，并设置防沉土台。

③ 两名作业人员依次登杆，到达作业位置后，将安全带和后备保护绳分别挂在杆上不同位置的牢固构件上。

吊上已组装好抱箍的拉线，在紧靠横担的下方固定好拉线上端。地勤人员做好拉线下端，并调整使拉线完全受力。

④ 恢复耐张杆导线，先恢复中相，然后再恢复边相。地勤人员用牵引绳系好三角钳头，将钳头卡在导线上，拉动索引绳使用导线升横担。作业人员把紧线器的三角钳头卡在牵引三角钳头的外侧，作业人员用紧线器收紧导线，再将耐张线夹与绝缘子连接。

⑤ 恢复引流线连接。引流线应使用并沟线夹连接，其数量不应少于 2 个，与导线的连接应平整、光洁。引流线弧形应均匀，呈自然悬链状，中压线路每相过引线与邻相过引线间的距离不应小于 0.3 m，过引线与电杆、横担间的距离不应小于 0.2 m。

⑥ 恢复直线杆导线。两名作业人员分别登上耐张杆两侧的直线杆进行作业，先将边相导线恢复到绝缘子上，再将中间和另一边相导线恢复到绝缘子上。

⑦ 地勤人员拆除地面临时拉线下端，作业人员拆除临时拉线上端。

6.2.2　杆(塔)校正

1. 直线杆校正

顺线路方向校正直线杆，应解开直线杆上的导线扎线；若顺着垂直电杆方向校正，则不必解开扎线。下面介绍顺线路方向校正电杆的方法。

① 打好临时锚钎。在直线杆倾斜的相反方向，距杆根之间的水平距离不小于杆高的地方固定好主承力锚钎，如图6-31所示。在电杆两侧各固定1个锚钎，3个锚钎应均匀分布在电杆周围。

② 打好临时锚钎后，吊上3条绳索，在紧靠横担下面的位置绑好，作为控制绳固定在锚钎上，如图6-32所示。

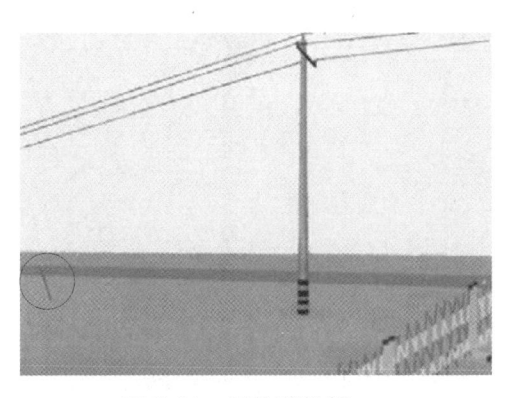

图6-31 打临时锚钎

图6-32 固定控制绳

解开绑扎，用绳索将导线紧靠电杆悬挂。为防止导线意外脱落（如图6-33所示）或小转角杆导线内向角张弹，在解开绑扎导线的固定绳之前，须先将导线用牵引绳固定。

③ 校正电杆前，在电杆倾斜的相反方向挖开杆根地面硬土，开挖的深度应视电杆倾斜程度和土质情况确定，以免在校正过程中损坏电杆。

④ 在工作人员的指挥下，地勤人员在电杆倾斜的相反方向拉紧索引绳，另两侧索引绳随着电杆的校正适当放松，将电杆校正到位，如图6-34所示。索引绳不得与锚钎脱离缠绕。

图6-33 小转角杆导线脱落

6-34 电杆校正

⑤ 校正后，分层回填夯实，并设置防沉土台。
⑥ 拔出临时地锚，解开杆上索引绳。
⑦ 恢复导线。先将边相导线恢复到绝缘子上，再将中间和另一边相导线恢复到绝缘子上。

2. 耐张杆校正

校正耐张杆，应视耐张杆倾斜程度不同，确定不同的作业方案：小幅度校正耐张杆时，可在不松开耐张杆导线的情况下,采用直接调整拉线的方法;较大幅度校正耐张杆时,应松开耐张杆导线,松开导线的具体方法可采用落下导线和不落下导线两种。下面介绍小幅度校正耐张杆的方法。

① 固定耐张杆相邻的直线杆导线。解开绑扎,用绳索将导线紧靠电杆悬挂。

② 在耐张电杆倾斜的相反方向挖开杆根地面硬土。

③ 在耐张杆倾斜的相反方向打好锚钎。作业人员登杆安装临时拉线。作业人员用钢丝绳卡将下端临时拉线卡紧。地勤人员展放道链,道链使用前应检查良好。地勤人员放开道链固定在锚钎上,拉紧临时拉线连接在道链上。作业人员拉动道链,收紧临时拉线。指挥人员现场指挥,校正耐张杆到合适位置,如图6-35所示。

④ 工作负责人检查、指挥调整耐张杆两侧拉线,使用拉线处于完全受力状态,检查确认电杆竖直。

图 6-35 耐张杆校正

⑤ 地勤人员松开道链,拆除地面临时拉线下端,作业人员拆除临时拉线上端。

⑥ 恢复相邻的直线杆导线。

任务 6.3　导线的检修

6.3.1　导线修补与接续

1. 架空裸导线损伤的处理及更换

(1) 钢芯铝绞线损伤的处理标准

① 断股损伤截面积不超过铝股总面积的 7%,应缠绕处理。

② 断股损伤截面积占铝股总面积的 7%~25%,应采用补修管或补修条处理。

③ 钢芯铝绞线出现下列情况之一时,应切断重接:a. 钢芯断股;b. 铝股损伤截面超过铝股总面积的 25%;c. 损伤长度超过一组补修金具能补修的长度;d. 破损使得铜芯或内层导线形成无法修复的永久性变形。

(2) 铝绞线和铜绞线损伤的处理标准

① 断股损伤截面积不超过总面积的 7%,应缠绕处理。

② 断股损伤截面积占总面积的 7%~17%,应采用补修管或补修条处理。

③ 断股损伤截面积超过总面积的 17% 应切断重接。

2. 架空绝缘导线的修补

（1）绝缘层损伤的处理

① 绝缘层损伤深度在绝缘层厚度的 10%（大约 0.5 mm）及以上时，应进行绝缘修补。可以采用绝缘自粘带缠绕，每圈绝缘粘带间搭压带宽的 1/2，补修后绝缘自粘带的厚度应大于绝缘层的损伤深度，且不少于两层，如图 6-36 所示。也可以用绝缘护罩将绝缘层损伤部位罩好，并将开口部位用绝缘自粘带缠绕封住。

② 一个档距内每条绝缘线的损伤修补不宜超过 3 处。

图 6-36 绝缘层修补

（2）线芯损伤的处理

① 线芯截面积损伤在导电部分截面积的 6% 以内，损伤深度在单股线直径的 1/3 之内，可以用同金属的单股线在损伤部分缠绕，缠绕长度应超出损伤部分两端各 30 mm，如图 6-37 所示。

② 线芯截面积损伤不超过导电部分截面积的 17% 时，可以敷线修补，敷线长度应超过损伤部分，每端缠绕长度超过损伤部分不小于 100 mm。

③ 线芯损伤有下列情况之一时，应锯断重接：在同一截面内，损伤面积超过线芯导电部分截面的 17%，钢芯断一股，应剪断重接。

a. 导线对接：

· 将导线损伤处断开，对应长度切削绝缘层，用清洁剂对导线和接续管进行清洗，如图 6-38 所示；再在导线头 1/2 接续管长度位置处划蓝印。

· 清洁去污后，在管内壁和导线端头涂上导电膏，导线在接续管内对接，对接时接续管端口必须与导线划印对齐，如图 6-39 所示。

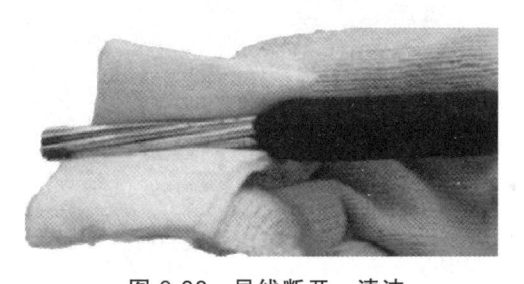

图 6-37 导线缠绕

图 6-38 导线断开、清洁

图 6-39 导线对接

· 选用压接钳和对应导线同型号钢模压接，从中间向两端分别压接，压模间距保持在 2~3 mm，压模到位后应停留 30 s 后才松模，禁止跳压，如图 6-40 所示。用平锉锉掉飞边、毛刺，使其表面光滑、平整。

· 恢复绝缘，进行端口间隙填充胶填充，再对绝缘层热缩管热缩，如图 6-41 所示。

图 6-40 导线压接

- 对保护层热缩管热缩，可恢复线路，如图 6-42 所示。

图 6-41　加热绝缘层热缩管

图 6-42　加热保护层热缩管

b. 钢芯铝绞线搭接：
- 对应长度切削绝缘层，用清洗剂对导线和接续管进行清洗，之后抹导线膏。
- 对导线端头绑扎、穿管，穿管后露出长度为 20～50 mm，如图 6-43 所示。
- 对压接管划印，如图 6-44 所示。

图 6-43　导线绑扎、穿管

图 6-44　划印

- 压接。选用规格符合接续导线型号的钢模，按照划印位置从中间开始向一侧压，再从中间向另一侧压，每压接一模后应停留 30 s，如图 6-45 所示。
- 外面质量的检查、校直。接续管的外观不得有裂纹、弯曲，表面应光滑。
- 接续管上使用钢模打印工号，检查合格后，在压管两端涂以丹红漆封堵，如图 6-46 所示。

图 6-45　压接

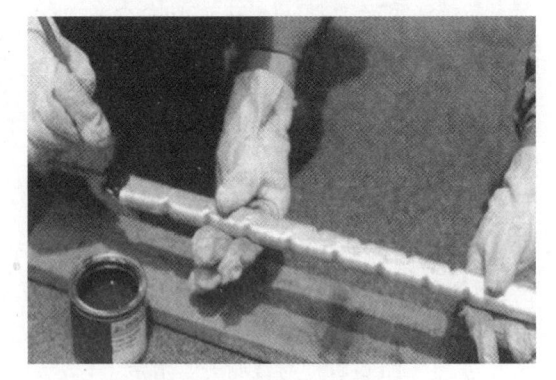

图 6-46　涂丹红漆封堵

- 恢复绝缘，进行端口间隙填充胶填充，再对绝缘层热缩管热缩，如图 6-47 所示。
- 对保护层热缩管热缩，可恢复线路，如图 6-48 所示。

图 6-47　加热绝缘层热缩管

图 6-48　加热保护层热缩管

3. 架空线路断线的处理

（1）导线杆上压接

导线杆上压接，适用于直线杆断线，且断线部位靠近绝缘子的情况。

① 导线提升、收紧。如图 6-49 所示，杆上作业人员用卡线器卡紧导线，并系好索引绳；杆上人员将紧线器一端固定在横担上，杆下人员分别向后拉索引绳，提升两侧导线；导线提升到位后，将紧线器另一端挂在卡线器上，收紧紧线器，使两端导线可以对接。

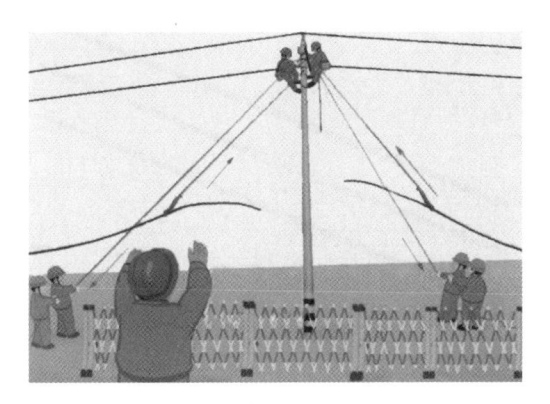

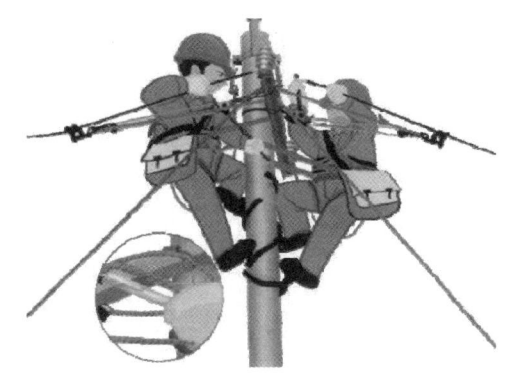

图 6-49 导线提升、收紧

② 导线杆上压接。杆上 2 人配合，用液压钳压接导线。
③ 恢复绝缘。第一层热缩绝缘层，第二层热缩保护层，受力均匀，密封严实。
④ 导线绑扎。接头与绑扎固定点的距离不小于 0.5 m。

（2）导线直线改耐张

导线直线改耐张（如图 6-50 所示），适用于直线杆断线，导线档距较大，断线部位靠近绝缘子的情况。

① 加装横担。安装新横担并校正，双横担左右扭斜不大于长度的 1/100。拆除原横担针式绝缘子，并安装于外边相新横担。

图 6-50 直线改耐张

② 安装耐张绝缘子。
③ 导线提升、收紧，调整好弧垂，用楔形耐张线夹卡紧导线；剪掉多余的导线，采用并沟线夹接续新导线。

（3）导线地面压接

导线地面压接（如图6-51所示），适用于导线两档中间断线的情况。

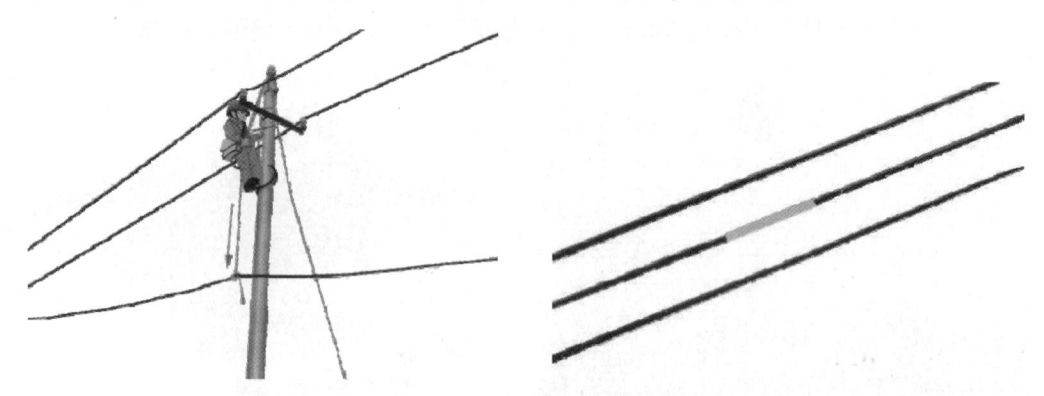

图6-51　导线地面压接

① 将导线放至地面。拆除直线杆绝缘子上的绑扎线，将导线放落地面；拆除耐张杆引线，系好索引绳，拆除耐张杆导线，用索引绳将耐张杆导线终端放落地面。
② 导线地面压接。导线剥皮、对接、液压、热缩。
③ 恢复直线杆及耐张杆导线。

6.3.2　导线局部换线

1. 更换耐张杆侧导线

如果导线损伤的长度超过一个补修管的长度或损伤严重，则需将导线切断重接。如果损伤部位靠近耐张杆塔，可将旧导线切断，再接一段新导线。其施工方法如下：

① 如图6-52所示，首先把相邻耐张杆塔的直线杆塔导线打好临时拉线，然后在耐张杆塔上安装一个紧线滑车，牵引绳通过紧线滑车将导线卡住，并在耐张杆塔上打好临时拉线。
② 将耐张杆上的引流线拆开，然后可拉紧牵引绳将导线拉紧，这时耐张绝缘子串松弛，将耐张绝缘子串从横担挂点拆下并绑在牵引绳上。
③ 慢慢放松牵引绳使耐张绝缘子串连同导线落地。
④ 切断损伤导线并连接一段新导线，新导线长度应等于换去的旧导线长度并考虑连接用的长度。

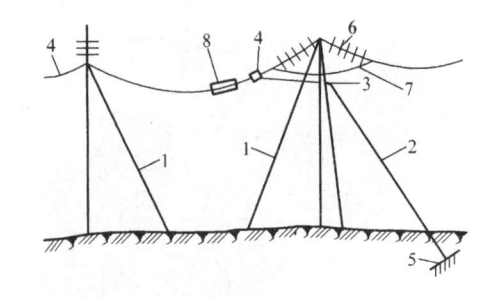

1—临时拉线；2—牵引绳；3—紧线滑车；4—卡线器；
5—地锚；6—耐张绝缘子串；7—导线引流线；
8—导线接头。

图6-52　更换耐张杆侧导线示意图

⑤ 导线连接完毕后，另一端与耐张线夹连接好，这时可拉紧牵引绳将导线连同耐张绝缘子串一起吊上杆塔，当耐张绝缘子串接近横担时，再稍微拉紧牵引绳以便将耐张绝缘子串挂在横担上。

⑥ 当耐张绝缘子串挂在横担上后，接好导线引流线，最后拆除临时拉线和牵引绳等设备。

2. 更换直线杆档距中的导线

如果导线损伤部位在直线杆塔档距中，导线切断后需要换一段新导线，这时将出现两个导线接头，根据规定，一个档距内只允许有一个接头，故遇见这种情况时，更换新导线的施工方法如下：

① 如图 6-53 所示，首先在损伤导线位置两侧的直线杆上将拟换线的导线打好临时拉线。

② 将 2 号杆导线拆除并落到地上，将导线损伤处 A 切断，并选适当长度在 B 点将导线切断。

③ 换上与 AB 等长的新导线，并应考虑两端连接时所需长度，用前述方法将两端连接。

④ 之后提升导线使其挂在 2 号杆的悬垂线夹内，并使绝缘子串保持垂直状态。

⑤ 最后拆除临时拉线。

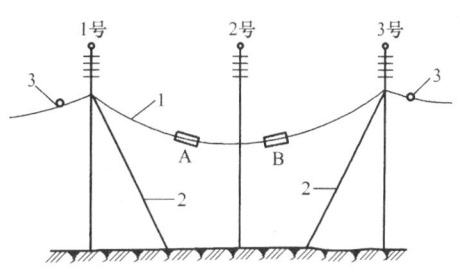

1—导线；2—临时拉线；3—卡线器。

图 6-53 更换直线杆档距中的导线示意图

6.3.3 调整导线弧垂

① 松开直线杆导线。在调整弧垂前，应先松开耐张段内直线杆上的导线。为了避免损伤导线，应将导线放入滑轮内。

② 设置观测弧垂的标杆。观察导线弧垂一般采用平行四边形法，如图 6-54 所示。观测前应先选好观测挡，观测挡一般选在耐张段中间或偏后的位置，并尽量选用大档距进行观测。

两名观测人员分别登上观测档的直线杆，找出标准弧垂的位置。把标杆水平牢固地绑在电杆上。

③ 松开耐张杆导线。用紧线器和牵引绳收紧导线，松开耐张线夹。

④ 调整弧垂：观察弧垂人员登上绑好标杆的直线杆，平视两标杆，观察导线弧垂变化，在地面观测人员的指挥下，根据导线实际需要调整弧垂。

图 6-54 平行四边形法

杆上作业人员适当调整紧线器，地勤人员同时调整牵引绳。调整时，当导线弧垂最低点落在两标杆的水平视平线上时，应立即叫停紧线调整，此时的导线弧垂即为理想弧垂，如图 6-55 所示。

⑤ 弧垂达到理想状态后，作业人员调整好耐张线夹的位置，连接到绝缘子串上。恢复引流线。

⑥ 恢复直线杆上的导线。

图 6-55 调整弧垂示意图

任务 6.4　其他设施的检修

6.4.1　更换横担

1. 直线杆横担的更换

直线杆横担的更换方法如下：

① 首先把导线放到地面或通过放线滑车暂时挂在电杆上。

② 在电杆顶部安装一个起吊滑车，起吊钢绳通过转向滑车和该起吊滑车后，绑扎在拟拆除的边导线横担上，利用起吊钢绳将拆除的边导线横担放落地面。

③ 两边导线横担拆除后，再拆除中导线横担。

④ 安装新横担时，先起吊安装边导线横担，再起吊安装中导线横担，或先安装中导线横担再安装两边横担。

⑤ 安装中导线横担时，托担抱箍的孔眼与横担的连接孔可能对不正，这时可在杆顶绑大绳，在地面拉动大绳使连接孔对正。

2. 耐张杆横担的更换

耐张杆横担的更换方法如下：

① 用双钩紧线器临时将横担吊住，然后拆除横担吊杆。

② 拆除横担抱箍与电杆连接的螺栓，用小锤轻轻敲打抱箍，则横担与抱箍就会慢慢向上滑动。

③ 对于转角杆，为便于横担向上移，可在外角侧的横担上加装临时拉线，以抵消角度合力，拉线随横担上移徐徐放松。

④ 待横担上移 200 mm 左右时，在杆顶部安装起吊车和起吊钢绳，将新横担和横担抱箍吊上并安装在电杆上。

⑤ 利用双钩紧线器将两侧导线拉紧，这时可自旧横担上拆下耐张绝缘子串，并把它挂在新横担上。

⑥ 一切安装完毕后，利用起吊钢绳将旧横担等吊放到地面，并拆除临时拉线。

6.4.2 更换绝缘子

在线路运行中,有时会出现绝缘子的闪络、损伤等缺陷。当发现上述缺陷后,需要更换绝缘子。更换耐张绝缘子的步骤如下:

① 将紧线器尾线固定在横担上,在耐张线夹前 0.3~0.55 m 处卡好紧线器。

② 用紧线器收紧导线,使绝缘子不受力。

③ 松开线夹与绝缘子间的连接螺栓(拆开蝶式绝缘子绑线),更换绝缘子。

④ 装好连接螺栓,慢慢松开紧线器,恢复至原来位置。

视频:10 kV 架空线路停电更换耐张绝缘子

6.4.3 更换拉线

由于施工质量、外力影响等原因,拉线会因锈蚀、电杆倾斜等原因而需要更换。更换拉线的方法如下:

① 安装临时拉线:打临时拉线锚桩,将钢丝绳套连接在锚桩上;杆上作业人员传递钢丝绳,将钢丝绳捆绑在水泥杆横担以下部位;杆下作业人员将钢丝绳另一端固定在临时锚桩上,用双钩紧线器收紧临时拉线,如图 6-56 所示。

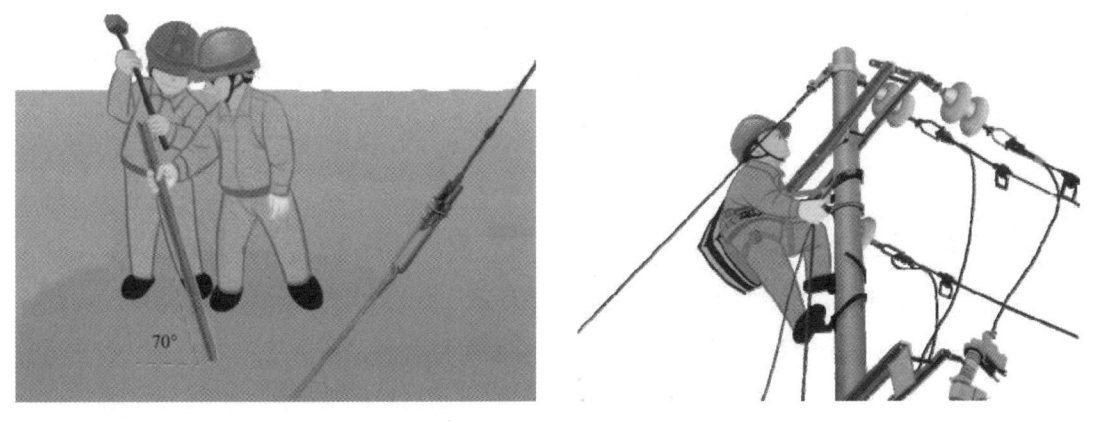

图 6-56 安装临时拉线

② 拆除旧拉线:松开下把,撤除上把。

③ 拉线上把制作、安装:装配上把,尾线必须在线夹凸侧,舌块与钢绞线紧密,钢绞线与舌块紧密,间隙小于 2 mm,如图 6-57 所示。

图 6-57 拉线上把制作

拉线上把安装:横担下 200 mm 处安装拉线抱箍,楔形线夹与延长环穿入螺栓,插入销钉。

④ 拉线下把制作、安装（如图 6-58 所示）：收紧钢绞线，比出长度，断开钢绞线，要求一人扶线一人剪，防止钢绞线反弹伤人，钢绞线断开处用细丝绑扎。拉线弯环、整形插入线夹，尾线必须在线夹凸侧；装配舌片，用木锤（橡皮锤）敲紧，舌片与钢绞线之间的间隙小于 2 mm；装入下把 U 形环。进行钢绞线回头绑扎，距线夹平口 100 mm 处绑扎第一道 120 mm，距线头 30 mm 处绑扎第二道 80 mm，要求紧密、不伤线、规范收尾；安装调整，螺杆刚好露出 1/3 丝口为宜。在扎线及钢绞线端头涂丹红漆防腐处理。

图 6-58 拉线下把安装

⑤ 拆除临时拉线，清理现场。

6.4.4 接地装置检修

1. 接地体锈蚀的处理方法

当接地体锈蚀时，会导致接地体上下引线连接点连接不牢，增大接触电阻，达不到原设计的要求，失去接地保护的作用，应及时进行处理：

① 用钢丝刷将所有外露接地体的锈蚀部分擦拭除锈，再用干棉纱布擦净尘锈，然后涂上红丹漆或黄油。

② 对埋入地下部分的接地体，应用锄头挖去表层泥土，视锈蚀情况，可进行除锈或驳焊钢筋，再覆土整平并做好记录。

③ 对于锈蚀严重的接地体，应及时进行更换。

2. 外力破坏、假焊和地网外露的处理方法

① 轻度外力破坏变形可进行矫形复位，必要时可设置警示标志。

② 发现接地网有假焊缺陷，应进行补焊，同时重新测量接地电阻，并做好记录。

③ 由于水土流失或人为取土，造成接地体外露时，应及时进行复土工作，必要时可设置保护电力设施的警示标志。

3. 降低接地电阻的方法

为了降低输电线路杆塔和避雷线的接地电阻，可以采取以下几种方法：

① 尽量利用杆塔金属基础，钢筋水泥基础，水泥杆的底盘、卡盘、拉线盘等自然接地。

② 尽量利用杆塔基础坑埋设人工接地体，这样既减少土方，又可深埋，还能避免地表干湿的影响。

③ 利用化学处理的方法增加地网抗阻功能，即用土壤质量 1% 左右的食盐，加木炭与土壤混合，或用国产长效网胶减阻剂与土壤混合，这对降低杆塔接地电阻有较好的作用，不过，这些材料腐蚀性较强，目前有些地方采用热镀锡的方法来降低对金属的腐蚀。

4. 更换接地线

① 杆塔上人员登杆后，首先将固定接地引下线的线夹、卡环螺丝或绑扎铁线解脱松开。
② 杆顶上人员用绳留住接地引下线顶端，上、下人员配合，然后顺着线路方向徐徐放下地面。
③ 用锄头、铁铲挖开地网上引线至地网连接处，把锈蚀严重的上引线剪断。
④ 裁剪一根与锈蚀严重的上引线同样长的圆钢，把它与地网连接起来，并回填好土。
⑤ 把裁好的杆塔引下线由杆上人员用传递绳牵引上杆塔，紧贴杆身并装好线夹、卡环或绑扎牢固。
⑥ 作业结束，清理现场。

5. 接地装置的连接方法

① 接地装置中各接地体的连接应牢固可靠，当有强烈腐蚀的情况时，应采用镀铜或镀锌的接地体。
② 接地装置除必须断开处用螺栓连接外，均需焊接，并注意防止假焊。
③ 焊接时应搭接的长度为圆钢直径的6倍并双面焊牢、扁钢带宽的两倍并三面焊牢。

6.4.5 配电设备检修

1. 更换柱上变压器

（1）做好停电、验电、装设接地线等工作

先断开低压侧断路器，拉开低压侧隔离开关，再逐相拉开高压侧跌落式熔断器。

（2）拆除旧配电变压器

① 将变压器高、低压端子的护罩拆除，再将与之相连的设备线夹、表计接线拆除，拆除变压器外壳接地线。
② 使用工具拆卸螺栓时，用工具卡紧螺母，使螺母与螺栓不能同时转动。注意保护配电变压器接线柱，使之不受损坏。
③ 工作人员应先将与配电变压器连接的设备脱离开，然后用钢丝绳将配电变压器两侧对角处连接牢固。用吊车钩住钢丝绳后稍微使上力，台架上的作业人员把配电变压器与台架的连接螺栓拆掉（或固定配电的铁丝剪断），听从吊车指挥人的指挥，吊车将旧配电变压器吊下台架。

（3）安装新变压器

① 对新配电变压器进行外观检查，确认型号无误。
② 做好记录，且新配电变压器应有出厂检验证明。
③ 听从吊车指挥人的指挥，吊车吊起新配电变压器并放在台架上。
④ 两侧各设一名工作人员站在配电变压器台架上，并打好安全带，其安全带长度适宜。
⑤ 固定配电变压器。

⑥ 吊车松臂，拆除钢丝绳。
⑦ 用绝缘摇表测量配变的绝缘是否良好。
⑧ 设备连接完好。配电变压器接线柱应使用工具连接紧密。三相出线距离适中，工艺美观；外壳地线连接可靠。
⑨ 注意防止高空坠落。安装过程中注意各部位结合应良好、安装牢固、整齐水平。
⑩ 工作监护人始终将作业人员的活动范围纳入自己的视线。

2. 跌落式熔断器的更换和检修

（1）更换跌落式熔断器

① 取下跌落式熔断器熔管。
② 拆除跌落式熔断器的两端接线。
③ 用绳索绑扎跌落式熔断器，防止跌落式熔断器拆除时跌落。
④ 拆除固定跌落式熔断器的螺栓。
⑤ 取下跌落式熔断器，用绳索缓慢地将跌落式熔断器吊卸到地面。
⑥ 确认跌落式熔断器的支架满足要求。
⑦ 地勤人员配合检查新跌落式熔断器完好无损、表面清洁后，组装新跌落式熔断器（含熔丝、熔管），用绳索将新跌落式熔断器吊起送给杆塔上的作业人员。
⑧ 三相熔断器的安装应牢固，相间距离应不小于 0.5 m。
⑨ 应与配变的最外轮廓边界保持 0.7 m 以上的水平距离，以防熔管掉落引发其他事故。
⑩ 熔断器的上下触头应在一条线上，熔管轴线与铅垂线的夹角应为 15°～30°，其转动部分应灵活，跌落时不应碰及其他物体而损坏熔管。

（2）更换跌落式熔断器熔丝（管）

① 将熔丝两端拧紧，并使熔丝安放于熔管中间偏上的位置。
② 熔管上下动触头应与熔丝可靠固定、接触良好。
③ 将安装好的熔管挂在熔断器下静触头的支架上，用绝缘操作棒测试分合正常。

任务 6.5　电力电缆故障检修技术

6.5.1　电缆故障的原因

电力电缆的故障有以下几种原因：
① 机械损伤：电缆直接受外力损伤。例如，因震动引起铅护套的疲劳损坏、弯曲过度、地沉承受过大的拉力，热胀冷缩引起铅护套的磨损及龟裂等。
② 绝缘受潮：终端头或连接盒因设计或施工不良使水分侵入，铅护套因腐蚀或外物刺穿受损使潮气侵入。

③ 绝缘老化：浸渍剂在电热作用下化学分解成蜡状物等，产生气隙，发生游离，使介质损耗增大，从而导致过热击穿。

④ 护层腐蚀：由于电解腐蚀或化学腐蚀使护层损坏。

⑤ 过电压：雷击或其他过电压使电缆击穿。

⑥ 过热：过载或散热不良使电缆热击穿。

6.5.2 电缆故障的测寻

1. 故障性质判定

按照故障性质，电缆故障可以划分为以下几种类型：

① 接地故障：电缆一芯或者多芯接地而发生的故障。电缆绝缘由于各种原因被击穿后通常发生这类故障。其中又可以分为低阻接地故障和高阻接地故障。一般电阻在 100 kΩ 以下为低阻接地故障，在 100 kΩ 以上为高阻接地故障。实际应用中，将能直接用低压电桥测量的故障称为线阻故障，将要进行烧穿或者用高压电桥进行测量的故障称为高阻故障。

② 短路故障：电缆两芯或者三芯短路而发生的故障。通常是由于电缆绝缘被击穿引起的，其中也可以分为高阻短路故障和低阻短路故障，划分原则与接地故障相同。

③ 断线故障：电缆线芯中一芯或多芯断开而发生的故障。通常是由于电缆线芯被短路电流烧断或者在外力损伤时被拉断。按照其故障点对地电阻的大小，也可分为低阻故障和高阻故障。实际应用中，故障电缆的电容比较容易测量，用电容量的大小判断故障是低阻还是高阻比较方便。

测量电缆芯线对地和相间绝缘电阻如图 6-59 所示。如果有一项测试为零，则换用万用表电阻挡测量。根据测试结果来判定故障性质，确定采用的测距方法。

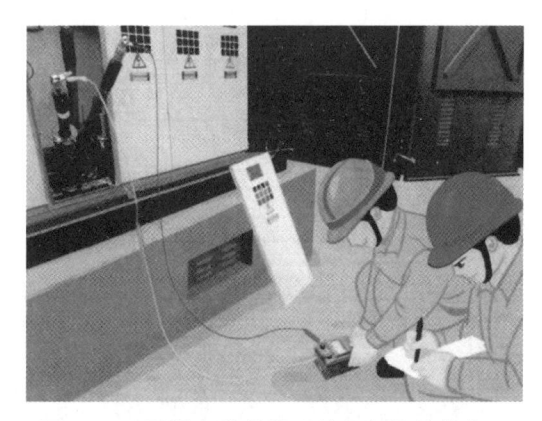

图 6-59 测量电缆芯线对地和相间绝缘电阻

2. 故障测寻(测距)

电缆故障的性质确定后，根据不同的故障，选择适当的方法测定从电缆一端到故障点的距离，这就是故障测距。由于各种仪表都只能达到一定的精度，加上敷设路径与丈量路径有出入等的影响，通常只能判断出故障点可能的地段。因此，测距又称为"粗测"。常用的测距方法有：

（1）低压脉冲测试(电阻 500 Ω 以下低阻/断线故障测距)

测试原理如图 6-60 所示。

① 试验接线。如图 6-61 所示，信号输出线的红夹子接电缆芯线，黑夹子接电缆屏蔽。

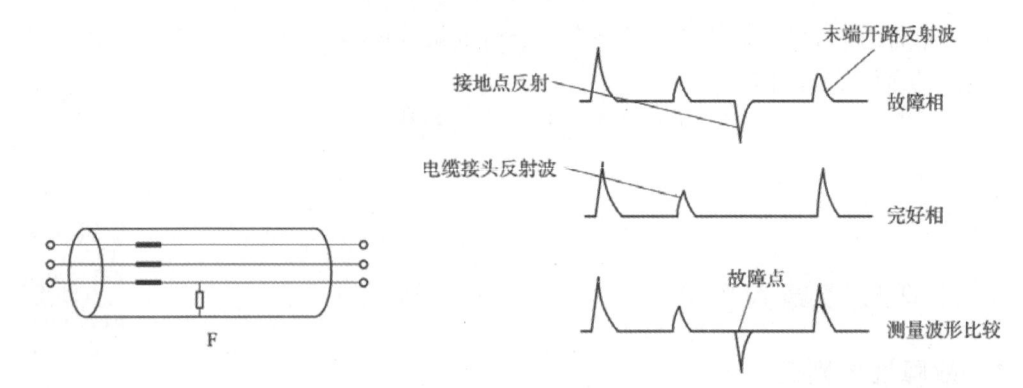

图 6-60 测量波形比较

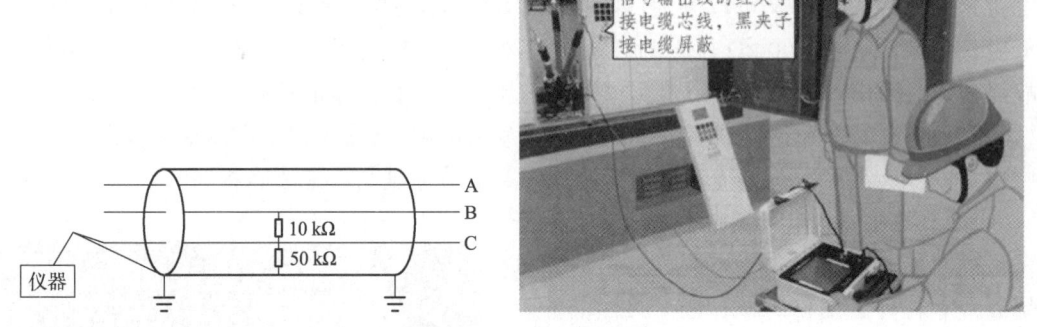

图 6-61 试验接线图

② 仪器参数设置。仪器开机，设置参数，根据现场测试电缆长度调节显示范围，根据电缆类型（绝缘介质类型）调整波速（m/μs），如图 6-62 所示。

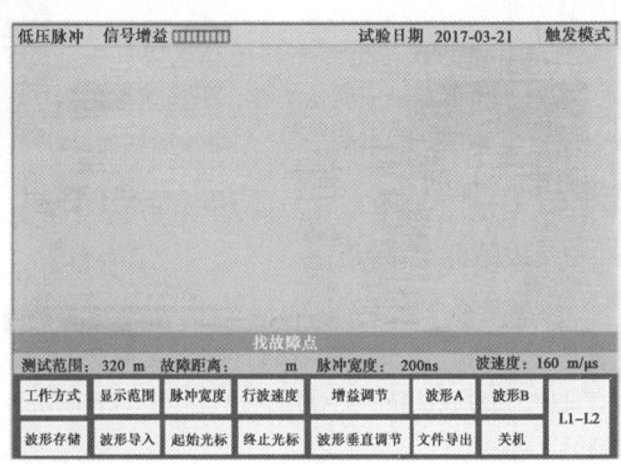

图 6-62 仪器参数设置

③ 正常相测试，如图 6-63 所示。按测试键，调整增益使得波形最大值足够大而且不失真；移动光标，将虚光标移动到反射波的起始处，得到电缆全长；在操作菜单下，将波形暂存。

④ 故障相测试，如图 6-64 所示。测试条件不要改变，将线夹改接故障相，按测试键得

到故障相的低压脉冲波形。在操作菜单下，进行波形比较，明显分叉点即故障点。

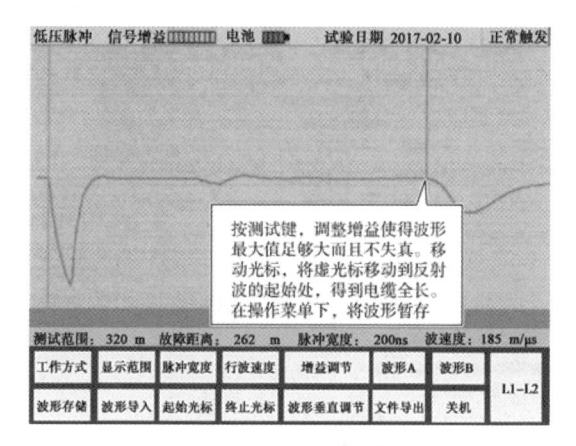

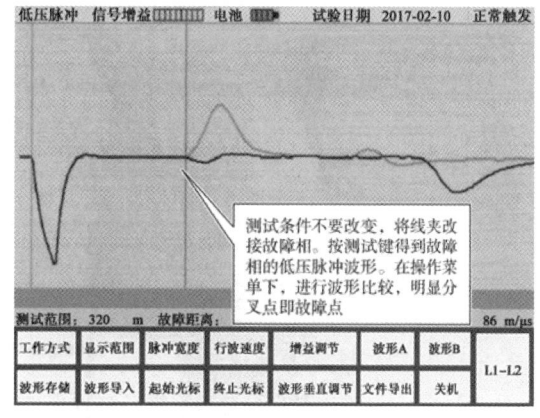

图 6-63　正常相测试

图 6-64　故障相测试

⑤ 每相测试完毕，对芯线进行充分放电。

（2）脉冲电流测试（高阻/闪络故障测距）

直接击穿和远端反射击穿的脉冲电流冲闪波形如图 6-65 所示。

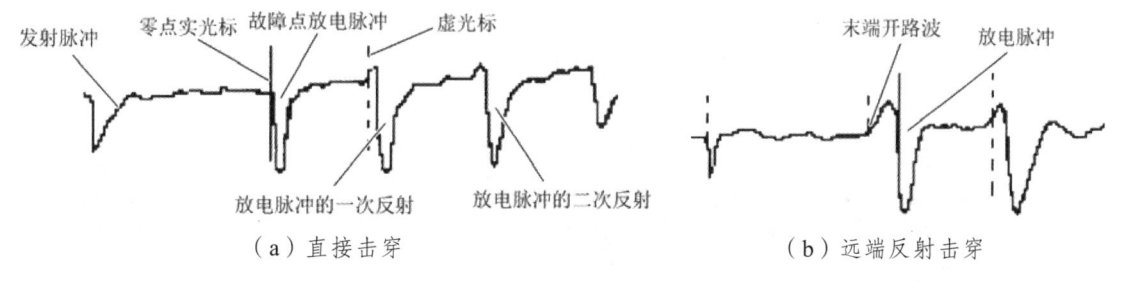

（a）直接击穿

（b）远端反射击穿

图 6-65　脉冲电流冲闪波形

长放电延时的故障波形如图 6-66 所示。

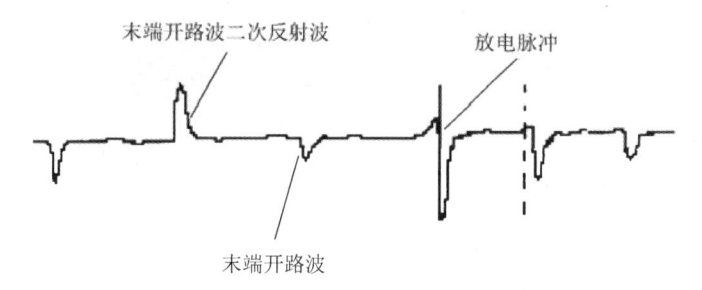

图 6-66　长放电延时的故障波形

① 测试接线。连接仪器板信号接口和电源后面板脉冲电流信号接口，如图 6-67 所示。

② 检查试验接线。接地故障：红色夹子接故障相，黑色夹子接电缆地线。相间故障：红色夹子接一条故障相，黑色夹子接另一条故障相，如图 6-68 所示。

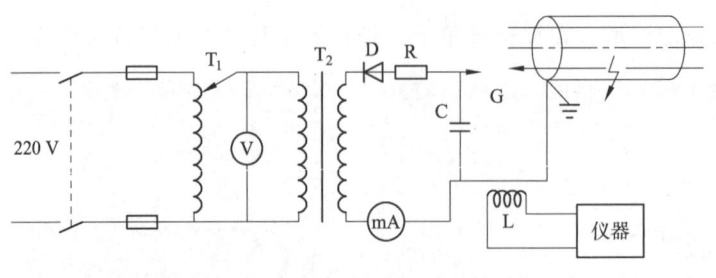

(a) 原理电路图

(b) 接线示意图

图 6-67 测试接线

③ 选择电源工作方式。如图 6-69 所示,将功能转换开关完全提起并旋转至高压脉冲挡,压下;故障预定位时,选择单次工作方式。

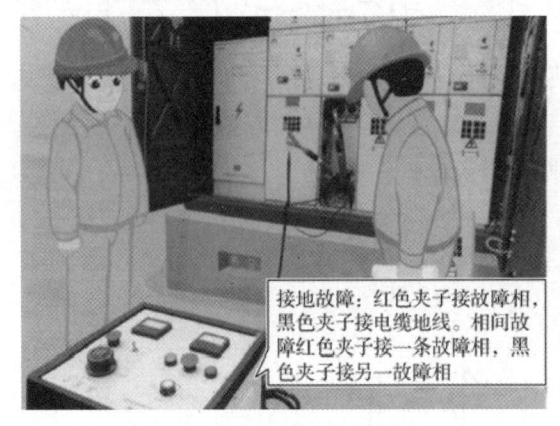

图 6-68 检查试验接线

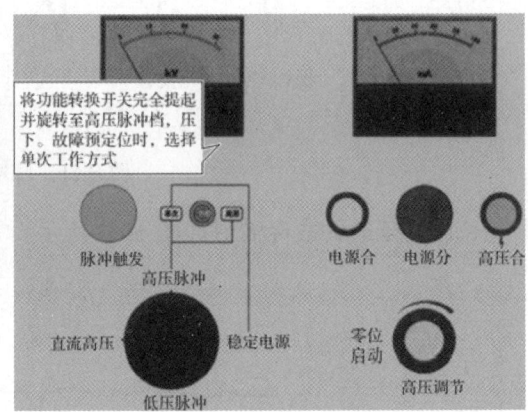

图 6-69 选择电源工作方式

④ 设置测距仪工作方式。将工作方式切换到脉冲电流工作方式下。输入的范围至少应为被测电缆长度的 3 倍以上,如图 6-70 所示。

⑤ 电缆施加放电脉冲电压。如图 6-71 所示。调节升压旋钮,待故障点冲击放电后,测距仪自动触发显示波形。可根据电压表和电流表指示或测距仪采集到的脉冲电流波形判断故障点是否被击穿。

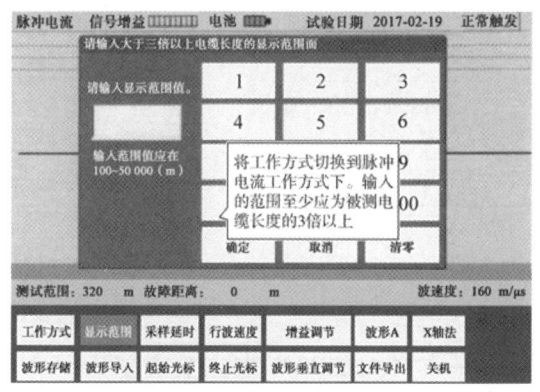

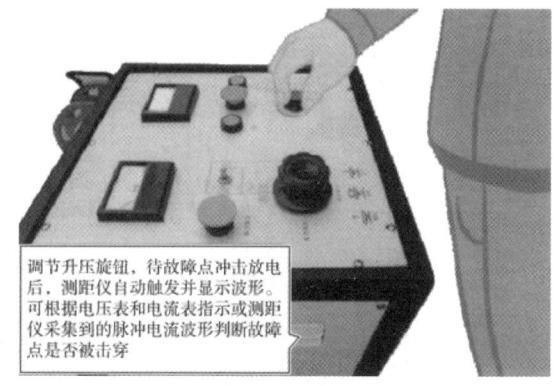

图 6-70　设置测距仪工作方式　　　　　　图 6-71　电缆施加放电脉冲电压

⑥ 故障测距。移动光标标定故障距离，如图 6-72 所示。故障点击穿后反射回来的脉冲信号方向一致。

（3）二次脉冲测试（高阻/闪络故障测距）

测量原理如图 6-73 所示。

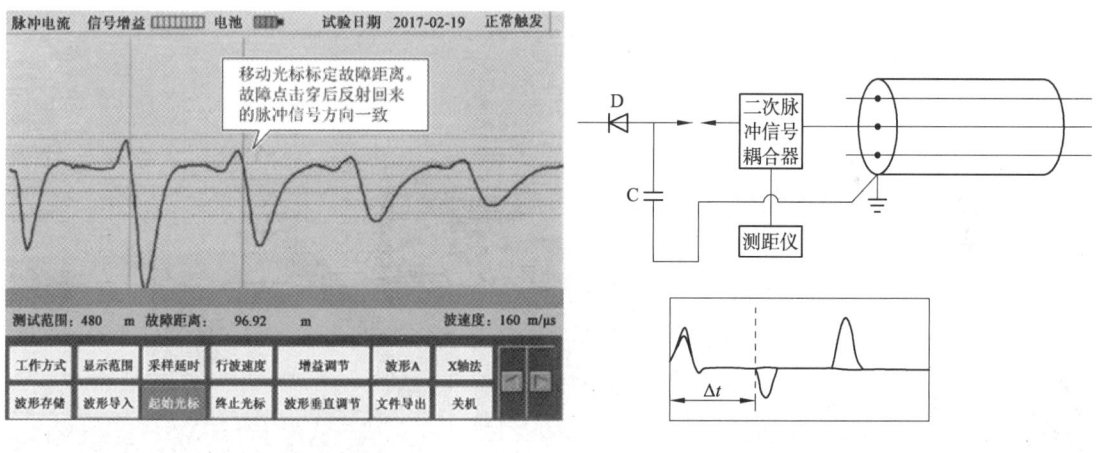

图 6-72　故障测距　　　　　　　　　　　图 6-73　测量原理示意图

① 测试接线。连接好测距仪面板信号接口和电源后面板的稳定电弧信号接口，如图 6-74 所示。

② 设置测距仪参数，测试低压脉冲波形。将测距仪工作方式切换到稳定电弧方式，调节电缆波速度、设置电缆长度，测试一条低压脉冲波形并保存，如图 6-75 所示。

③ 选择电源工作方式，电缆施加稳定电弧放电电压。将电源功能转换开关提起并旋转至"稳定电弧"，调节输出电压，按"脉冲触发"单次放电击穿故障点，并自动触发测距仪。如图 6-76 所示。

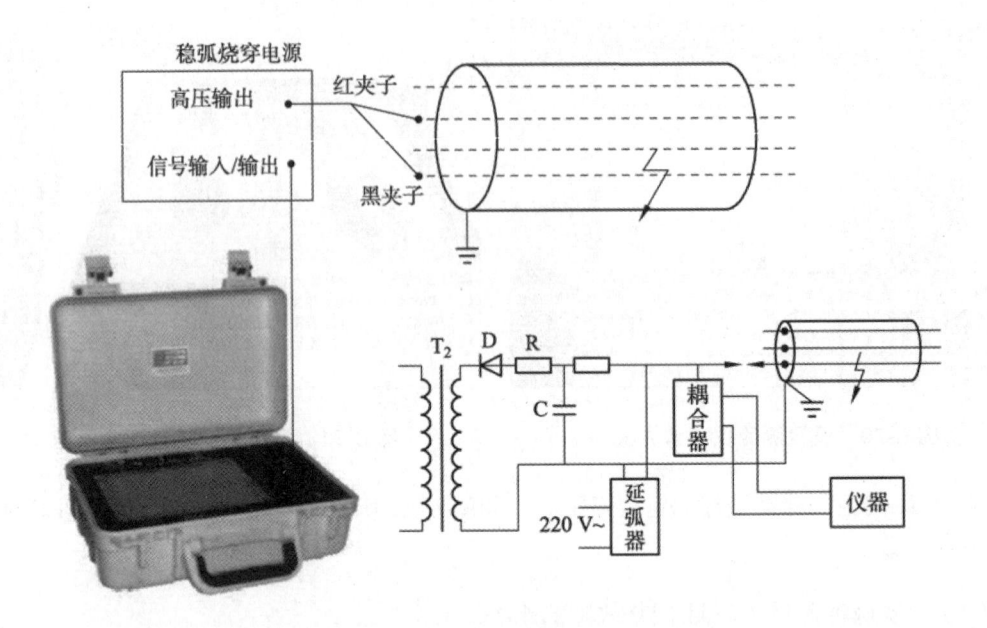

图 6-74 测试接线

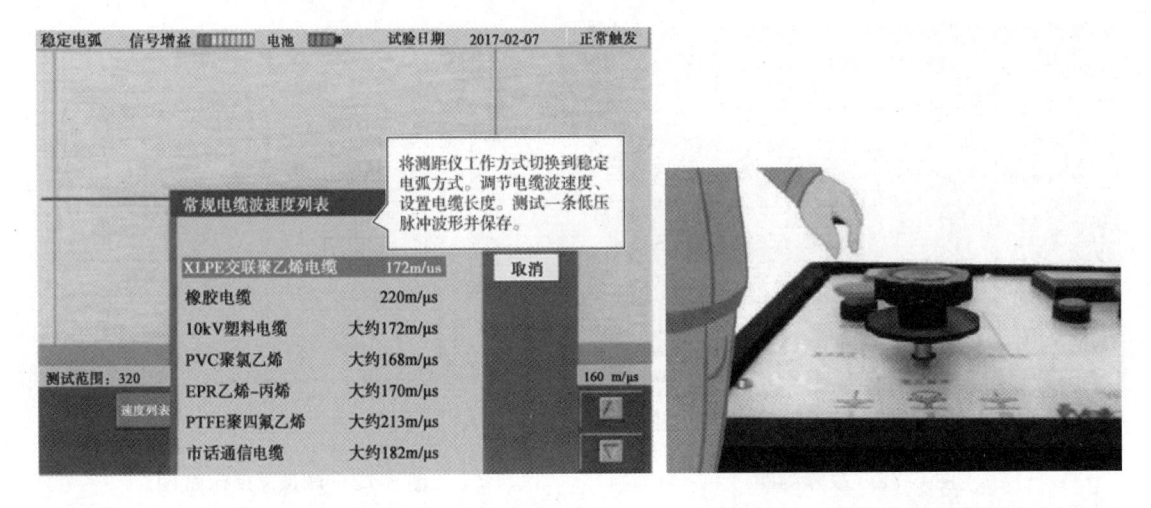

图 6-75 设置测距仪参数　　　　图 6-76 选择电源工作方式

④ 故障测距。测距仪自动显示两条测试波形，故障点处于两条波形明显的分叉点，如图 6-77 所示。

3. 故障定点

（1）定点原理

故障定点原理如图 6-78 所示。

图 6-77 故障测距

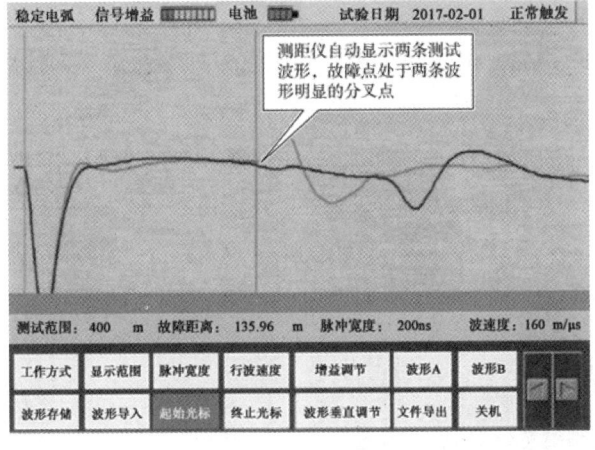

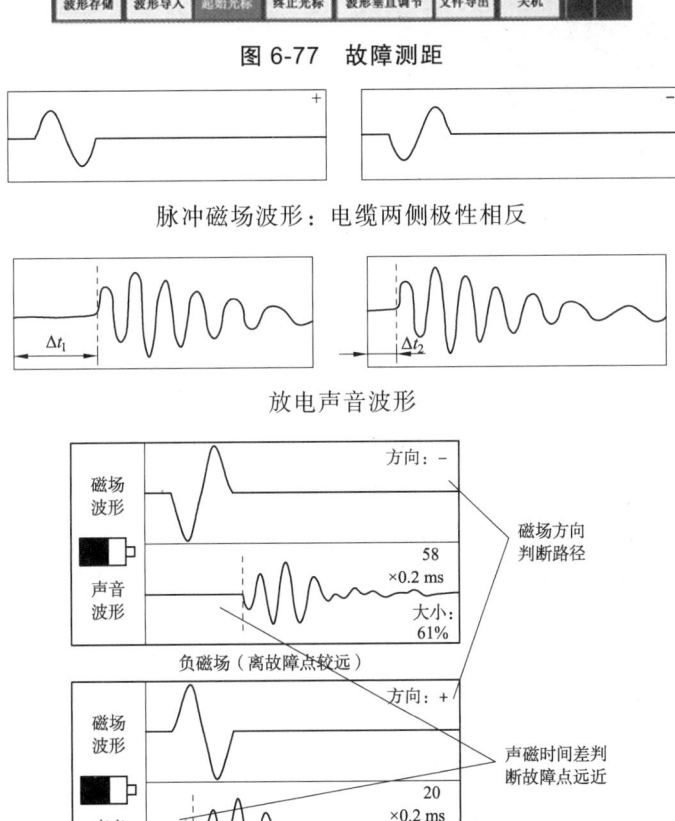

脉冲磁场波形：电缆两侧极性相反

放电声音波形

负磁场（离故障点较远）

正磁场（离故障点较近）

图 6-78 故障定点原理示意图

（2）定点步骤

① 电缆加周期脉冲放电电压。将电源工作模式转换至"周期放电"模式，打开电源开关，旋转高压调整旋钮到合适的放电电压，如图 6-79 所示。

② 测寻放电点。如图 6-80 所示，用耳机监听，会在放电瞬间，同步指示灯亮的同时，听到较沉闷的一声"啪"。到达故障距离大概位置，以大约 1 步的间隔移动传感器，直至观察

到典型波形为止,说明已经接近故障点。

③ 测量声磁延时。声磁延时最小的点,其正下方即是故障点。找到故障点后挖掘并修复故障电缆。

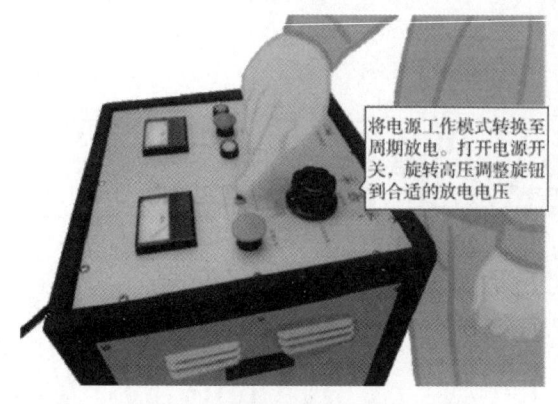

图 6-79　电缆加周期脉冲放电电压

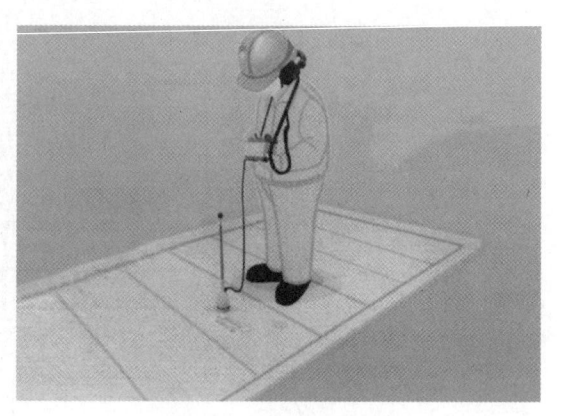

图 6-80　测寻放电点

6.5.3　电缆故障的检修和预防措施

1. 敷设电缆时温度不能过低

敷设电缆时,如果电缆存放地点在敷设前 24h 内的平均温度以及敷设现场的温度低于规定值,应将电缆预先加热。其预热方法如下:

① 用提高周围空气温度的方法预热电缆,将周围空气温度提高到 5~10 ℃,电缆需要在该温度下静置 72 h;将周围空气温度提高到 25 ℃ 时,需要静置 24~36 h。

② 对电缆芯加电流进行加热,通入的电流不得大于电缆额定电流,加热后的电缆表面温度不得低于 5 ℃。若用单相电流加热铠装电缆时,选择电缆芯线的接线方式应考虑防止铠装内形成感应电流。

经预热的电缆,应尽快在 1 h 内敷设完毕。当电缆冷却到预热前的温度时,不得再将电缆弯曲。

2. 电缆中间接头的防腐处理

制作电缆中间接头时,一般要把金属护套外的沥青和塑料带防腐层剥去一部分,制作后外露的部分护套和整个中间接头的外壳应进行防腐处理。其方法如下:

① 对铅包电缆,可涂沥青与桑皮纸组合(沥青层与桑皮纸间隔各两层)作为防腐层。

② 对铝包电缆,在铝包电缆钢带锯口处,可保留 40 mm 长的电缆本体塑料带沥青防腐层。铝包表面用汽油擦拭干净后,从接头盒铅封处起至钢带锯口处热涂一层沥青,再加上沥青、桑皮纸组合成防腐层。

3. 铅包龟裂的处理

电缆终端头下部铅包龟裂事故,大多数发生在高位垂直安装的电缆头下部,一旦发现,应鉴定缺陷的严重程度，若尚未全部裂开，又无渗漏现象，可采用封铅法加厚一层和环氧树脂带包扎密封的方法进行处理。严重龟裂事故应考虑重新制作电缆头。

4. 充油电缆不合格电缆油的处理

充油电缆由于制造质量不好或经过多次搬运，出现电缆油介质不符合要求的情况时，可采用经脱气处理的合格油进行冲洗置换。冲洗油量应不小于 2 倍油道的油容量，冲洗后隔五昼夜取油样进行化验，如果仍不合格，需要再次冲洗，直至油合格为止。

若电缆接头的油质不合格，可冲洗电缆两端，然后在上油嘴接压力箱下油嘴放油冲洗，冲洗油量为 2~3 倍电缆接头内的油量。若电缆终端头的油质不合格，由于油量较大，不宜采用冲洗处理，可将终端头内的油放尽，重新进行真空注油。

5. 终端头电晕放电的处理

终端头电晕放电有下列几种情况，应做相应的处理：

① 三芯分支处距离小，在电场作用下空气发生游离而引起电晕放电，此时应增大绝缘距离。

② 电缆头距电缆沟太近，而且电缆沟潮湿甚至有积水，使电缆头周围温度升高而引起电晕放电，此时应排除电缆沟内的积水，加强通风，保持干燥。

③ 芯线与芯线之间绝缘介质的变化，使电场分布不均匀，某些尖端或棱角处的电场比较集中，当其电场强度大于临界电场强度时，就会使空气发生游离而产生电晕放电，此时应将各芯线的绝缘表面包一段金属带，并将各个金属带相互连接在一起（称为屏蔽），即可改善电场分布而消除电晕。

6. 电缆和电缆头损坏的防止措施

（1）电缆在"两线一地"系统中运行时防止电缆头损坏的措施

① 采用高一级电压等级的电缆。

② 保护接地与工作接地分开。

③ 工作接地要远离站内接地网，各路接地电阻应尽量一致。

（2）防止电缆头漏油的措施

在敷设电缆时，违反敷设规定容易将电缆铅包折伤或机械碰伤，所以在敷设电缆时，应严格按规程施工，注意不要把电缆头碰伤，如地下埋有电缆，动土时必须采取有效的预防措施。

（3）防止电缆中间接头绝缘击穿的方法

① 在中间接头的施工中，要用无水酒精将各套管上的灰尘和杂质清理干净，尽量不要在天气不好时施工。

② 在加热中间接线盒热缩管时，要尽量使之受热均匀，要从一端缓缓地向另一端加热，驱使管中的空气排出。

③ 中间接头做好后，要在中间接头外护套管与电缆外护套层的搭接处绕包耐压为 10 kV 的自粘胶带，对中间接头可能产生的缝隙进行封闭。

④ 限制或消除在中性点不接地的系统中，由于各种故障引起的过电压。可以在中性点接消弧线圈等。

（4）防止过电压引起电缆二次故障的措施

电缆故障常引起过电压，又导致电缆的二次故障。例如，由于电缆接地故障而引起电缆中间接头击穿；发生单相金属性接地故障时，非故障相的对地电压可升高至额定电压的 3 倍；经弧光电阻接地的故障会形成熄灭、重燃的间歇性电弧，进而导致电路谐振，过电压长时间存在，加速电缆绝缘老化，甚至引起击穿。

为防止过电压引起电缆的二次故障，可采取以下措施：

① 在电缆架设和施工中尽量减少电缆的机械损伤。
② 定期对电缆进行耐压试验，及早发现隐患，提前防范。
③ 提高电缆终端头和中间接头的制作质量。

7. 室外电缆终端头瓷套管碎裂的处理

室外电缆终端头的瓷套管经常受到机械损伤，尾线断线烧伤或由于雷击闪电而碎裂。当发现这类故障时不必更换终端头，只要更换损坏的瓷套管即可，其方法如下：

① 拆除终端头出线连接部分的夹头和尾线，用石棉布包好没有损坏的瓷套管。
② 将损坏的瓷套管轻轻地用小锤敲碎并取出。
③ 用喷灯加热电缆头外壳上部，使沥青绝缘胶部分熔化。
④ 用合适的工具取出壳内残留的瓷套管，清除绝缘胶，并疏通至灌注孔的通道。
⑤ 清洗电缆芯上的碎片、污物，并包上清洁的绝缘带。
⑥ 套好新的瓷套管。
⑦ 在灌注孔上安装高漏斗，灌注绝缘胶。
⑧ 待绝缘胶冷却后，即可装配出线连接部分的夹头和尾线。

项目 7　配电线路带电作业

任务 7.1　配电线路带电作业概述

带电作业是指在带电的情况下，对带电设备进行测试、维护和更换部件的一种特殊作业。带电作业已经成为保证电网安全、可靠运行，减少电能损失以及不间断向用户供电和提高电网经济效益的一个重要检修方式。

为了保证带电作业的安全和作业质量，其作业人员必须经过专业培训，需要有专门的工具、良好的气象条件，并要保证足够的安全距离和可靠的绝缘措施。

7.1.1　配电线路带电作业的方法

为了保证带电作业人员不会受到触电伤害的危险，并且在作业中没有任何不适感，在安全地带进行带电作业时必须具备三个技术条件：

① 流经人体的电流不超过人体的感知水平 1 mA（1 000 mA）。
② 人体体表局部场强不超过人体的感知水平 240 kV/m。
③ 人体与带电体保持规定的安全距离。

能够满足上述三条带电作业技术条件的作业方法主要有以下几种。

1. 按作业人员人体的电位分类

按作业人员人体的电位分类，带电作业分为地电位作业、中间电位作业和等电位作业三种，如图 7-1 所示。

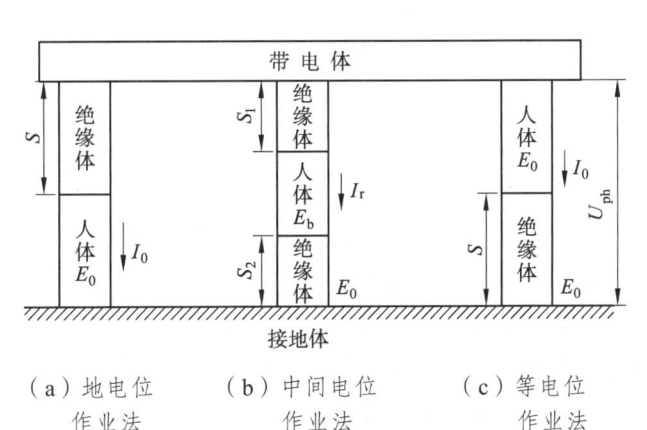

图 7-1　带电作业按人体电位分为三类（$E_a > E_b > E_o$）
（a）地电位作业法　（b）中间电位作业法　（c）等电位作业法

(1) 地电位作业法

地电位作业法，是指人体处于地（零）电位状态下，使用绝缘工具间接接触带电设备的一种作业方法。其等值电路如图 7-2 所示。

地电位作业法的作业方式可以表示为接地体→人体→绝缘体→带电体。也就是说，作业人员始终处在与大地（杆塔）相同的电位，通过绝缘工具（绝缘承力工具，如绝缘滑车组、吊线杆、绝缘支拉杆、绝缘抱杆、紧线器等）进行接触带电体作业。10 kV 配电线路地电位作业方法一般分"支、拉、紧、吊"四种。

由于作业人员处在地电位，故在配电线路上，空间场强较弱，可以不采取电场防护措施，但在高压（220 kV 及以上）输电线路上则场强较强，应考虑进行电场防护。

图 7-2 地电位作业法的等值电路

实施地电位作业法，必须保证人体与带电体间的最小安全距离大于 0.4 m。操作时，绝缘工器具的绝缘有效长度必须足够长；绝缘操作杆绝缘有效长度必须保证为 0.7 m，绝缘绳索的绝缘有效长度必须保证为 0.4 m；攀登处理接地故障电杆时，其作业人员应戴绝缘手套、穿绝缘靴以及使用绝缘脚板登杆，并在人体超出铁横担、抱箍时，必须将其逐块接地。

(2) 等电位作业法

等电位作业法是指作业人员的体表电位与带电体电位相等的作业方式。在作业过程中，作业人员直接接触带电设备。其等值电路如图 7-3 所示。

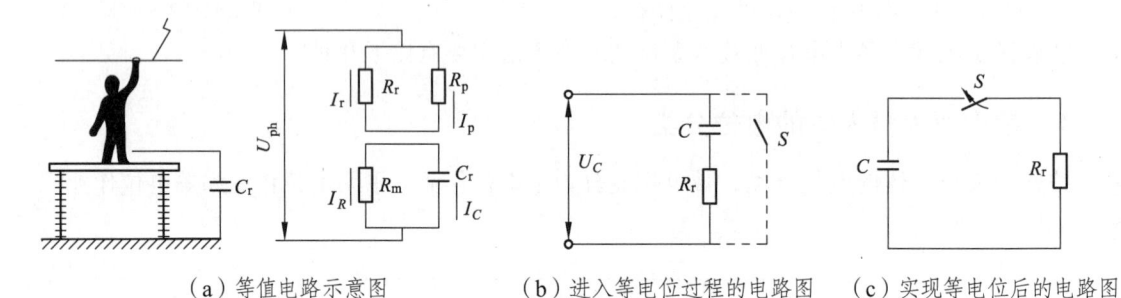

(a) 等值电路示意图　　(b) 进入等电位过程的电路图　　(c) 实现等电位后的电路图

图 7-3 等电位作业法的等值电路

等电位作业法的作业方式可表示为接地体→绝缘体→人体→带电体，亦即作业人员利用绝缘体（如绝缘平台、绝缘软梯、绝缘斗臂车等）或空气间隙绝缘，从而使人体能直接接触带电体。为此保证等电位作业的安全条件是：绝缘工具和空气间隙（带电体对接地体的安全距离）以及组合间隙（人体利用绝缘工具进入电位过程中的两段空气间隙之和）。

在电力线路中应用等电位作业法，可进行绝缘子的更换、检修或更换金具、修补导线、带电测试等工作，但作业必须在良好的天气条件下进行。带电作业人员必须保证最小安全距离：对地 0.4 m、对邻相导线 0.6 m。若不能保证时，则应在绝缘斗臂车上作业，同时还应戴绝缘手套（绝缘袖套、护胸），或站在脚板或绝缘操作平台上，除戴绝缘手套外，还应穿绝缘靴。断接引线时，若被断接设备的电容电流超过 0.005 A 时，必须采取有效的消弧措施，且被断接设备的最大电容电流不超过 5 A。

（3）中间电位作业法

中间电位作业法是指作业人员处于接地体和带电体之间的电位状态，使用绝缘工具间接接触带电设备的一种方法。其等值电路如图 7-4 所示。

中间电位作业法的作业方式可表示为接地体→绝缘体→人体→绝缘工具→带电体。由于作业时人体所处位置场强逐步升高，必须有防护电场保护措施。该法除沿绝缘子串进入强电场作业（更换绝缘子作业等项目）外，还可依靠绝缘硬（软）梯或绝缘斗臂车等进行作业。

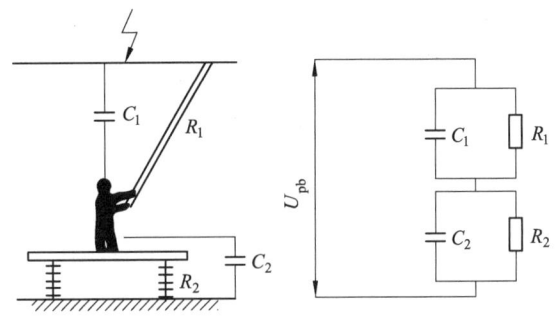

图 7-4 中间电位作业法的等值电路

保证中间电位作业法的安全条件是满足组合间隙（人体与带电体的距离和人体与绝缘体的距离之和），必须执行《电力安全工作规程》中的规定：如电压等级为 10 kV 时，组合间隙的最小距离为 0.5 m；人体与带电体的距离宜在 0.2 m 以上。

实际操作时，禁止地电位作业人员直接向中间电位作业人员传递工器具。

除了上述作业方法外，带电作业还有设备全作业、分相接地作业和带电水冲洗作业等。

2. 按人体与带电体间的相互关系分类

（1）间接作业法

间接作业法是指作业人员不直接接触带电体，保持一定的安全距离，利用绝缘工具操作高压带电部件的作业。地电位作业法、中间电位作业法均属于这类作业。

（2）直接作业法

直接作业法是指在配电线路带电作业中，作业人员穿戴全套绝缘防护用具直接对带电体进行作业（全绝缘作业法）。间接作业法虽然人体与带电体之间无间隙距离，但人体与带电体是通过绝缘用具隔离开来的，人体与带电体不是同一电位，对防护用具的要求是越绝缘越好。在送电线路带电作业中，直接作业法也称为等电位作业法，它是作业人员穿戴全套屏蔽防护用具，借助绝缘工具进入带电体，人体与带电设备处于同一电位的作业，它对防护用具的要求是越导电越好。

3. 按作业人员采用的绝缘工具分类

按作业人员采用的绝缘工具分类，带电作业又可分为绝缘杆作业法和绝缘手套作业法两种。前者是以绝缘工具为主绝缘、绝缘穿戴用具为辅助绝缘的间接作业法；后者则是以绝缘斗臂或绝缘平台为主绝缘，作业人员戴绝缘手套直接接触带电体，绝缘穿戴用具为辅助绝缘的直接作业法。这两种方法，若严格按作业人员的人体电位划分，都属于中间电位作业法。

在配电线路带电作业中，不允许作业人员穿戴屏蔽服和导电手套，采用等电位方式进行作业。绝缘手套作业法也不是等电位作业法。配电线路无论是裸导线还是绝缘导线，在带电作业中均应进行绝缘遮蔽，按能上能下的作业方式进行检修和维护。

（1）绝缘杆作业法

绝缘杆作业法是指作业人员与带电体保持规定的安全距离，通过绝缘工具进行作业的方法。作业人员应穿戴全套绝缘防护用具，同时对带电体进行绝缘遮蔽。绝缘杆作业法既可在登杆作业中采用，也可在斗臂车的工作斗或其他绝缘平台上采用。需要说明的是，此时人体电位与大地（杆塔）并不是同一电位，因此不应混称为地电位作业法。

（2）绝缘手套作业法

绝缘手套作业法是指作业人员穿戴绝缘手套并借助绝缘斗臂车或其他绝缘设施（人字梯、靠梯、操作平台等）与大地绝缘而直接接触带电体的作业方法。

采用绝缘手套作业前，作业人员均需对作业范围内的带电体和接地体进行绝缘遮蔽。在作业范围窄小、电气设备密集处，为保证作业人员对相邻带电体和接地体的有效隔离，在适当位置还应装设绝缘隔板以限制作业者的活动范围。

7.1.2　配电线路带电作业安全

1. 带电拆接引线、带电短接

① 雷电、雨、雪、雾及风力大于 5 级或湿度大于 80% 时，不得进行带电作业。

② 夜间巡视应保证充足照明，沿线路外侧行进。

③ 带电作业时，作业人员应穿着合格的绝缘防护用品，戴护目镜，并应采取消弧措施。

④ 带电作业必须设专人监护，监护人不得从事其他任何工作。

⑤ 进入作业现场应将带电作业工具放置在防潮的帆布或绝缘垫上，操作绝缘工具时应戴清洁、干燥的手套。

⑥ 带电作业工具使用前，应检查确认没有损坏、受潮、变形、失灵，并使用 2 500 V 及以上绝缘电阻表进行检查，电阻值应不低于 700 MΩ。

⑦ 架空绝缘导线不应视为绝缘设备，作业人员不准直接接触或接近。

⑧ 在市区或人口稠密的地区进行带电作业时，工作现场应设置围栏，派专人看守，禁止非工作人员入内。

⑨ 禁止带负荷断、接引线，作业前先断开所有要拆、接引的负荷。

⑩ 在接近带电体的过程中，从下方依次验电，对低压线支撑件、金属紧固件也要依次验电，验电时工作人员应与带电导体保持安全距离。

⑪ 对带电体设置遮蔽用具时，从近到远、从下至上，拆除时相反。未对带电体完全遮蔽时严禁触及带电体。

⑫ 斗臂车上的人员不得超过其载重限制，斗臂车升降、移动时要保证与带电设备的距离。

⑬ 在带电作业过程中如设备突然停电，作业人员应视设备仍然带电。

⑭ 不得触及未接通相或已断开相的导线，禁止同时接触未接通或已断开导线的两个断头，禁止同时接触两个非连通的带电导线或带电导体与接地导体，防止人体串入电路。
⑮ 禁止工作人员穿越未停电或未采取隔离措施的绝缘导线进行工作，禁止同时拆除带电导线和地电位的绝缘隔离措施。
⑯ 引线拆除或连接前应采取固定措施，防止分流线摆动造成接地或短路。

2. 低压带电作业

① 低压带电作业应设专人监护。
② 作业人员应穿绝缘鞋和全棉长袖工作服，并戴手套、安全帽和护目镜，站在干燥的绝缘物上进行。
③ 使用有绝缘柄的工具，其外裸的导电部位应采取绝缘措施，防止相间短路、接地。
④ 禁止使用锉刀、金属尺和带有金属物的毛刷、毛掸等工具。
⑤ 登杆前，应先分清相线、零线，断开导线应先断开相线、后断开零线，搭接导线时顺序相反。人体不准同时接触两根导线。
⑥ 在高、低压同杆架设线路的低压带电线路上作业，作业人员的工作活动范围与高压线路间应保持足够的安全距离。

3. 带电安全距离

为了保证电气工作人员在电气设备运行操作、维护检修时不致误碰带电体，规定了工作人员离带电体的安全距离。安全距离由《电力安全工作规程》规定。

7.1.3 配电线路带电作业工器具

1. 绝缘工具

带电作业用的绝缘工具应具有良好的电气绝缘性能、高机械强度，同时还应具有吸湿性低、耐老化等优点。为了现场作业的方便，绝缘工具还应质量轻、操作方便、不易损坏。

目前带电作业用的绝缘工具有硬质绝缘工具和软质绝缘工具两大类。

微课：配电线路带电作业工器具

（1）硬质绝缘工具

在硬质绝缘工具中，使用最广泛的是绝缘杆。常用的绝缘杆有地电位剥皮器操作杆、绝缘接线操作杆、绝缘辅助操作杆等，如图 7-5 所示。

（a）地电位剥皮器操作杆　　（b）绝缘接线操作杆　　（c）绝缘辅助操作杆

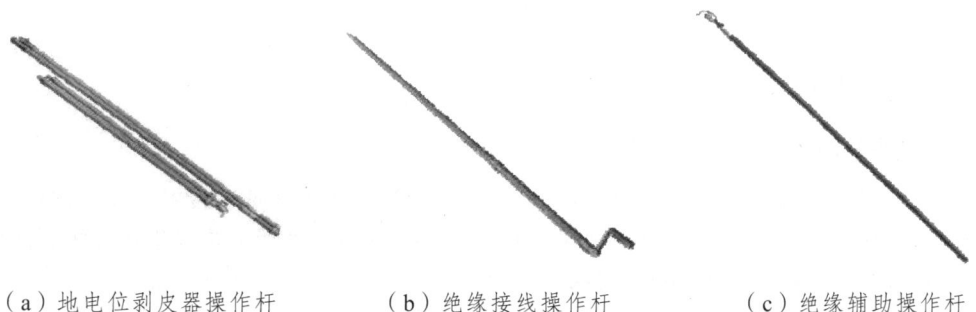

图 7-5　绝缘操作杆

地电位剥皮器操作杆用于地电位带电接空载引线时，操作地电位剥皮器操作杆对绝缘架空导线绝缘层进行剥皮。

绝缘接线操作杆用于地电位或中间电位带电接空载引线时。使用时应配合使用绝缘辅助操作杆。

绝缘辅助操作杆用于地电位或中间电位带电断、接空载引线时，辅助防止引线脱落、摆动，辅助绝缘接线操作杆、绝缘断线剪等使用。

此外，利用绝缘管材或板材又可以制成绝缘硬梯、托瓶架等。硬质绝缘工具基本上都采用环氧玻璃钢为原材料，具有优良的电气性能。

（2）软质绝缘工具

在软质绝缘工具中，使用最广泛的是绝缘绳，如图 7-6 所示。绝缘绳是广泛应用于带电作业的绝缘材料之一，可用作运载工具、攀登工具、吊拉绳、连接套及保安绳等。此外，利用绝缘绳或绝缘带又可以制成绝缘软梯、腰带等。

（a）绝缘传递绳　　　　　　　　（b）绝缘绳扣

图 7-6　绝缘绳

软质绝缘工具主要采用蚕丝或合成纤维为原料，其中以蚕丝绳应用最为普遍。蚕丝在干燥状态时是良好的电气绝缘材料，但由于蚕丝的丝胶具有亲水性及纤维具有多孔性，因此蚕丝具有很强的吸湿性，当蚕丝作为绝缘材料使用时，应特别注意避免受潮。

2. 金属工具

在带电作业过程中，金属工具通常是和绝缘工具配套使用的。一部分金属小工具需要借助于绝缘操作杆来实施其各自的功能，如：拔锁钳、扶正器、取绝缘子钳、火花间隙等。除此之外，有许多专用金属工具直接或间接地应用于带电作业中，如：卡具类（翼形卡具、大刀卡具、直线卡具、半圆卡具、闭式卡具、自动封门卡具、弯板卡具等）、取销钳、紧线器、棘轮式收紧器、套式双钩收紧器、手动机械压钳、导线液压钳、丝杠断线剪、液压剪线钳、二线飞车、四线飞车、起重滑车、组合式电动清扫刷等。这些金属工具的使用与性能在此不做详细介绍，使用时可参阅其使用说明书。

3. 防护用具

（1）绝缘遮蔽罩

绝缘遮蔽罩（护罩）是由绝缘材料制成，用于遮蔽带电导体或非带电导体的保护罩。在带电作业用具中，遮蔽罩不起主绝缘作用，它只适用于在带电作业人员发生意外短暂碰撞时，即擦过接触时，起绝缘遮蔽或隔离的保护作用。

根据遮蔽对象的不同，遮蔽罩可以分为不同类型，主要有以下几种：

① 导线遮蔽罩（绝缘软管），用于对裸导线或绝缘导线进行绝缘遮蔽的套管式护罩，如

图 7-7 所示。

② 耐张装置遮蔽罩，主要用于对耐张绝缘子、线夹或拉板等金具进行遮蔽的护罩。
③ 针式绝缘子遮蔽罩，用于对针式绝缘子进行遮蔽的护罩，如图 7-8 所示。

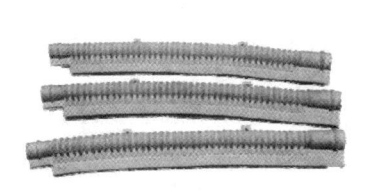

图 7-7　导线遮蔽罩 　　　　图 7-8　针式绝缘子遮蔽罩

④ 棒型绝缘子遮蔽罩，棒型绝缘子也叫瓷横担绝缘子。
⑤ 横担遮蔽罩，用于对铁横担、木横担（也包括低压横担）进行遮蔽的护罩，如图 7-9 所示。
⑥ 电杆遮蔽罩，用于对电杆或其头部进行遮蔽的护罩，如图 7-10 所示。

图 7-9　横担遮蔽罩 　　　　图 7-10　电杆遮蔽罩

⑦ 套管遮蔽罩，用于对开关等设备的套管进行遮蔽的护罩。
⑧ 跌落式开关遮蔽罩，用于对变压器台和线路上的跌落式开关（包括其接线端子）进行遮蔽的护罩，如图 7-11 所示。
⑨ 绝缘隔板，用以隔离带电部件，限制带电作业人员活动范围的绝缘平板，如图 7-12 所示。
⑩ 绝缘毯，用于包缠各类带电或不带电导体部件的软形绝缘毯以及特殊遮蔽罩（用于某些特殊绝缘遮蔽用途而专门设计制作的护罩），如图 7-13 所示。

图 7-11　跌落式熔断器遮蔽罩 　　　图 7-12　绝缘隔板 　　　图 7-13　绝缘毯

（2）绝缘服

绝缘防护服包括绝缘衣、裤、帽、手套、肩套、袖套、胸套、背套等，其材质主要划分为橡胶制品、树脂 E.V.A 制品、塑料制品等。目前国外有两种绝缘服应用于配电网带电作业中，一种是由袖套、胸套、背套组成的组合式绝缘服；一种是由上衣、裤子组成的整套式绝缘服，如图 7-14 所示。

作业人员身穿整套绝缘服在配电线路上作业时，一般采用两种作业方法：

① 身穿全套绝缘服通过绝缘手套直接接触带电体，这一方法在国外已被广泛采用。绝缘服在直接作业中仅作为辅助绝缘而不作为主绝缘，作为相对地的绝缘是高空作业车的绝缘臂或绝缘平台，相间的绝缘防护采用的是绝缘遮蔽罩。

（a）绝缘衣服　　（b）绝缘裤

图 7-14　绝缘服

② 通过绝缘工具进行间接作业，绝缘工具作为主绝缘，绝缘服和绝缘手套作为人体安全的后备保护用具。

（3）绝缘手套、绝缘袖套和绝缘鞋（靴）

带电作业用的绝缘手套（如图 7-15 所示）是指在高压电器设备上进行带电作业时起电气绝缘作用的手套，要求具有良好的电气性能、较高的机械性能，并具有良好的服用性能，手套用合成橡胶或天然橡胶制成，其形状为分指式。根据不同的电压等级，手套分为 1、2 两种型号，1 型适用在 6 kV 及以下的电气设备上工作；2 型适用在 10 kV 及以下的电气设备上工作。

绝缘袖套（如图 7-16 所示）是指用绝缘材料制成的、保护作业人员接触带电体时免遭电击的袖套。绝缘袖套按电气性能分为 0、1、2、3 四级，以适用于不同的系统标称电压。

绝缘鞋（靴）（如图 7-17 所示）是配电线路带电作业时使用的辅助安全用具，并且只能在规定的范围内作辅助安全用具使用。

图 7-15　绝缘手套 　　图 7-16　绝缘袖套 　　图 7-17　绝缘鞋

4. 绝缘斗臂车

采用绝缘斗臂车（如图 7-18 所示）进行带电作业，具有升空便利、机动性强、作业范围大、机械强度高、电气绝缘性能高等优点，目前在我国的配电带电作业中得到了广泛应用，但由于受交通条件和臂高度的限制，不能在所有场合都能使用。

绝缘斗臂车的工作斗、工作臂、控制油路、斗臂结合部都能满足一定的绝缘性能指标。绝缘臂采用玻璃纤维增强型环氧树脂材料制成，绕制成圆柱形或矩形截面结构，具有质量轻、机械强度高、电气绝缘性能好、憎水性强等优点，在带电作业时为人体提供相对地之间的绝缘防护。

图 7-18　绝缘斗臂车

绝缘斗有单层斗和双层斗两种，外层斗一般采用环氧玻璃钢制作，内层斗采用聚四氟乙烯材料制作。绝缘斗应具有高电气绝缘强度，与绝缘臂一起组成相与地之间的纵向绝缘，使整车的泄漏电流小于 500 μA，同时当工作时，若绝缘斗同时触及两相导线，应不发生沿面闪络。

对绝缘斗进行定位，有的是通过绝缘臂上部斗中的作业人员直接进行操作，有的是通过下部驾驶台上的人员控制，有的作业车上、下部都可以进行液压控制，具有水平方向和垂直方向旋转功能。

绝缘斗臂车根据其工作臂的形式可分为折叠臂式、直伸臂式、多关节臂式、垂直升降式和混合式；按高度一般可分为 6 m、8 m、10 m、12 m、16 m、20 m、25 m、30 m、35 m、40 m、50 m、60 m、70 m 等；根据作业线路电压等级可分为 10 kV、35 kV、46 kV、63（66）kV、110 kV、220 kV、330 kV、345 kV、500 kV、765 kV 等。我国主要在 10 kV、35 kV 和 66 kV 的线路上使用。

5. 旁路作业用具

旁路作业用具有以下几类：

① T 形接续头，如图 7-19 所示，用于 10 kV 线路旁路不停电作业以及 T 接柔性电缆。使用时需有保护盒保护，并接地。

② 环网柜接续头，如图 7-20 所示，用于 10 kV 线路旁路不停电作业以及环网柜与柔性电缆的连接。使用时需保护，并接地。

图 7-19　T 形接续头　　　图 7-20　环网柜接续头

③ 接续头保护盒，如图 7-21 所示，用于 10 kV 线路旁路不停电作业，中间直接续头、T 形接续头的保护。使用时需接地。

④ 绝缘引流线，如图 7-22 所示，用于 10 kV 线路旁路不停电作业，带负荷更换跌落式熔断器、隔离开关等工作。

图 7-21　接续头保护盒　　　图 7-22　绝缘引流线

⑤ 旁路负荷开关，如图 7-23 所示，用于 10 kV 线路旁路不停电作业以及柔性电缆连接，控制柔性电缆的投运、退出。操作时，一人监护，一人操作。

⑥ 柔性电缆，如图 7-24 所示，用于 10 kV 线路旁路不停电作业，用于替换需检修范围内的任何输送电能的导线，如电缆、导线、开关等。使用时应配用负荷开关、连接金具，并加以保护。

⑦ 消弧开关，如图 7-25 所示，用于 10 kV 线路断接空载电缆及长距离架空导线的带电作业。

⑧ 中间接续头，如图 7-26 所示，用于 10 kV 线路旁路不停电作业以及柔性电缆的连接。

图 7-23 旁路负荷开关

图 7-24 绝缘引流线

图 7-25 消弧开关

图 7-26 中间接续头

6. 带电作业工器具的检查、试验

根据《国家电网公司电力安全工作规程（线路部分）》（Q/GDW 1799.2—2013），带电作业工器具的检查、试验要求应满足表 7-1 中的规定。

表 7-1 带电作业工器具的试验标准

序号	器具	项目	周期	要求			说明
1	绝缘杆	工频耐压试验	1年	额定电压/kV	试验长度/m	工频耐压/kV	
						1 min	5 min	
				10	0.7	45	—	
				35	0.9	95	—	
2	绝缘罩	工频耐压试验	1年	额定电压/kV	工频耐压/kV	时间/min	
				10 及以下	30	1	
				35	80	1	
3	绝缘隔板	A. 表面工频耐压试验	1年	额定电压/kV	工频耐压/kV	持续时间/min	电极间距离为 300 mm
				35 及以下	60	1	
		B. 工频耐压试验	1年	额定电压/kV	工频耐压/kV	持续时间/min	
				10 及以下	30	1	
				35	80	1	
4	绝缘胶垫	工频耐压试验	1年	电压等级	工频耐压/kV	持续时间/min	使用于带电设备区域
				高压	15	1	
				低压	3.5	1	
5	绝缘靴	工频耐压试验	半年	工频耐压/kV	持续时间/min	泄漏电流/mA	
				15	1	≤7.5	

续表

序号	器具	项目	周期	要求				说明
6	绝缘手套	工频耐压试验	半年	电压等级	工频耐压/kV	持续时间/min	泄漏电流/mA	
				高压	8	1	≤9	
				低压	2.5	1	≤2.5	
7	绝缘夹钳	工频耐压试验	1年	额定电压/kV	试验长度/m	工频耐压/kV	持续时间/min	
				10	0.7	45	1	
				35	0.9	95	1	
8	绝缘绳	高压	每6个月1次	105 kV/0.5 m				

任务 7.2 10 kV 配电线路带电作业

7.2.1 10 kV 配电线路带电作业项目

10 kV 配电线路带电作业项目主要分为 9 大类，具体见表 7-2。

表 7-2 10 kV 配电线路带电作业项目

编号	带电作业项目
1	10 kV 架空线路台架（刀闸）带电断、接火
2	10 kV 架空线路支线带电断、接火（含安装及拆除）
3	10 kV 架空线路带电更换设备（避雷器、隔离刀闸、跌落式熔断器）
4	10 kV 架空线路带电更换引线（线夹、线耳）
5	10 kV 架空线路带电更换瓷横担（耐张绝缘子、横担）
6	10 kV 架空线路带电加装（更换）断路器
7	10 kV 架空线路带电立杆、撤杆、扶正电杆
8	10 kV 架空线路带电旁路作业
9	10 kV 架空线路带电加装绝缘护套、清理障碍物

微课：10 kV 带电更换直线杆

微课：10 kV 单回带电更换边相耐张绝缘子

微课：10 kV 单回直线杆带电更换边相绝缘子

微课：10 kV 单回直线杆带电更换横担

微课：10 kV 带电修补导线

微课：10 kV 带电拆引线

微课：10 kV 带电更换杆上边相跌落式熔断器

7.2.2　10 kV 配电线路带电作业操作

1. 带电更换跌落式熔断器

① 检测近边相跌落式熔断器上引线电流。
② 对近边相跌落式熔断器做防脱落措施。
③ 依次对导线、绝缘子、跌落式熔断器上引线、跌落式熔断器、跌落式熔断器下引线、避雷器、电缆终端、横担进行绝缘遮蔽，如图 7-27 所示。

图 7-27　绝缘遮蔽

④ 依次安装消弧开关和绝缘引流线。合上消弧开关，对消弧开关进行绝缘遮蔽，如图 7-28 所示。检测绝缘引流线的通流情况。

图 7-28　合上消弧开关，对消弧开关进行绝缘遮蔽

⑤ 拆除跌落式熔断器的绝缘遮蔽和防脱落措施，拉开跌落式熔断器。
⑥ 拆下跌落式熔断器熔丝管，如图 7-29 所示。拆除跌落式熔断器上引线、下引线，并将引线固定后恢复绝缘遮蔽。
⑦ 更换跌落式熔断器，如图 7-30 所示。对跌落式熔断器进行拉合试验 3 次。
⑧ 安装跌落式熔断器下引线、上引线，如图 7-31 所示。安装熔丝管，合上跌落式熔断器，如图 7-32 所示。

图 7-29　拆下跌落式熔断器熔丝管

图 7-30　更换跌落式熔断器

图 7-31　安装引线

图 7-32　合上跌落式熔断器

⑨ 检测跌落式熔断器的通流情况。拆除消弧开关遮蔽措施，并拉开消弧开关。依次拆除绝缘引流线和消弧开关，如图 7-33 所示。

⑩ 依次拆除横担、电缆终端、避雷器、跌落式熔断器下引线、跌落式熔断器、绝缘子、跌落式熔断器下引线、导线的绝缘遮蔽，如图 7-34 所示。

图 7-33　拆除绝缘引线流

图 7-34　拆除导线绝缘遮蔽

2. 绝缘平台法更换绝缘子

① 依次对两边相绝缘子、导线、电杆进行绝缘遮蔽，如图 7-35 所示。
② 安装绝缘平台和羊角抱杆。对绝缘平台前方金属构件进行绝缘遮蔽，如图 7-36 所示。
③ 登上绝缘平台后，依次对横担、待更换绝缘子进行绝缘遮蔽，如图 7-37 所示。
④ 移开边相遮蔽措施，拆除绝缘子绑线，使用羊角抱杆起吊边相导线，离绝缘子至少 0.4 m，如图 7-38 所示。

图 7-35 对两边相绝缘子、导线、电杆进行绝缘遮蔽

图 7-36 对绝缘平台前方金属构件进行绝缘遮蔽

图 7-37 对横担、待更换绝缘子进行绝缘遮蔽

图 7-38 起吊边相导线

⑤ 更换绝缘子，如图 7-39 所示。恢复新绝缘子的绝缘遮蔽。
⑥ 将绝缘导线缓慢落至绝缘子上，固定边相导线。恢复边相绝缘遮蔽措施。
⑦ 收起羊角抱杆，依次拆除绝缘子、横担、电杆的绝缘遮蔽，如图 7-40 所示。
⑧ 依次拆除羊角抱杆、绝缘平台、两边相绝缘遮蔽。

图 7-39 更换绝缘子

图 7-40 拆除绝缘子、横担绝缘遮蔽

3. 旁路不停电更换变压器

① 展放旁路柔性电缆，摇测并放电，如图 7-41 所示。
② 旁路柔性电缆清洗及与移动箱变连接，如图 7-42 所示。
③ 将移动箱变接地线与台变接地线连接，如图 7-43 所示。
④ 检查移动箱变低压开关、移动箱变高压开关柜地刀，开关在断开位置。
⑤ 连接旁路低压电缆与运行的低压开关后线，如图 7-44 所示。

图 7-41 柔性电缆摇测、放电　　　　　图 7-42 柔性电缆安装

图 7-43 移动箱变接地线与　　　　　图 7-44 旁路低压电缆与运行的
　　　　台变接地线连接　　　　　　　　　　　低压开关后线连接

⑥ 连接旁路高压电缆与架空线路，如图 7-45 所示。

⑦ 操作移动箱变高压开关送电。在移动箱变低压开关处对低压核相，相序正确，合上移动箱变低压开关。

⑧ 断开低压箱内低压开关，断开高压熔断器（如图 7-46 所示），变压器停电，进行更换。

图 7-45 旁路高压电缆与架空线路连接　　　图 7-46 断开高压熔断器

⑨ 变压器更换结束，合上高压熔断器，给变压器送电。

⑩ 在低压箱开关对低压核相，相序正确，合上低压箱开关，变压器运行。

⑪ 断开移动箱变低压开关，断开移动箱变高压开关，移动箱变退出运行。

⑫ 拆除低压旁路电缆、高压旁路电缆。回收旁路电缆，工作结束。

参考文献

[1] 龚于庆,向文彬. 供配电线路工程[M]. 成都:西南交通大学出版社,2011.

[2] 李光辉,黄俊杰. 配电线路设计施工运行与维护[M]. 北京:中国电力出版社,2017.

[3] 温智慧,王永生. 输配电线路基础[M]. 北京:中国电力出版社,2015.

[4] 河南电力技师学院. 配电线路工[M]. 北京:中国电力出版社,2008.

[5] 蔡敏. 配电运维检修知识图解[M]. 北京:中国电力出版社,2017.

[6] 吴志宏,邹全平,孟垂懿. 配电线路工[M]. 北京:中国电力出版社,2008.

[7] 杨尧,胡宽. 输配电线路运行与检修[M]. 北京:中国电力出版社,2014.

[8] 国网浙江省电力公司绍兴供电公司. 配电网施工工艺标准图集(架空线路部分)[M]. 北京:中国电力出版社,2017.

[9] 卢刚. 输配电线路带电作业实操图册[M]. 北京:中国电力出版社,2016.

[10] 王向臣. 配电线路工[M]. 北京:中国水利水电出版社,2009.

[11] 沈志. 输配电典型缺陷图册[M]. 北京:中国电力出版社,2016.

[12] 国网辽宁省电力有限公司运检部. 配电网施工工艺质量常见问题图解手册[M]. 北京:中国电力出版社,2017.

[13] 辽宁电力建设监理有限公司. 10 kV及以下配电工程施工常见缺陷与防治图册[M]. 北京:中国电力出版社,2016.

[14] 北京中电方大科技股份有限公司. 配电现场作业安全手册系列丛书[M]. 北京:中国电力出版社,2015.

[15] 李光辉. 电力电缆施工技术[M]. 北京:中国电力出版社,2008.

[16] 《输配电线路带电作业图解丛书》编委会. 输配电线路带电作业图解丛书(10 kV分册)[M]. 北京:中国电力出版社,2014.

[17] 祝贺,王娜. 输电线路工程概论[M]. 北京:中国电力出版社,2017.

[18] 黄宵宁,吴宝贵,钱玉华. 输配电线路施工技术[M]. 北京:中国电力出版社,2007.